彩图 1　西瓜瓜皮颜色

彩图 2　西瓜果肉颜色

彩图 3　西瓜嫁接育苗

彩图 4　西瓜塑料大棚栽培

彩图 5　西瓜无土栽培

彩图 6　西瓜日光温室栽培

彩图 7　西瓜猝倒病症状

发病初期叶片背面症状

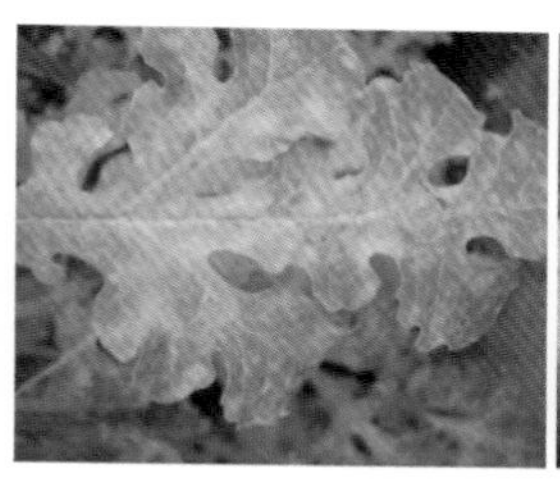

发病中、后期叶片正面和叶片背面症状

彩图 8　西瓜霜霉病症状

发病中期叶片症状

发病后期叶片症状

果实症状

彩图 9　西瓜灰霉病症状

发病初期叶片正面症状

发病初期叶片背面症状

发病后期叶片正面症状

彩图 10　西瓜白粉病症状

彩图 11　西瓜施用三唑酮后的药害症状

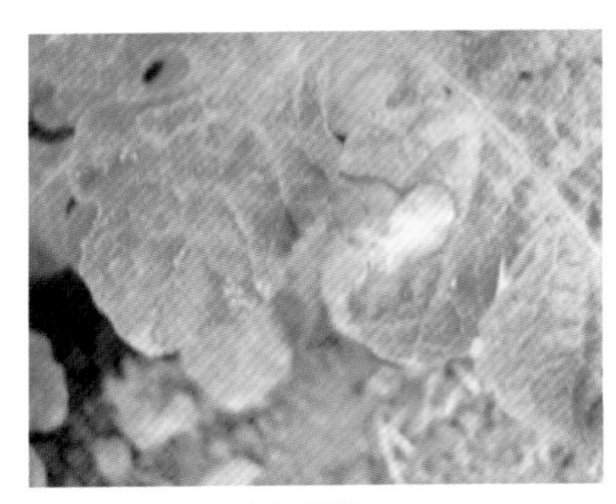

叶片症状

茎蔓症状

彩图 12　西瓜蔓枯病症状

发病初期叶片症状

发病中期叶片症状

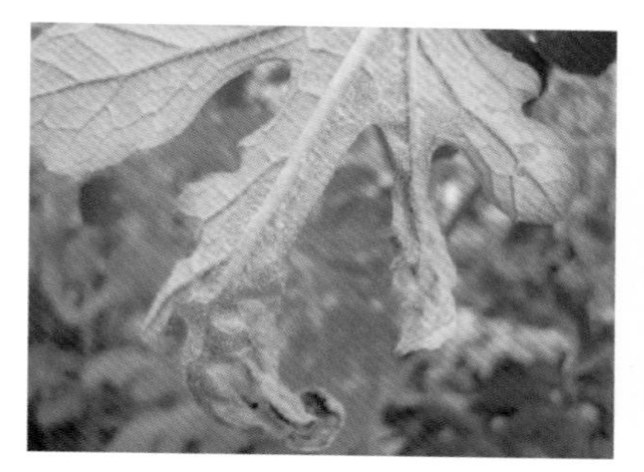

发病中期叶片背面症状

发病后期叶片症状

整株症状

彩图 13　西瓜叶枯病症状

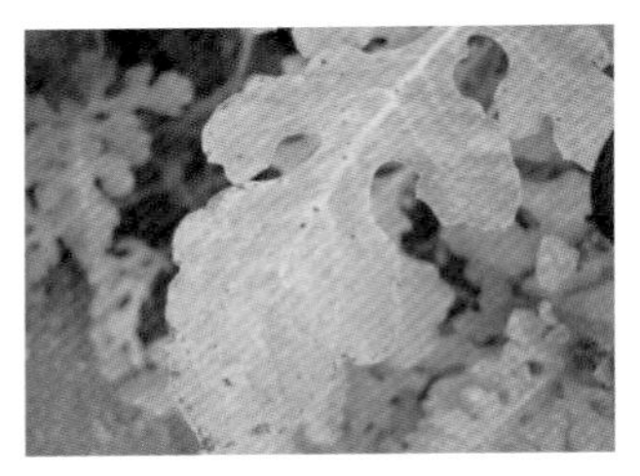

发病初期叶片症状

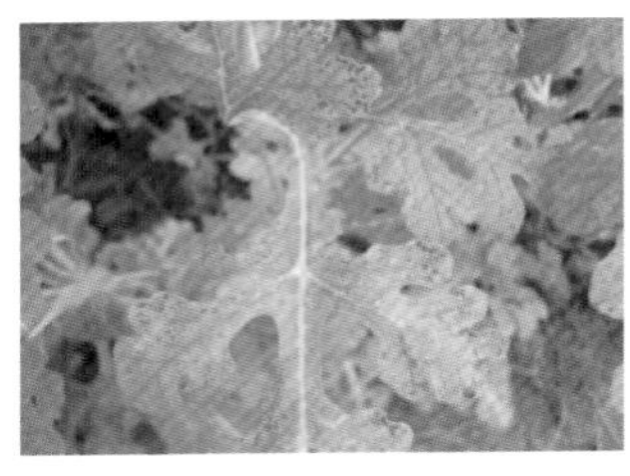

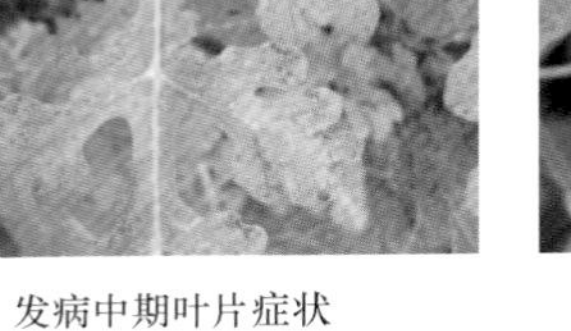

发病中期叶片症状

发病后期叶片症状

彩图 14　西瓜叶斑病症状

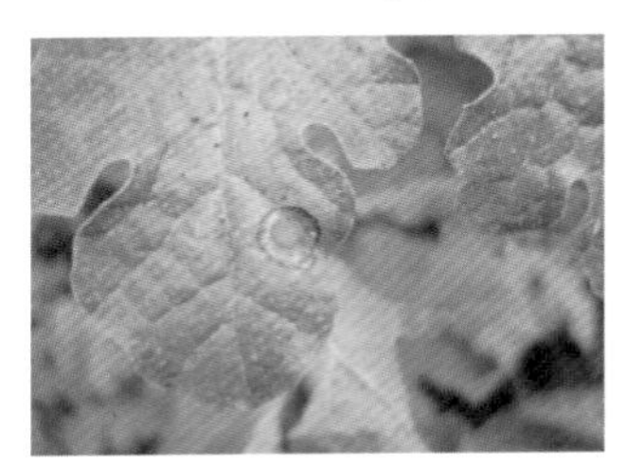

发病初期叶片症状

发病中期叶片症状

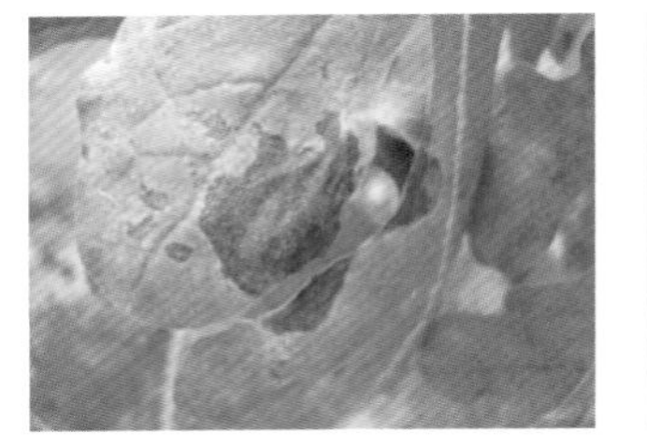

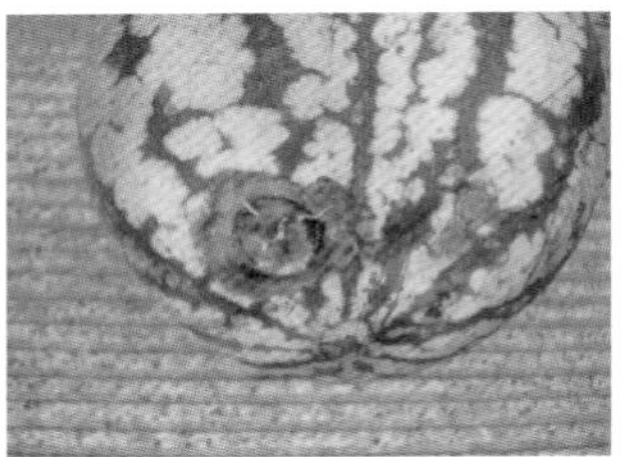

发病后期叶片症状

果实症状

彩图 15　西瓜炭疽病症状

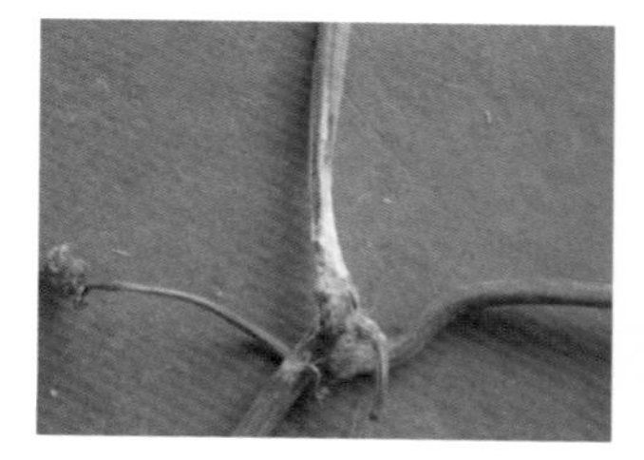

茎部症状

果实症状

彩图 16　西瓜绵疫病症状

彩图 17　西瓜疫病果实症状

整株症状

茎蔓基部缢缩褐变

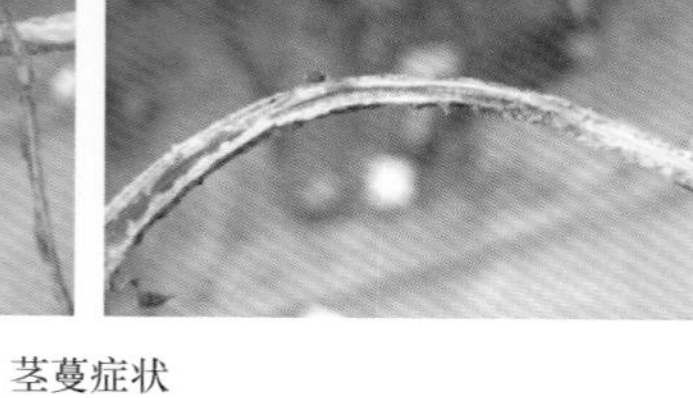

茎蔓症状

彩图 18　西瓜枯萎病症状

发病初期果实症状

发病后期果实症状

彩图 19　西瓜褐色腐败病症状

彩图 20　西瓜酸腐病症状

发病初期叶片症状

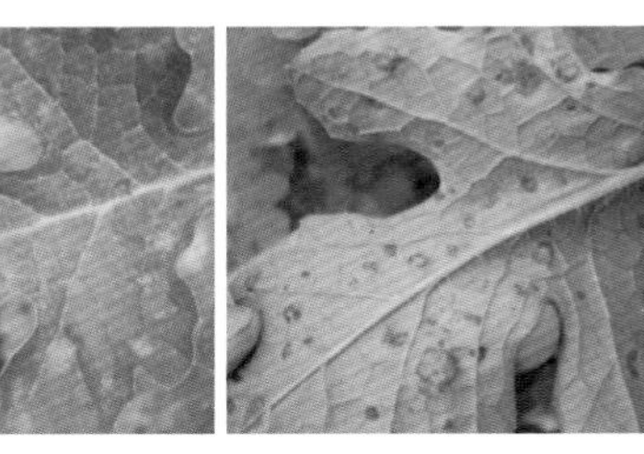

发病中期叶片正面和叶片背面症状

彩图 21　西瓜细菌性叶斑病症状

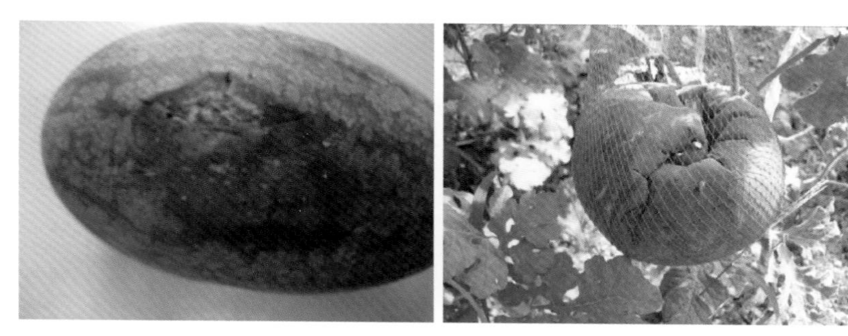

彩图 22　细菌性果腐病果实症状

彩图 23　西瓜病毒病病株和病叶

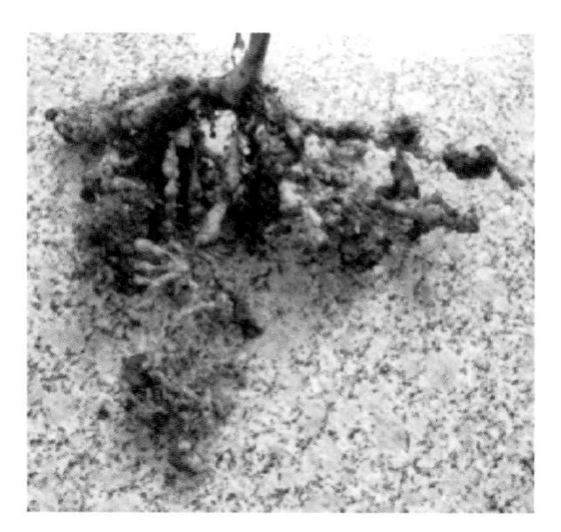

彩图 24　西瓜根结线虫病症状

彩图 25　化瓜

彩图 26　裂瓜

彩图 27　畸形瓜

彩图 28　脐腐病病瓜

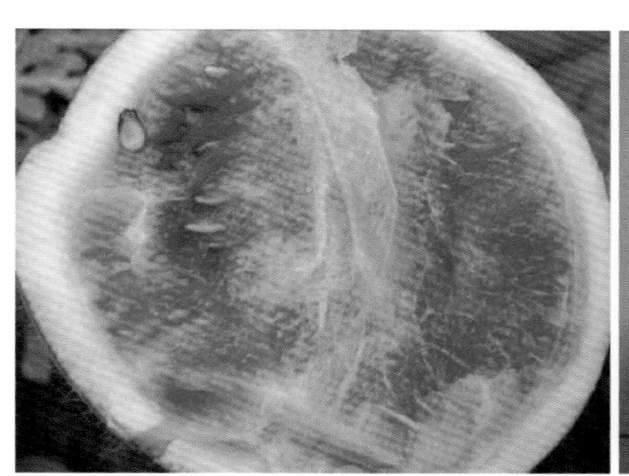

彩图 29　黄带果

彩图 30　空洞瓜

彩图 31　晶瓜

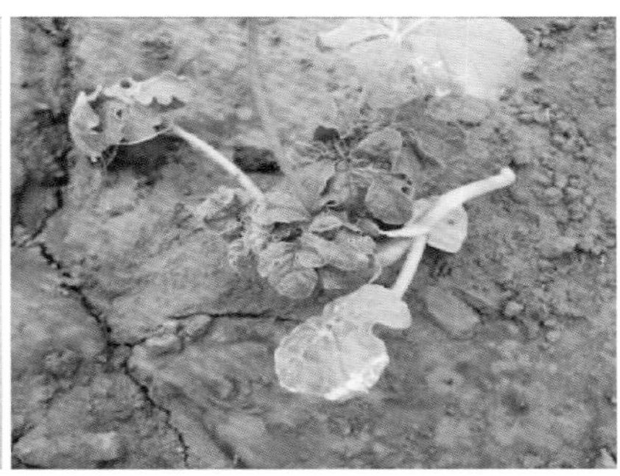

彩图 32　西瓜无头封顶苗

彩图 33　西瓜冷害症状

彩图 34　西瓜高脚苗

彩图 35　西瓜缺氮症状

彩图 36　西瓜缺磷症状

彩图 37　西瓜缺钾症状

彩图 38　西瓜缺硼症状

彩图 39　西瓜缺钙症状

彩图 40　西瓜缺镁症状

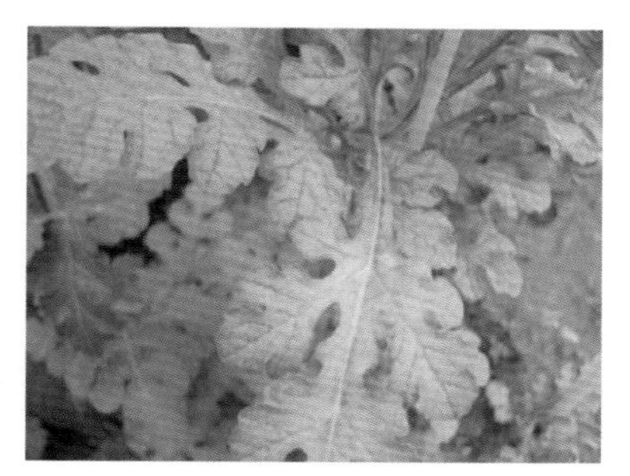

彩图 41　西瓜缺铁症状

彩图 42　瓜蚜危害西瓜植株症状

彩图 43　白粉虱危害西瓜叶片症状

彩图 44　黄蓟马危害花器症状

彩图 45　美洲斑潜蝇危害叶片症状

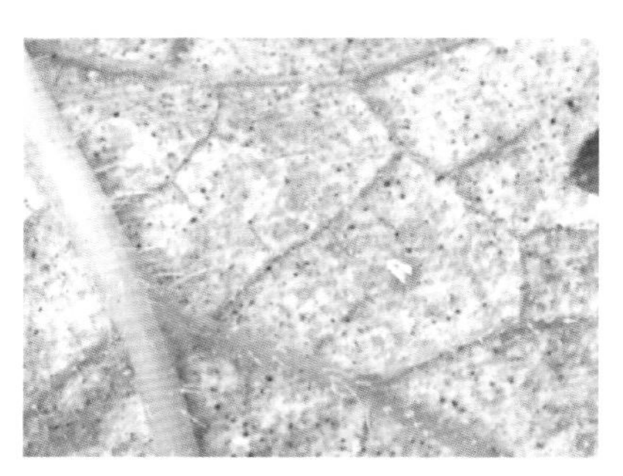

彩图 46　朱砂叶螨危害叶片症状

成虫

幼虫

彩图 47　瓜绢螟

怎样提高
西瓜种植效益

苗锦山　编

机 械 工 业 出 版 社

本书共分十三章，针对西瓜生产中存在的误区和问题，提出了提高西瓜种植效益的主要途径，并详细介绍了西瓜的生物学特性及品种、棚室栽培常用设施的设计与建造、育苗技术、露地地膜覆盖和小拱棚双膜覆盖栽培技术、塑料大棚栽培技术、日光温室栽培技术、无籽西瓜棚室栽培技术、棚室有机西瓜栽培技术、西瓜特种栽培技术及病虫害诊断与防治技术，并在分析西瓜生产经济效益的基础上介绍了西瓜市场营销策略和措施，内容涵盖西瓜生产全过程。本书内容翔实，图文并茂，通俗易懂，实用性强。书中设有“提示”“注意”等小栏目，并附有不同产区棚室西瓜高效栽培实例，可以帮助种植者更好地掌握西瓜高效栽培技术要点。

本书适合西瓜种植者和农技推广人员使用，也可供农业院校相关专业师生学习参考。

图书在版编目（CIP）数据

怎样提高西瓜种植效益 / 苗锦山编. -- 北京 : 机械工业出版社，2024. 10. --（专家帮你提高效益）.
ISBN 978-7-111-76242-3

Ⅰ. S651

中国国家版本馆 CIP 数据核字第 20240NY441 号

机械工业出版社（北京市百万庄大街 22 号　邮政编码 100037）
策划编辑：高　伟　周晓伟　　责任编辑：高　伟　周晓伟　章承林
责任校对：潘　蕊　张　征　　责任印制：单爱军
保定市中画美凯印刷有限公司印刷
2024 年 10 月第 1 版第 1 次印刷
145mm×210mm · 8.5 印张 · 8 插页 · 244 千字
标准书号：ISBN 978-7-111-76242-3
定价：49.80 元

电话服务　　网络服务
客服电话：010-88361066　　机　工　官　网：www.cmpbook.com
010-88379833　　机　工　官　博：weibo.com/cmp1952
010-68326294　　金　书　网：www.golden-book.com
封底无防伪标均为盗版　　机工教育服务网：www.cmpedu.com

前 言 PREFACE

西瓜是世界五大水果之一。我国西瓜常年播种面积在150万公顷左右，占全球西瓜种植面积的50%以上；总产量超过6000万吨，占全球总产量的67%以上，是名副其实的世界第一西瓜生产大国。西瓜生产在我国园艺生产中占据重要地位，规范高效的技术研究和应用对指导我国西瓜产业的健康发展必不可少。

但目前各地西瓜实际生产中，在良种选择、设施建造和管理、绿色高效栽培技术、病虫害诊断与防治技术，以及种植规划和市场营销等诸多方面仍存在不少误区和困惑。尤其是近年来随着种植规模的不断扩大，我国部分蔬菜生产呈现阶段性、结构性、区域性产能过剩的趋势，产品滞销、效益下滑时有发生，在此背景下积极调整种植结构和产业发展规划，努力促进蔬菜绿色生产，在生产优质安全产品的同时保障生产环境健康，以更好地满足市场差异化需求就显得尤为重要。而要实现上述目标，就应该以蔬菜品牌打造和提高市场销售效益为引领，促进原有管理理念和生产方式的转变，积极实践应用精准农业技术、绿色植保技术、健康环境管理和调控技术、全程机械化生产技术、中医农业及以农业物联网、大数据、人工智能等为基本特征的数字农业技术等，从而有效提升蔬菜生产效率和产出效益。为了更好地研究、推广应用西瓜综合高效生产技术体系，满足广大生产者的需求，潍坊科技学院的科技工作者深入生产一线，及时总结归纳优势产区的西瓜种植经验，并结合自身研究对生产中存在的误区和问题提出

了解决方案。本书从优质高效的角度，结合图片、提示、实例等，对西瓜生产关键技术和市场营销策略、措施等进行了详细介绍，内容翔实，图文并茂，通俗易懂，实用性强，以期为我国西瓜产业的绿色、高效、健康发展提供借鉴。

需要特别说明的是，本书所用药物及其使用剂量仅供读者参考，不可完全照搬。在生产实际中，所用药物学名、通用名和实际商品名称存在差异，药物浓度也有所不同，建议读者在使用每种药物之前，参阅厂家提供的产品说明以确认药物用量、用药方法、用药时间及禁忌等。

本书在写作过程中得到了国内相关专家的大力支持和帮助，并参引了许多专家、学者和同行们的成果和经验，在此一并谨致谢忱。由于编者水平有限，书中难免有错误和不当之处，恳请广大读者批评指正。

编　者

目　录　CONTENTS

前言

第一章　我国西瓜栽培概况 …… 1

一、西瓜的营养和药用价值 …… 1

二、我国西瓜生产的基本情况 …… 2

三、我国西瓜生产中存在的误区和问题 …… 3

四、提高西瓜种植效益的主要途径 …… 5

第二章　西瓜生物学特性及品种 …… 9

第一节　西瓜的生物学特性及对环境条件的要求 …… 9

一、西瓜的生物学特性 …… 9

二、西瓜的生长发育周期 …… 13

三、西瓜对环境条件的要求 …… 15

第二节　西瓜的品种选择 …… 18

一、西瓜的分类 …… 18

二、西瓜品种选择的误区 …… 20

三、西瓜品种选择的原则和方法 …… 21

第三节　西瓜的优良品种 …… 22

一、特早熟小果型优良品种 …… 22
二、中早熟中果型优良品种 …… 29
三、中晚熟大果型优良品种 …… 32
四、无籽西瓜优良品种 …… 35

第三章 西瓜棚室栽培常用设施的设计与建造 …… 38

第一节 蔬菜生产设施建造的误区及解决策略 …… 38
一、蔬菜生产设施建造的误区 …… 38
二、解决策略 …… 40
第二节 中、小拱棚及遮雨棚的设计与建造 …… 41
一、小拱棚 …… 41
二、中拱棚 …… 43
三、遮雨棚 …… 43
第三节 塑料大棚的设计与建造 …… 44
一、塑料大棚的类型 …… 45
二、塑料大棚的结构 …… 45
三、塑料大棚的建造 …… 47
第四节 日光温室的设计与建造 …… 53
一、土墙竹木结构温室 …… 55
二、钢拱架结构温室 …… 60
第五节 现代温室的设计与建造 …… 65
一、现代温室的分类 …… 65
二、现代温室的基本结构、规格和系统构成 …… 66

第四章 西瓜的育苗技术 …… 73

第一节 西瓜育苗的误区、常见问题及解决方法 …… 73
一、西瓜育苗的误区 …… 73
二、西瓜育苗中的常见问题及解决方法 …… 74
第二节 西瓜常规育苗技术 …… 76
一、茬口安排 …… 77

二、冬春茬西瓜育苗技术 …………………………………… 77
三、夏秋茬西瓜育苗技术 …………………………………… 88
第三节　西瓜穴盘基质育苗技术 …………………………… 89
第四节　西瓜嫁接育苗技术 ………………………………… 94

第五章　西瓜露地地膜覆盖和小拱棚双膜覆盖栽培技术 …… 103
第一节　西瓜露地栽培管理误区及解决方法……………… 103
一、西瓜露地栽培管理误区 ………………………………… 103
二、解决方法 ………………………………………………… 103
第二节　西瓜露地地膜覆盖栽培技术……………………… 110
一、茬口安排 ………………………………………………… 111
二、品种选择 ………………………………………………… 111
三、育苗 ……………………………………………………… 111
四、选茬整地 ………………………………………………… 111
五、定植（播种）覆膜 ……………………………………… 112
第三节　西瓜小拱棚、地膜双膜覆盖栽培技术………… 114
一、品种选择 ………………………………………………… 114
二、播期和育苗 ……………………………………………… 114
三、定植前的管理 …………………………………………… 114
四、适期定植 ………………………………………………… 116
五、小拱棚西瓜定植后的栽培管理技术 …………………… 117

第六章　西瓜塑料大棚栽培技术 …………………………… 127
第一节　西瓜棚室栽培的误区及解决方法………………… 127
一、西瓜棚室栽培的误区 …………………………………… 127
二、解决方法 ………………………………………………… 127
第二节　西瓜塑料大棚栽培技术…………………………… 131
一、西瓜塑料大棚早春茬栽培技术 ………………………… 132
二、西瓜塑料大棚越夏茬栽培技术 ………………………… 139
三、西瓜塑料大棚秋延迟茬栽培技术 ……………………… 141

四、西瓜大棚盐碱地栽培技术 …… 143
第三节　棚室西瓜连作障碍克服技术 …… 144
一、西瓜重茬病害的产生原因 …… 145
二、棚室西瓜重茬综合防控技术 …… 145

第七章　西瓜日光温室栽培技术 …… 150
第一节　西瓜日光温室冬春茬栽培技术 …… 150
一、品种选择 …… 150
二、西瓜栽培用日光温室类型 …… 150
三、栽培管理 …… 150
第二节　西瓜日光温室秋冬茬栽培技术 …… 159

第八章　无籽西瓜棚室栽培技术 …… 162
第一节　无籽西瓜的特征与育苗技术 …… 162
一、无籽西瓜的特征特性 …… 162
二、育苗技术 …… 163
第二节　棚室无籽西瓜栽培管理技术 …… 165
一、茬口安排和播种期 …… 165
二、品种选择 …… 165
三、田间栽培管理 …… 166
四、病虫害防治 …… 168

第九章　棚室有机西瓜栽培技术 …… 169
第一节　有机蔬菜生产误区及正确认识 …… 169
一、有机蔬菜生产误区 …… 169
二、正确认识 …… 170
第二节　有机西瓜生产的定义和生产标准 …… 171
一、定义 …… 171
二、生产基地环境要求和标准 …… 172

三、品种（种子）选择 …………………………… 173
四、有机西瓜施肥与病虫草害防治技术原则………… 173
第三节　棚室有机西瓜栽培管理技术…………… 175
一、茬口安排 …………………………………… 175
二、培育壮苗 …………………………………… 175
三、田间管理 …………………………………… 176

第十章　西瓜特种栽培技术 ……………………… 180

第一节　西瓜特种栽培生产误区及解决方法……… 180
一、西瓜特种栽培生产误区 ……………………… 180
二、解决方法 …………………………………… 181
第二节　西瓜水肥一体化滴灌技术……………… 182
第三节　棚室西瓜无土栽培技术………………… 189
一、栽培基质的选择和配制 ……………………… 190
二、无土栽培的技术要点 ………………………… 190

第十一章　西瓜病虫害诊断与防治技术 ………… 199

第一节　西瓜病虫害诊断与防治误区及综合防治技术要点…………………………………… 199
一、西瓜病虫害诊断与防治误区 ………………… 199
二、西瓜病虫害综合防治技术要点 ……………… 199
第二节　西瓜侵染性病害诊断与防治技术………… 207
第三节　西瓜生理性病害诊断与防治技术………… 225
第四节　西瓜虫害诊断与防治技术……………… 235

第十二章　西瓜生产经济效益分析及市场营销 …… 243

一、西瓜种植效益分析…………………………… 243
二、西瓜生产和销售管理中存在的问题 ………… 246
三、坚持以市场和效益为中心的西瓜生产经营管理 …… 247
四、制订西瓜种植计划，做好效益预测 ………… 248

第十三章　棚室西瓜高效栽培实例 …………………… 249
实例一　山东昌乐西瓜栽培 …………………… **249**
实例二　北京大兴西瓜栽培 …………………… **251**
实例三　新疆哈密地区西瓜栽培 …………………… **253**
实例四　西瓜生产和品牌建设 …………………… **256**

参考文献 …………………… 262

第一章
我国西瓜栽培概况

西瓜又称水瓜、寒瓜、月明瓜，属葫芦科西瓜属，是一种重要的园艺作物。从食用角度可将其看作水果，从生物学特性和栽培特点来看，它又具有蔬菜作物的特点。西瓜具有良好的食用和药用价值，在世界范围内广泛栽培，深受人们喜爱，是位列葡萄、香蕉、柑橘、苹果之后的第五大类水果。

一、西瓜的营养和药用价值

西瓜汁多味甜，富含多种糖、矿物质、维生素、氨基酸、有机酸和番茄红素，营养丰富，是清热解暑的佳品。每100克西瓜的营养成分见表1-1。

表1-1　每100克西瓜的营养成分

名称	含量	名称	含量	名称	含量
可食部分	56克	水分	93.3克	碘	0
能量	105千焦	蛋白质	0.6克	脂肪	0.1克
碳水化合物	5.8克	膳食纤维	0.3克	胆固醇	0
灰分	0.2克	维生素A	75毫克	胡萝卜素	450毫克
烟酸	0.2毫克	维生素B_1	0.02毫克	维生素B_2	0.03毫克
钙	8毫克	维生素C	6毫克	维生素E	0.1毫克
钠	3.2毫克	磷	9毫克	钾	87毫克
锌	0.1毫克	镁	8毫克	铁	0.3毫克
锰	0.05毫克	硒	0.17微克	铜	0.05毫克

西瓜作为食品和药品加工原料，应用相当广泛。常见的西瓜加工食品有西瓜子、西瓜汁、西瓜酱、西瓜脯、西瓜酒、西瓜罐头等，还可用其加工成西瓜霜和西瓜果胶等药品。

此外，鲜瓜皮、干制瓜皮均可入药，对防治水肿、烫伤、肾炎等具有一定疗效，用其提取的番茄红素对男性前列腺具有保健作用。

二、我国西瓜生产的基本情况

1. 西瓜生产和供应地域区划特征明显，优势产区特色鲜明，生产聚集度高，产区布局趋向合理

西瓜适应性较强，全国各省份均有种植。根据栽培品种类型、栽培特点差异，大体可将我国西瓜分布区域划分为北方多旱气候栽培区、西北干燥气候栽培区、南方阴雨多湿气候栽培区和青藏高原气候栽培区。

根据生产规模差异，相应的产区布局又可细化为中南产区、华东产区、西北产区、华北产区、东北产区、西南产区六大产区。其中，以河南、湖南、湖北和广西为代表的中南产区和以山东、江苏、浙江、安徽为代表的华东产区生产规模分列第 1、第 2 位；以新疆、宁夏、陕西、甘肃为代表的西北产区和以河北、内蒙古为代表的华北产区分列第 3、第 4 位；东北产区和西南产区由于受当地生产气候条件的制约，西瓜生产规模相对较小，分列第 5 位和第 6 位。各产区中，北方产区（包括北方多旱气候栽培区和西北干燥气候栽培区）一般以生产大果型西瓜为主，南方产区（南方阴雨多湿气候栽培区）多生产小果型西瓜，湖北、湖南、广西和内蒙古生产无籽西瓜较多，福建、贵州、青海、西藏西瓜种植面积较少。

另外，我国西瓜生产集中度相对变化平稳，最佳生产要素配置逐步聚集于河南、山东、江苏、湖南、新疆、广西等西瓜优势产区。

2. 西瓜优势产区生产规模不断扩大，生产和消费稳步增长，但西瓜市场需求和价格波动呈现一定的季节性变化特征

2013—2022 年，我国西瓜年播种面积保持在 148.48 万~164.16 万公顷，年均产量在 6000 多万吨，西瓜单产保持在 4 万千克/公顷左右。同时，我国也是西瓜消费大国，2015—2022年我国西瓜表观消费量维持在6300万吨左右，每年人均消费西瓜50千克以上，远高于世界人均消费水平。

我国西瓜市场价格全年呈现“U形”走势，1~4月市场供应多以广西等地的反季节西瓜为主，价格较贵；5~10月，随着瓜果集中上市，西瓜价格快速下滑；10月之后，随着西瓜供应量减少，市场价格上涨。每年4~8月是西瓜销售旺季，交易量逐月攀升，9月之后交易量快速下降，直至第2年3月交易量出现缓慢回升。

3. 新品种更新换代加快，栽培技术不断改进，有力保障了西瓜产业的持续发展

我国西瓜种植从最早的露地地膜覆盖栽培，发展到中、小拱棚，塑料大棚，日光温室等保护地栽培，相应的品种由晚熟大果型为主，逐步实现了中晚熟大果型、中早熟中小果型品种配套，基本满足了不同栽培模式下的品种需求。此外，西瓜嫁接、工厂化穴盘育苗、无土栽培和水肥一体化、西瓜绿色生产、轻（少）整枝简约化栽培、瓜菜（作物）套作等技术的推广应用使我国西瓜的生产水平明显提高。尤其是露地双膜覆盖技术、塑料大棚和日光温室等设施栽培发展迅速，基本保障了西瓜周年生产，四季供应。

4. 品牌培育和管理成效显著，设施栽培西瓜生产效益显著提升

通过生产规模的扩大、国家地理标志产品认证、商标注册、各类农业节庆、线上品牌推介及精品包装等措施，多地成功打造了各具特色的西瓜品牌。例如，新疆吐鲁番、兰州沙田、陕西关中、河南汴梁、宁夏中卫、北京大兴、山东昌乐、上海崇明、江苏东台及浙江宁波等地露地和设施西瓜生产均已形成独具特色的发展模式。尤其是西瓜设施栽培，已克服了过去露地粗放管理、产品集中上市的弊端，大幅提升了成本收益率和产出效益。

三、我国西瓜生产中存在的误区和问题

我国西瓜生产在较快发展的同时，也存在着生产周期性波动、各地栽培品种杂乱、假劣种苗流行、机械化和智慧化生产水平较低，以

及产品质量不稳定、出口贸易量少等问题或误区，应切实重视并加以解决。

1. 产区生产组织化程度较低，价格波动造成年际产出效益不稳定

我国西瓜生产多为一家一户的生产模式，组织化程度较低，缺乏市场预警机制，往往根据往年价格确定今年的生产规模，从而导致生产面积和价格的波动，“瓜贱伤农”严重影响生产收益和农户种植的积极性。加之部分产区在茬口安排、品种选择、产品质量等方面缺乏特色，同质产品集中上市常造成产品供需失衡和滞销。

2. 西瓜生产设施等条件建设具有一定盲目性，部分地区引进的设施实用性和适应性较差，降低了产出效益

部分地区在发展西瓜生产时盲目照抄他地或设施园艺发达国家的经验和模式，盲目建造高档农业园区，过于追求高端，将高大上的连栋智能温室等设施用于普通西瓜生产，极大地增加了设施成本和后期管护成本，导致效益低下。有的地区则是栽培设施简陋，环境调控困难，不能有效应对低温阴雨、风灾、雪灾、涝灾等自然灾害，也会造成较大损失。

3. 品种配套和专用品种培育不足，种子市场杂乱，优质种苗不能完全满足生产需求

目前，我国不同地区西瓜栽培茬口品种配套仍需进一步优化，同类型品种模仿或重复品种较多，品种结构单一和种植方式相近，造成产品集中上市，不利于生产管理和产品分期供应。同时，随着棚室西瓜栽培技术的发展，各地耐低温、耐湿、耐弱光、抗病、耐贮运的保护地专用品种尚不能完全满足需求。此外，同名异种、异名同种、品种盗育等现象在各地不同程度存在，优质价廉的种苗不能完全满足生产需求。

4. 西瓜标准化、机械化栽培水平较低，连作障碍多发，生产难度加大

第一，西瓜全程机械化生产、智慧化管理、简约化栽培水平较低，尤其是育苗、定植、授粉、整枝、喷药、采收等环节劳动力密集，人工成本过高。第二，多数西瓜产区生产标准化、规范化水平较低，瓜农盲目追求提早上市，忽视品质改善，产出的商品瓜大小、成熟度、品质等不能有效满足市场需求。第三，产区连作障碍日趋严重，药肥减施增效推进迟缓。小规模个体生产模式下，种植者多根据经验大量投入农药、化肥，导致产区土壤酸化、盐渍化和药肥残留，农业面源污染和生产环境健康问题凸显，不利于西瓜优质安全生产。第四，高效、绿色栽培技术的改进和推广速度缓慢，绿色、有机等高端西瓜生产尚不能满足市场差异化需求。

5. 产品质量和品牌打造意识不强，部分产区西瓜生产效益有待提升

部分西瓜产区缺乏品牌打造措施，没有充分发掘本地区西瓜品牌的内涵和优势，西瓜产区的公共品牌和单品品牌培育不足。同时，种植者缺乏或忽视统一的生产标准，种植管理粗放，产品质量难以保障，造成产品销售困难和效益下滑。

6. 西瓜出口、加工尚处于较低水平，产品附加值不高

以 2023 年为例，我国西瓜出口贸易量和贸易额分别为 5.63 万吨和 5430.54 万美元（1 美元≈7.25 元人民币），进口贸易量和贸易额分别为 7.36 万吨和 1134.07 万美元。出口目的地主要为越南、俄罗斯、蒙古、朝鲜和马来西亚等，出口水平总体较低。

此外，西瓜产业链后端价值开发不足，加工、分级、包装、贮藏、保鲜手段落后，上市产品大多属于初级产品，产品附加值不高。

四、提高西瓜种植效益的主要途径

西瓜作为重要的园艺作物，其高效生产除可满足市场需求外，对促进本地区农业高效发展也具有积极作用。因此，西瓜产区应以提高生产效益为目标，着力加强西瓜产业宏观引导和管理，增强品质观念和品牌意识，加大新技术推广力度，降本增效，从整体上促进我国西瓜产业健康发展。

1. 加强西瓜生产的组织化、信息化和社会化服务水平，努力促进产销平衡

第一，应加强对各类西瓜专业合作社、农业协会及家庭农场的政

策性扶持，鼓励西瓜规模化和集约化生产，倡导订单农业模式，提高种植户的市场话语权和抗市场风险能力。第二，加强涵盖西瓜种植面积、产量、供求、价格、产销、植保等信息的大数据平台建设，及时发布生产预警信息，为种植结构调整提供参考。第三，不断推进西瓜专业化、社会化服务水平，在品牌打造的基础上，积极推进“农超对接”“团体、散户配送”“农批对接”及线上电商、微商与线下销售相结合等营销模式，实现产销平衡。第四，鼓励发展西瓜生产与农业节庆、休闲观光、科普体验、采摘等相结合的生产模式，创新西瓜生产新业态，提高生产附加值。

2. 统筹规划本地区西瓜生产布局，加强品牌塑造和管理，突出品牌价值

各产区可根据西瓜生产和市场需求特点，科学定位区域发展布局，合理引导茬口安排和产品供应。以品牌塑造为引领，打造一批具有特色的西瓜生产区域公共品牌和单品品牌，讲好品牌故事，通过线上、线下及与农业节庆相结合的品牌推介，为本地区西瓜优质优价和品牌价值提升打下坚实基础。同时，通过品牌塑造促进管理思想、生产方式的转变，积极推进绿色生产，加强质量监管，保障生产环境健康，使本地区西瓜品牌深入人心。目前，宁夏中宁硒砂瓜（图 1-1）、北京大兴西瓜（图 1-2）、山东昌乐西瓜（图 1-3）等都是品牌培育的成功典型。

图 1-1　宁夏中宁硒砂瓜

图 1-2　北京大兴西瓜

图 1-3 山东昌乐西瓜

3. 加强基础设施条件建设，为西瓜优质高效生产提供保障

第一，应着力加强生产基地和配套设施建设，改良设施条件，提升设施智慧化水平，努力推进西瓜生产基地化、规模化和标准化生产，不断提升产品质量。第二，应加强本地区覆盖城乡市场体系培育，积极打造“互联网+农业”，积极发展农村电商和乡村物流设施建设，推进西瓜线上推介和销售。第三，支持专业合作社或西瓜生产家庭农场改善贮藏、保鲜、清选分级、包装等设施装备条件。积极推进以初加工、贮存保鲜和低温运输为核心的西瓜保鲜物流体系建设，提高西瓜集中采购和跨区域配送能力，为产品流通提供保障。第四，推广应用农业保险，可有效应对台风、冰雹、水涝、雪灾等自然灾害带来的损失。

4. 加快主栽西瓜良种和砧木及高效栽培配套技术推广应用，促进西瓜产业降本增效

第一，通过科技创新不断选育适应性强、商品品质优、具有复合抗性、耐贮运的西瓜新品种，推动品种更新换代。采取措施选育抗病或耐重茬品种及亲和性好的嫁接砧木，大力推广嫁接技术，提高西瓜连作障碍克服水平。第二，应通过技术创新促进农技、农机与人的有机结合，推动西瓜播种、嫁接、定植、植保等各生产环节机械化生产，努力降低劳动强度和生产成本。第三，加强设施农业物联网研发和应用，努力提高西瓜生产智慧化水平。加快测土配方施肥、高垄覆膜、膜下暗灌、水肥一体化和精准水肥管理、秸秆发酵堆、远红外加温、保护地静电除湿、熊蜂授粉，以及绿色植保等新技术的推广和应用。

5. 提升采后处理和加工水平，树立国内外高端西瓜品牌，推进西瓜贸易发展

应着力加强西瓜预冷和冷链流通保鲜、鲜切加工、西瓜汁、功能保健等产品和技术研发，最大限度提升产品附加值。同时，针对国内西瓜市场需求分化和国际市场对高端西瓜产品的需求，应因地制宜，在生产大宗普通产品的同时积极发展小宗特色产品和部分高端产品，增强西瓜生产国际竞争力，扩大西瓜产品出口规模。

第二章
西瓜生物学特性及品种

目前，我国各地的主栽西瓜品种及新育成品种以国产品种为主，部分为引进良种，种植者应在把握当地西瓜品种适销情况和品种栽培适应性的基础上进行品种选择，方能取得较好的栽培效果。

第一节　西瓜的生物学特性及对环境条件的要求

一、西瓜的生物学特性

西瓜起源于非洲南部的卡拉哈里沙漠，至今已有 5000～6000 年的栽培历史。西瓜先经欧洲广泛种植后，沿古代丝绸之路传入我国新疆地区，后逐渐传入河南、陕西等中原地区。西瓜是葫芦科西瓜属的一年生蔓性草本植物，为夏季重要的消暑果品。完整的西瓜成龄植株包括根、茎、叶、花、果实。

1. 根

西瓜根系为直根系，由主根、多级侧根和不定根组成，是吸收水分和营养物质的器官（图 2-1）。

西瓜根系发达，根系水平伸展可达 3 米左右，主根入土深度可达 2 米，但主要的功能根系群分布在土壤表层 20～30 厘米的耕作层内。直播西瓜的子叶展开后，主根分生一级侧根。伸蔓时，根系分化生长加快，侧根数大增。第 1 朵雌花坐果前根系发生和伸长达到高峰。坐果后，根系生长基本停顿。西瓜匍匐生长时，茎节处还会长出不定根，起吸收水分和养分、固定茎蔓的作用。

西瓜根系生长特点：一是发根较早，开花坐果期即达生长高峰；二是根量少，木质化程度高，易损伤，再生力弱，根系受损后新根发生缓慢；三是根系生长需要充分供氧，因此结构良好、孔隙较大、含水量适中的壤土有利于根系生长。黏重、板结或积水的土壤会影响根系正常发育。

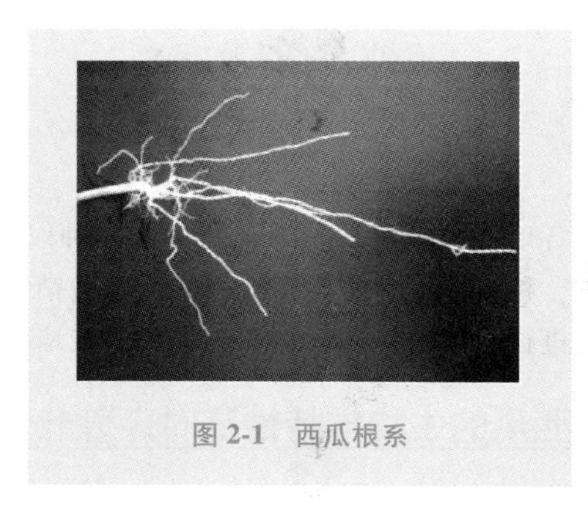

图 2-1　西瓜根系

2. 茎

西瓜茎又称瓜蔓，在第 5~6 片叶出现之前直立生长，而后为蔓性，匍匐生长（图 2-2）。茎表面布满茸毛，横断面为圆形或椭圆形，具有 10 束维管束，是茎的输导组织，具有运输无机和有机营养的作用。西瓜茎蔓上着生叶片的部位称为节，两片叶所在节之间的部分叫节间。西瓜节间长短与品种和栽培管理措施相关，一般其生长发育前期节间较短，4~5 节后节间逐渐增长，至坐果节节间可长达 18~25 厘米。

图 2-2　西瓜茎

西瓜分枝能力强，幼苗顶端伸出的蔓称为主蔓，主蔓叶腋着生的侧蔓称为子蔓，子蔓着生的侧蔓称为孙蔓。生产上西瓜坐果部位主要在主蔓，除基部 1~2 条健壮侧蔓外，其他侧蔓和孙蔓均应摘除，以避免其消耗养分。此外，茎蔓叶腋内还着生苞片、雄花或雌花、卷须和根原始体。

3. 叶

西瓜叶分为子叶和真叶 2 种。子叶有 2 片，较肥厚，呈椭圆形。子叶可以为种子发芽提供营养，还可在真叶长出之前进行光合作用，因此保护子叶、延长其功能期是培育壮苗的重要措施。

真叶由叶片和叶柄组成。叶片呈掌形羽状，单叶互生，无托叶，叶缘缺刻。根据缺刻形状和大小，真叶可分为窄裂片、宽裂片和全缘叶型 3 种。真叶表面有蜡质和茸毛，叶边缘具有细锯齿，是适应干旱环境的形态特征。主蔓上第 1~2 片真叶，小而全缘，伸蔓后逐渐表现本品种的固有叶型（图 2-3）。

图 2-3　西瓜真叶

西瓜真叶从肉眼可见到长成成叶需 10~15 天，寿命为 30 天左右。主蔓第 15 节附近叶的叶面积较大，是主要的功能叶。

【提示】

西瓜叶柄长而中空，长度略小于叶片。生产上可根据叶柄长度和叶形指数诊断植株长势：叶柄较短、叶形指数较小的，植株生长健壮；反之，为徒长表现。

4. 花

西瓜花为单性花，分雌花和雄花 2 种，一般为雌雄同株异花。少数品种具有两性花。西瓜第 2 片真叶展开前花原基形成，3~5 片真叶展开后始花，雄花的产生早于雌花，且数量较多。每个叶腋着生一至数朵雄花。主蔓第 1 朵雌花着生节位因品种而异，一般早熟品种于 5~7 节着生第 1 朵雌花，中熟和晚熟品种分别于 7~9 节和 10~11 节着生第 1 朵雌花，子蔓第 1 朵雌花发生节位较低。之后主、侧蔓每隔 5~7 节再发生 1 朵雌花，也有品种连续发生 2 朵雌花。

雄花有萼片 5 片；花瓣 5 枚，黄色，基部联合；花药 3 个，呈扭曲状。雌蕊柱头先端 3 裂，子房下位，卵状或长椭圆形。无籽西瓜的雌雄花较普通西瓜大，颜色深。雌蕊柱头和雄蕊花药均有蜜腺，属虫媒花，主要依靠蜜蜂、蚂蚁等传粉，品种间易天然杂交引发品种退化，制种时安全间隔距离为 1000 米以上。西瓜一般 6:00~7:00 开花，11:00 闭花，15:00 完全闭花。阴雨天、低温、高湿环境开花延迟。因此，晴天适宜授粉时间为 8:00~9:00。西瓜雌花子房形状和大小与品种、栽培条件相关，因果形不同而异（图 2-4）。

图 2-4　西瓜花

5. 果实

西瓜果实为瓠果，由果皮、果肉和种子组成。

（1）果皮　西瓜果皮光滑，果皮颜色由底色和覆纹决定。底色可分为白色、浅黄色、浅绿色、深绿色、墨绿色或近黑色等。覆纹形状和颜色因品种而异，多为橙黄色、深绿色或墨绿色锯齿状条带，条带又有宽窄之分（彩图1）。

果皮的厚度和柔韧性因品种而异，也与栽培因素有关，一般低节位、低温、弱光环境下结瓜时果皮厚，品质差。另外，黑皮西瓜果皮的柔韧性或耐裂性较好。生产上应着力推广皮薄、耐裂的优良品种。

（2）果肉　西瓜果肉主要由薄壁细胞构成。当果实成熟时，细胞内的糖分和各种色素增加，果肉呈现白色、黄色、橙黄色、浅红色、大红色等多种颜色（彩图2）。一般果肉红色的深浅程度由番茄红素含量多少决定，黄色由胡萝卜素含量多少决定，白色则由黄素酮类与多种糖结合成的糖苷含量多少决定。果肉肉质有疏松和致密之分，肉质疏松的易起沙、空心，不耐贮藏；肉质致密的不易空心倒瓤。

西瓜果实大小不一，形状多样。生产栽培西瓜单瓜重为2~10千克。一般早熟品种果型小，中熟品种较大，晚熟品种最大。果实形状分为圆形、高圆形、短圆筒形和长圆筒形等，果形指数为1.0~1.5或1.0以上。

（3）种子　西瓜种子由种皮、胚和子叶构成，无胚乳。种子为扁平卵圆形，种皮较厚且硬，发芽需浸种时间长一些。种子的色泽、大小因品种而异。一般种子表皮光滑或有裂纹，颜色有黑、白、黄、红等几种。西瓜种子千粒重差异较大，一般在30~100克，小粒种子千粒重为40克以下，中粒种子为40~80克，80克以上的为大粒种子。西瓜单瓜种子数多在300~500粒。种子在干燥、通风的自然条件下可保存10年以上。

二、西瓜的生长发育周期

西瓜从播种到完成整个生长发育周期需80~120天，其生长发育过程具有明显的阶段性，不同生长发育阶段的生长中心和对环境条件的要求明显不同。根据西瓜各生长发育阶段的基本特点，其生长发育进程可分为发芽期、幼苗期、伸蔓期和结果期4个时期。

1. 发芽期

从种子萌动至子叶展平，第1片真叶抽出时为发芽期，此期需8~10天。西瓜发芽适温为28~30℃，低于15℃不能发芽，高于

30℃，虽发芽较快，但幼苗细弱。此期幼苗主要依靠种子贮藏的养分进行生长，胚轴和根系是生长发育中心。子叶是此期主要的光合作用器官，保护子叶完整和维持其正常功能对幼苗生长发育作用较大。

发芽期栽培管理的关键是保证合理的光温条件，促进根系生长和叶原基分化，防止下胚轴徒长成“高脚苗”，促进壮苗培育。

2. 幼苗期

从子叶展平到第 5~6 片真叶展开为幼苗期，又称团棵期，此期需 25~30 天。此期地下部根系迅速生长，次生根大量形成，叶芽分化较快，花芽开始分化，但地上部茎叶的干、鲜重和叶面积增长缓慢，幼苗节间较短，呈直立状。

此期栽培管理重点是创造适宜的土壤温湿度条件，中耕松土，增加土壤通透性，促进根系发育和花芽正常分化。

【注意】

在保护地栽培条件下，幼苗期如果遇低温环境，易引发西瓜花芽分化不良，产生畸形果，生产上应予以注意。

3. 伸蔓期

从幼苗期到坐果节位雌花开放为伸蔓期，此期需 20~25 天。伸蔓期节间迅速伸长，植株由直立生长状态转为匍匐生长状态。

此期地上部营养器官进入快速旺盛生长阶段。主蔓迅速伸长，第 1~3 个叶腋开始萌发侧蔓，并与主蔓并进生长。叶片数量及叶面积增加较快，根系继续旺盛发育，至伸蔓期结束时根系基本建成。此期以营养生长为主，生长中心是主、侧蔓生长点，主、侧蔓间尚无同化养分的互相转移。

此期栽培管理上应把握“促”“控”结合的原则。伸蔓前期应加强肥水管理，促进叶蔓健壮生长和根系继续发育。伸蔓后期应以控为主，采用整枝、压蔓、摘心、控水肥等抑制植株徒长的措施，促使生长中心向生殖生长转移。

4. 结果期

从坐果节位雌花开放到果实充分成熟为结果期，此期需 30~

40天。根据果实形态变化和发育特点，结果期又可分为坐果期、膨果期和成熟期。

（1）坐果期 从坐果节位雌花开放到果实褪毛坐稳，25~30℃适温下需4~6天。此期茎叶生长仍然旺盛，幼瓜生长缓慢，基部功能叶片光合产物的输入中心仍是茎端，因此营养生长和生殖生长对养分竞争激烈。

【提示】

坐果期在栽培上应以控为主，及时整枝、压蔓、控水肥等抑制叶蔓生长，同时进行辅助人工授粉，促进坐果。

（2）膨果期 从果实褪毛到果实停止膨大定个为止，需18~25天。此期叶蔓生长逐渐衰退，果实膨大迅速。生长中心转为果实，无果侧蔓的光合产物更多地输入有果侧蔓。

（3）成熟期 从果实定个到生理成熟，需5~7天。此期果实基本定型，重量和体积增加不大，以果实内含物如糖分的转化为主，尤其是蔗糖含量迅速增加。同时果皮变硬，表现出本品种特有的颜色和花纹，瓜瓤颜色逐渐转深，种子成熟并着色，但叶片功能逐渐衰退。

【提示】

成熟期在栽培上应停止浇水施肥，注意排水，防止叶蔓早衰。

三、西瓜对环境条件的要求

1. 温度

西瓜属喜温耐热作物，生长发育过程中需要较高温度，不耐低温，遇霜即死。西瓜生长所需要的最低温度为10℃，最高温度为40℃，最适温度为28~30℃。5℃以下发生冷害，45℃以上时出现高温生理伤害。西瓜不同生长发育阶段对环境温度要求不同，其温度管理指标见表2-1。

表 2-1　西瓜不同生长发育阶段的温度管理指标

生长发育阶段	适宜温度/℃	最低温度/℃	最高温度/℃
发芽期	28~30	15	35
幼苗期	23~25	15	35
伸蔓期	25~28	15	35
结果期	30~35	18	35

西瓜从雌花开放到果实成熟需积温 800~1000℃，整个生长发育期积温 2500~3500℃。尤其果实发育期间，在适温范围内，温度越高，果实发育越好；低于 15℃则易产生扁圆、皮厚、空心、畸形等残次果。

与气温相比，西瓜根系发育所需要的地温范围为 20~30℃。其根系生长适温为 25~30℃，最低温度为 10℃，最高温度为 38℃。根毛发生的最低温度为 13℃。无籽西瓜生长发育温度一般较普通西瓜高，如其发芽适温为 33~35℃，生产上应予以注意。

西瓜生长发育除需要较高温度外，还需一定的昼夜温差。在一定范围内，适宜的昼夜温差和较低的夜温有利于植株健壮生长和糖分积累。

2. 光照

西瓜属喜光作物，生长发育期内需要充足的光照时间和光照强度。西瓜光合作用的光饱和点为 80000 勒，光补偿点为 4000 勒。在此范围内，随光强增加，植株生长健壮，花芽分化早，坐果率高。但在阴雨弱光条件下，植株生长细弱，易落花化瓜，果实含糖量下降，品质差。

西瓜属短日照作物，苗期适当低温和短日照有助于西瓜早熟丰产。但日照少于 8 小时不利于西瓜生长发育，每天日照时间以 10~12 小时为宜。

3. 水分

西瓜根系发达，茎叶有茸毛，叶片缺刻，有蜡质，可减少水分蒸腾，因此西瓜具有较强的耐旱能力，但同时西瓜也是需水量较多的作物，1 株西瓜整个生长发育期内的耗水量约为 1000 升。0~30 厘米耕作层土壤相对含水量为 60%~80%方能满足其生长发育需求，促其正常发育和获得高产。土壤相对含水量低于 50%时，植株受旱，发育不良。西瓜不同生长发育阶段的需水指标见表 2-2。

表 2-2　西瓜不同生长发育阶段的需水指标

生长发育阶段	土壤相对含水量（%）
幼苗期	65
伸蔓期	70
开花坐果期	65
膨果期	75

坐果节位雌花开放前后和膨果期是西瓜生长期内的两个水分敏感期，土壤含水量过低或过高均不利于其生长发育，从而影响产量和品质。

西瓜喜干燥环境，生长发育环境适宜的空气相对湿度为 50%~60%，空气潮湿则长势变弱，病害多发，坐果率低，品质差。但开花授粉期间空气湿度过低，则花粉不能正常萌发，导致受精异常，子房脱落。

4. 土壤及营养条件

西瓜对土壤的适应性较强，沙土、壤土、黏土均可种植。但西瓜根系好氧，因此最适宜西瓜根系生长的土壤为土层深厚、排水良好、肥沃疏松的壤土或沙壤土。沙壤土虽然昼夜温差较大、透气性好，但保肥、保水性差，西瓜生长发育后期易脱肥、早衰，因此合理肥水管理是沙地西瓜增产的关键。黏性土壤透气不良、发苗慢，但其保肥、保水性强，植株不易早衰，因此适于中晚熟品种和多次结果栽培，若管理得当，可获高产。

西瓜对土壤酸碱度适应性强，在 pH 为 5~7 范围内均能正常生长，但 pH 低于 5. 5 时枯萎病发病率增加。西瓜耐盐碱，在土壤含盐量低于 0.2% 时仍可栽培。但西瓜不耐重茬，一般水旱轮作需 3～4 年，旱地轮作需 6～7 年，连作或轮作周期短易引发枯萎病等土传病害。

西瓜属喜肥作物，每生产 1000 千克果实需氮（N）2.52 千克、磷（P_2O_5）0.92 千克、钾（K_2O）3.08 千克。氮肥可促进叶蔓生长，促进植株健壮。磷肥可促进根系生长和花芽分化，提高植株耐寒性。钾肥对糖类的合成、运输、贮藏有促进作用，可提高西瓜的含糖量，有助于提高植株抗病性。

西瓜整个生长发育期对氮、磷、钾的吸收比例为 3.28∶1∶4.33，但不同生长发育阶段对三者的需要量和比例不同。因此，生产上应根据不同生长发育期的需肥特点和植株长势进行施肥，基肥和追肥并用。一般基肥以磷肥和农家肥为主，苗期轻施氮肥，伸蔓期增施氮、磷肥，结果期以氮、钾肥为主，并配施钙、硼、铁等中微量元素肥。

5. 气体条件

气体主要指氧气、二氧化碳，以及氨气、一氧化碳、二氧化硫等有害气体。西瓜根系生长的最适氧气含量为 18%，及时排除土壤积水和中耕松土增加透气性，有利于根系生长和提高其吸收功能。西瓜光合作用的二氧化碳补偿点为 40 毫克/千克，二氧化饱和点为 2000 毫克/千克，空气中二氧化碳浓度为 300 毫克/千克，不能满足其需求，因此棚室栽培西瓜补充二氧化碳气肥可起到一定的增产效果。此外，棚室栽培西瓜由于施肥不当或农膜配料不当等原因，会产生氨气、一氧化碳、二氧化硫等有害气体危害植株，生产上应加强棚室气体检查，及时通风换气，排除有害气体。

第二节　西瓜的品种选择

一、西瓜的分类

西瓜品种多样，在不同生态条件下形成了不同的生态型。我国西瓜栽培品种主要包括 4 种类型，目前推广的西瓜杂交种多是由不同生态型杂交选育而来的。

1. 华北生态型

该类型品种适应华北地区暖温带半干旱气候，多为长势较强的中晚熟品种，果型较大，果肉性状多样，中心折光糖含量为7%~9%，种子中等偏大。其代表品种有郑州2号、郑州3号、庆丰西瓜等。该类品种耐旱忌湿，不适宜在南方阴雨高湿地区种植。

2. 西北生态型

该类型品种适应西北地区干旱的大陆性气候，植株长势较旺，坐果节位高，果型大，晚熟，中心折光糖含量为7%~9%，种子偏大。其代表品种有白皮瓜、大花皮等。该类品种极不耐湿，仅局限于新疆、甘肃河西等干燥地区种植。

3. 东亚生态型

该类型包括江浙一带的传统品种和由日本引进的部分品种。它适应湿热环境，坐果节位低，多早熟。果型较小，皮薄，中心折光糖含量为10%~11%，种子小或中等。其代表品种有新大和、华东24号等。该类品种耐湿性好，适应性强，全国各地均可种植，保护地栽培面积较大，但因产量较低，在北方露地产区推广面积不大。

4. 美国生态型

该类型原产于美国，适应日照充裕的干旱沙漠、草原气候。其长势较强，坐果节位高，多为晚熟品种，果型较大，中心折光糖含量为10%，抗病性强。一般将其作为育种材料，直接应用于生产的较少。

另外，根据果皮颜色大体可分为绿皮、黄皮、黑皮品种，按照果肉颜色大体可分为红色、黄色、白色及冰淇淋色等品种。

以种子为主要产品器官的西瓜品种称为籽用西瓜（图2-5），是西瓜种普通西瓜亚种的一个变种。根据瓜籽颜色又可分为黑籽和红籽。我国是世界上籽用西瓜生产面积和瓜籽产量最大的国家，主要种植区域为新疆、甘肃、内蒙古、宁夏、江西、广西、湖南等省（区），大致呈现北“黑”南“红”的生产格局。

图 2-5　籽用西瓜及瓜籽

二、西瓜品种选择的误区

1. 选择的品种对产区生态和栽培适应性较差，生产管理难度和生产成本增加

种植者不能正确了解西瓜的生态型或不同品种的生态和栽培适应性，盲目采购其他区域品种，造成引种或茬口安排不当，引发生产损失。比如，早熟小果型西瓜多适于保护地提早上市栽培，以价高取胜，而露地栽培季节上市果蔬较多，西瓜单价低，则宜选种中晚熟大果型品种。

2. 品种选择与市场需求脱节，产品适销性差

因不能正确把握品种和市场的供求关系，根据本地或其他地区上一年的行情盲目扩种某一品种，所以易造成供求失衡和销售困难。另外，不了解该品种的适销区域或销售地区的消费习惯，盲目种植也会造成销售困难。

3. 品种结构单一，品种更新滞后，不能有效应对市场需求变化

部分地区多年种植同一个品种，生产模式相近，经常造成同质产品集中上市，销售优势逐渐消失。另外，长时间种植某一品种易造成品种退化，导致管理难度增加，产品质量下降。

4. 种植者对新品种的品种特性和栽培适应性缺乏判断标准和试种条件，造成品种选择不当

关于新品种选择，种植者一般仅听从种子经销商推介，多数个体种植者没有试种条件，只有在生产出产品后才知道品种表现如何，品种选择盲目性较大，易发生选种错误。

5. 部分地区种子市场管理较乱，质量参差不齐，质量事故时有发生

部分地区的种子市场、良种繁育基地监管手段、措施相对欠缺，盗育、套购、同种异名、异种同名等问题多发，种子多、乱、杂现象制约了产业健康发展。

三、西瓜品种选择的原则和方法

西瓜品种选择应坚持“三看”原则：一看品种外观、品质和适销区域；二看品种丰产性、抗逆性、抗病性和耐贮性，连作地区尤其应注意对枯萎病、根腐病等主要土传病害的抗性水平；三看品种对生长环境和管理技术的要求。具体方法如下。

1. 选择西瓜品种时应首先明确品种的生态、栽培适应性及市场适销性

首先，不同类型的西瓜对环境条件的要求不同，如东亚小果型西瓜可在各地保护地栽培，但华北、西北类型则适于华北、西北露地或小拱棚栽培，不可盲目引种至其他区域。其次，应考虑瓜皮和果肉颜色等商品品质的市场适销性。比如，黄皮、黄肉、白肉等颜色虽相对鲜见，但西瓜品种能得到市场认可的关键还应综合考虑糖度、口感风味、抗性等因素，一般红肉类型的糖度高于黄肉、白肉类型，因此选择品种不宜单纯考虑新鲜而忽视市场的认可度。

2. 根据产品用途和消费习惯选择适宜品种

以观光采摘为生产目的宜选择小果型、口感佳、外观漂亮的品种，家庭消费也应以小果型品种为主，而供应宾馆酒店等大宗消费的则可选择大果型高产品种；就近销售的可选择优质薄皮品种，远距离销售的则可选择果皮相对较厚、硬韧、耐贮运品种。此外，还应兼顾当地长期形成的消费爱好和习惯，选择果皮、果肉颜色不同的品种。

3. 加强不同品种西瓜的生产信息发布和服务，推进品种种植和产销平衡

种植者可通过农业部门大数据信息发布等途径，及时了解西瓜品种的生产变化趋势，既要形成一定的规模和特色，有助于销售市场的形成，又可通过品种选择差异或茬口错位、小宗特色品种生产等方法

尽可能提高销售效益。

4. 加强对新品种的区域试验、生产试验和示范，根据茬口、设施和技术水平等确定品种

种子公司应切实加强在拟推广区域的试种试验，并根据在当地的表现有针对性地提出相关配套栽培措施。首先，应从市场销售角度选择适宜的果型、果皮和果肉颜色、果皮薄韧、耐贮运、外观美观等商品性状。其次，明确品种的丰产性、抗病性、抗逆性、光温水肥特性等。种植大户或家庭农场在选用新品种前可在本生产区内同时小面积种植多个品种，通过与现有品种对比，确定选种品种。

5. 加快品种更新换代，根据市场变化合理布局品种类型，促进区域良种多样化发展

应科学评估品种退化和市场需求变化情况，及时更换良种，在稳定一定规模的基础上探讨大宗、小宗品种（如苹果西瓜等）相结合，促进品种选种多样化。

6. 加强种业市场监管，规范育种基地建设和管理，积极推进落实育繁推一体化，切实保障市场良种供应

应不断推动监管手段和监管技术进步，规范育种基地管理，依法严厉打击假冒伪劣种子，净化市场环境。采用常规技术手段和分子检测技术手段相结合的方法，逐步推进从基于结果的质量检测和基于流程的质量检测两条途径进行种子质量控制，完善育繁推一体化流程，从根本上保障种子质量，为品种选择提供保障。

第三节　西瓜的优良品种

一、特早熟小果型优良品种

该类型西瓜品种的共同特点是：生长发育期为 80~85 天，果实发育期为 25~28 天，单瓜重 2~3 千克，表现为果型小、皮薄韧、极早熟、品质优，可一株多果，适于棚室早熟栽培。其代表品种如下。

1. 早春红玉

早春红玉由日本米加多公司选育。该品种早熟，果实发育期为

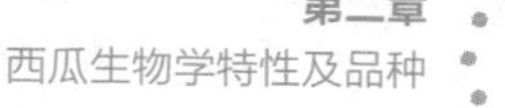

25~30 天。果实为长椭圆形，果皮底色为深绿色覆锯齿状墨绿色条纹，果皮厚 0.4~0.5 厘米，肉色鲜红，纤维少，肉质脆嫩，风味佳。中心折光糖含量在 12%以上，商品性好。单瓜重 1.5~2.0 千克，一般每亩（1 亩≈667 米^2）产量为 2000 千克左右。

2. 全美 2K

全美 2K 由北京井田农业科技有限公司从日本引进。该品种植株生长稳健，低温下坐果性好，春播果实发育期为 31 天左右。果实为椭圆形，单瓜重 2 千克，果皮为绿色覆深绿色齿带，果皮厚度中等，果肉为红色，中心折光糖含量为 13%。适合春季保护地栽培或冷凉地区越夏保护地栽培。

3. 冰糖翠玉

冰糖翠玉是从日本引进的礼品西瓜品种。该品种早熟，果实为高圆形，果皮为绿色覆齿状墨绿色条纹，单瓜重 1.5~2.0 千克，果皮厚约 0.4 厘米，又薄又韧、耐裂，瓤色大红，肉质沙甜，中心折光糖含量可高达 15%，商品性好，适于保护地栽培。

4. 美月

美月由中国热带农业科学院热带作物品种资源研究所选育。该品种早熟，全生长发育期冬播为 80~85 天、夏播为 65 天左右，果实平均发育期为 28 天。植株生长势较强，果实为短椭圆形，单瓜重 0.75 千克左右，果皮为深绿色覆黑绿色细齿条纹，果肉为鲜红色，中心折光糖含量为 12.5%，肉质细腻，口感佳，果皮薄，抗性较强，适于保护地栽培。

5. 春光

春光由合肥华夏西瓜甜瓜科学研究所选育。该品种早熟，早春保护地栽培的果实发育期为 32~35 天，夏秋露地种植的果实发育期为 30 天左右。植株生长健壮，较耐低温，易坐果。果实为长椭圆形，果皮为鲜绿色覆墨绿色齿状条纹，果皮厚 0.3 厘米，柔韧性好，不易裂瓜，耐贮运。瓤色鲜红，中心折光糖含量为 13%左右，风味佳。单瓜重 1.5~2.0 千克，适于上海、江浙等地露地栽培。

6. 超越梦想

超越梦想由北京市农业技术推广站选育。植株生长势中等，第1朵雌花平均着生在第8.5节，果实发育期为31天。单瓜重1.72千克，果实为椭圆形，果皮为绿色覆齿状条纹，果皮厚0.5厘米，果肉为红色，中心折光糖含量为11.7%，口感好，果实商品率为99.4%。枯萎病苗期室内接种鉴定结果为感病。

7. 京阑

京阑由京研益农（北京）种业科技有限公司选育。该品种极早熟，果实发育期为25天左右，前期低温弱光下生长快，极易坐果，适宜于保护地越冬和早春栽培。可同时坐2~3个果，单瓜重2千克左右，果皮厚0.3~0.4厘米，果皮为翠绿色覆盖细窄条纹，果肉为黄色，鲜艳，酥脆爽口，中心可溶性固形物含量在12%以上，品质优良。适于保护地或搭架早熟栽培。

8. 京颖

京颖由京研益农（北京）种业科技有限公司选育。该品种早熟，果实发育期为26天，全生长发育期为85天左右。植株生长势强，果实为椭圆形，果皮为绿色覆锯齿状条纹，平均单瓜重2千克左右。果肉为红色，肉质脆嫩，口感好，中心可溶性固形物含量可高达15%以上。适于保护地栽培。

9. 秀丽

秀丽由安徽省农业科学院园艺研究所选育。该品种极早熟，全生长发育期为80~85天，果实发育期为24~26天。果形为椭圆形，果皮为鲜绿色覆深绿色锯齿形窄条带，皮薄耐裂，较耐贮运。瓤色鲜红，肉质脆爽，中心折光糖含量为13%~14%，风味佳。单瓜重1.5~2.0千克，不易倒瓤空心。植株生长健壮，耐低温弱光，早春棚室栽培易坐果。

10. 京秀

京秀由国家蔬菜工程技术研究中心选育。该品种早熟，全生长发育期为85~90天，果实发育期为26~28天。果实为椭圆形，果皮为绿色覆锯齿形深绿色窄条带，耐贮运。果实剖面均一，无空心、白筋

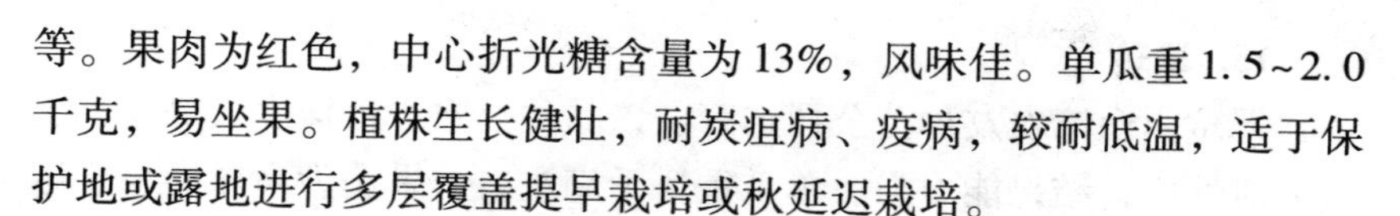

等。果肉为红色，中心折光糖含量为13%，风味佳。单瓜重1.5~2.0千克，易坐果。植株生长健壮，耐炭疽病、疫病，较耐低温，适于保护地或露地进行多层覆盖提早栽培或秋延迟栽培。

11. 航兴天秀2号

航兴天秀2号由北京市大兴区农业科学研究所选育。植株生长势中等，第1朵雌花平均着生于第8.1节，果实发育期为32.3天。单瓜重1.59千克，果实为椭圆形，果皮为绿色覆齿状条纹，果皮厚0.5厘米，较脆。果肉为红色，中心折光糖含量为11.4%，口感好。枯萎病苗期室内接种鉴定结果为感病。

12. 春艳

春艳由安徽省农业科学院园艺研究所选育。该品种极早熟，全生长发育期为75~80天，果实发育期为24~25天。果实为椭圆形，果皮为鲜绿色覆深锯齿形窄条带15~16条。单瓜重2.5千克左右，瓜形周正，不空心，皮薄耐裂，耐贮运。瓤色深红，中心折光糖含量为13%，风味佳。植株生长健壮，易坐果，连续坐果能力强，耐低温弱光、耐湿，宜早春种植。

13. 红小帅

红小帅由北京市农业技术推广站选育。植株生长势中等，果实发育期为31天，抗病性中等，主蔓第8~9节着生第1朵雌花，雌花间隔4~5节。易坐果，平均单瓜重1.14千克，果实为椭圆形，花皮，红瓤，中心折光糖含量为10.73%，口感较好，果皮厚0.47厘米，较脆，耐贮运性中等。适于北京地区栽培。

14. 红小玉

红小玉由日本南都种苗株式会社选育。该品种早熟，全生长发育期为80~83天，果实发育期为23天左右。果实为高圆形，果皮为深绿色覆16~17条细虎纹状条带。果皮厚0.3厘米，皮韧不裂，较耐贮运。果肉为深桃红色，剖面均一，不空心，中心折光糖含量在13%以上，肉质脆沙，味道爽甜。单瓜重2千克左右，易坐果。植株生长势旺盛，分枝性较弱，抗炭疽病、疫病，耐低温性较好。

15. 翠玲

翠玲由台湾农友种苗公司选育。该品种早熟，植株生长势强，土壤适应性广，结果能力强。单瓜重 3 千克左右，果实为高球形至长球形，果皮为浅绿色覆青色中粗条纹。瓤色鲜红诱人，汁水多，品质优，遇雨不易变质。

16. 明玉

明玉由台湾农友种苗公司选育。该品种早熟，植株生长势强，全生育期为 80 天左右，果实发育期为 30~35 天。果实为长球形，单瓜重 2.5 千克左右，果皮为绿色覆深绿色中细条纹。果肉为桃红色，肉质细嫩多汁，中心可溶性固形物含量为 13%左右。适于保护地栽培。

17. 秀美

秀美由安徽省农业科学院园艺研究所选育。该品种极早熟，果实发育期为 26 天左右。果实为高圆形，果皮为鲜绿色，红瓤，中心折光糖含量为 13%~13.5%，肉质细嫩，风味佳。单瓜重 1.5~2 千克，瓜皮薄韧，耐贮运。耐低温弱光，耐湿性好，抗病性极强，适于春秋季大、小拱棚栽培。

18. 中兴红 1 号

中兴红 1 号由中国农业科学院郑州果树研究所选育。该品种特早熟，耐低温、弱光，耐贮运，抗枯萎病。主蔓第 7 节着生第 1 朵雌花，雌花间隔 6 节，易坐果，连续坐果能力强。单瓜重 1.7~2.5 千克，果皮较脆，中心可溶性固形物含量为 13.0%，风味佳。

19. 美玲

美玲由安徽江淮园艺科技有限公司选育。植株生长势平稳，雌花开放至果实成熟需 26 天。果实为短椭圆形，果皮为浅绿色覆有细网纹，单瓜重 3.5 千克，瓤色鲜红，中心可溶性固形物含量为 12.5%。皮薄耐贮运，肉质细脆，品质极佳。适于在南方各种条件下栽培。

20. 特小凤

特小凤由台湾农友种苗公司选育。该品种极早熟，全生长发育期为 80 天左右，果实发育期为 25 天左右。果形为高圆形，果皮为绿色覆墨绿色条带。单瓜重 1.5 千克，果肉为金黄色，肉质脆爽，中心折光糖含量为12%左右，果皮极薄，易裂瓜。较耐低温，适于秋、冬、春三季保护地栽培。

21. 黄小玉

黄小玉由日本南都种苗株式会社选育。该品种早熟，全生长发育期为 90 天左右，果实发育期为 28 天左右。果形为高圆形，果皮为绿色覆墨绿色虎纹状条带。单瓜重 1.5~2.0 千克，果肉为深黄色，肉质脆沙，中心折光糖含量为 12.5%以上，风味佳。果皮极薄，仅 0.3 厘米，皮韧耐贮。植株生长势中等，分枝力强，坐果性好。抗性强，耐炭疽病、疫病，低温生长性良好，适于保护地栽培。

22. 小兰

小兰由台湾农友种苗公司选育。该品种极早熟，全生长发育期为 80 天左右，果实发育期为 25 天左右。果形为圆球形，果皮为浅绿色覆青色窄条纹。单瓜重 1.5~2.0 千克，果肉为黄色、晶亮，中心折光糖含量为 13%以上，风味佳。果皮极薄，不耐贮运。抗性好，适于日光温室特早熟栽培。

23. 金玉玲珑

金玉玲珑由中国农业科学院郑州果树研究所选育。该品种极早熟，全生长发育期为 85~90 天，果实发育期为 26~28 天。果实为高圆形，果皮为浅绿色覆深绿色齿状条带，果皮薄韧耐贮。单瓜重 1.5~2.0 千克，果肉为橙黄色，中心折光糖含量为 11.0%~12.0%。抗逆性好，适于保护地栽培。

24. 黄小帅

黄小帅由北京市农业技术推广站选育。植株生长势中等，果实发育期为 32 天，易坐果，平均单瓜重 1.16 千克，果实为短椭圆形，果皮为绿色覆宽齿条纹，黄瓤，中心折光糖含量为 10.10%，肉质细脆，纤维少，果皮厚 0.4 厘米，较脆，耐贮运性中等。适于北京地区栽培。

25. 新金兰

新金兰由台湾农友种苗公司选育。该品种中早熟，结果能力强，耐贮运。果实为高球形，单瓜重 3.5 千克左右，果皮为浅绿色覆青黑

色中粗条纹。果肉为黄色，细嫩多汁，入口即化，品质优。

26. 春兰

春兰由安徽省合肥丰乐种业股份有限公司选育。该品种早熟，全生长发育期为80~85天，果实发育期为27天左右。果实为圆形，果皮为绿色覆墨绿色细齿条纹，果皮厚0.5厘米，较韧，耐贮运。单瓜重2.5千克，黄瓤质细，中心折光糖含量为12%以上，风味佳。植株生长势稳健，主蔓第6节左右出现第1朵雌花，雌花间隔5~7节，极易坐果，较耐弱光、低温，适宜各地区保护地和露地栽培。

27. 金美2000

金美2000由北京井田农业科技有限公司从日本引进。该品种早中熟，坐果性好，春播果实平均发育期为29天左右。果形椭圆，单瓜重2.0~2.5千克，果皮为绿色覆深绿色齿带，果肉为柠檬黄色，中心折光糖含量为12%，可作为冰淇淋西瓜，适合春季保护地栽培或冷凉地区越夏保护地栽培。

28. 黑美人

黑美人由台湾农友种苗公司选育。该品种早熟，春季种植全生长发育期为90天左右，果实发育期为26~28天。果实为长椭圆形，果皮为墨绿色覆隐暗花条带，果皮厚0.8~1.0厘米，极韧，耐贮运。单瓜重2.5千克，瓤色深红，质脆多汁，中心折光糖含量为13%，风味佳。适应性广。

29. 黑龄童

黑龄童由黑龙江省大庆市庆发种业有限公司选育。该品种特早熟，植株生长势中等，极易坐果，从雌花开放到果实成熟需20~22天。果实为高圆形，单瓜重1.5~3.0千克，果皮为黑色覆深黑色暗条纹，皮薄坚韧，果肉为红色，中心折光糖含量为12%以上，风味极佳，商品性状好。

30. 黑宝

黑宝由台湾农友种苗公司选育。该品种早熟，植株生长势强。果实为高球形至椭圆形，果皮为深绿色覆墨绿色细条纹。果肉为鲜红色，中心可溶性固形物含量为12%左右，肉质细爽。单瓜重3千克左

右，皮薄而韧，耐贮运。高温期栽培更能发挥品种优点，瓜较大。

31. 金冠1号

金冠1号由中国农业科学院蔬菜花卉研究所选育。该品种早熟，夏季栽培全生长发育期为80~85天，果实发育期为25~28天，保护地栽培果实发育期为32~35天。果实为高圆形至短椭圆形，果皮为深黄金色，红瓤，中边糖度梯度小，风味极佳。皮薄且韧，耐贮运。易坐果，单瓜重2~3千克。植株生长势中等，叶柄、部分叶脉和幼果呈黄色。

32. 金美人

金美人由台湾农友种苗公司选育。该品种早熟，植株生长势强，结果能力强，高温期播种至始收为75~80天。果实为长椭圆形，单瓜重3千克左右，果皮为金黄色，果肉为红色，中心可溶性固形物含量为12%左右，肉质脆爽，品质优。瓜皮薄而韧，耐运输，成熟期适时采收可确保高品质。

33. 宝冠

宝冠由台湾农友种苗公司选育。全生长发育期为70~80天，果实为高圆形，果皮为金黄色，外形美观。单瓜重2.5千克左右，果肉为红色，肉质细腻爽口，汁多味甜。皮薄而韧，耐贮运。易坐果，单株结瓜4个以上。耐炭疽病、病毒病、白粉病，适应性广。

34. 潍科2号

潍科2号由潍坊科技学院园艺科学与技术研究所选育。该品种中早熟，果实发育期为28天左右。植株生长势中等，叶柄和叶脉为黄色，易坐果。果实为椭圆形，果皮为浅黄色覆黄色齿条纹。单瓜重2~3千克，果肉为大红色，中心折光糖含量为11.0%以上，肉质脆甜，无酸味。果皮厚1.0厘米，皮韧耐裂。适于日光温室及大拱棚作为礼品西瓜栽培。

二、中早熟中果型优良品种

该类型西瓜品种的共同特点是：生长发育期短，一般为80~90天，易坐果，果实大小适中，一般单瓜重3~6千克，果实发育期为

25~30 天，适于普通家庭消费。株型紧凑，适于密植。其代表品种如下。

1. 早佳（84-24）

早佳由新疆农业科学院园艺研究所和葡萄瓜果研究中心选育。该品种早熟，从开花至成熟需 28 天左右。易坐果，果实为圆形，果皮为绿色覆墨绿色齿纹，皮厚 0.8~1.0 厘米。果肉为粉红色，剖面均一，肉质松脆多汁，不易倒瓤。中心折光糖含量为 12.5%左右，风味佳。单瓜重 4~5 千克，每亩产量可达 3000 千克。植株生长稳健，耐低温弱光，适宜保护地早熟栽培。

2. 申抗 988

申抗 988 由上海市农业科学院设施园艺研究所选育。叶片为深绿色，植株生长势强健，抗枯萎病兼抗蔓枯病和炭疽病，综合抗逆性强。该品种中早熟，开花后 33~35 天成熟，果实为高圆形，果皮为浅绿色覆绿色锐齿条带，单瓜重 5 千克左右。果肉为粉红色，中心可溶性固形物含量为 13%左右，不倒瓤。果皮薄而韧，耐贮运。适合全国各地春、夏、秋季露地或大、中拱棚覆盖栽培。

3. 全美 4K

全美 4K 由北京井田农业科技有限公司从日本引进。该品种中熟，耐低温弱光，阴雨天授粉性好。为椭圆品种，单瓜重 4 千克，故名全美 4K，果肉为红色，果皮为绿色、条带清晰。中心折光糖含量为 12%以上，肉质脆硬，货架期较长，适合春季保护地栽培或冷凉越夏保护地栽培。

4. 京欣 1 号

京欣 1 号由京研益农（北京）种业科技有限公司选育。该品种中早熟，全生长发育期为 90 天，从雌花开花至果实成熟需 28 天左右。植株生长势中等，坐果性强，果实为圆形，果皮为金黄色，耐贮运。红瓤，肉质沙嫩，中心可溶性固形物含量为 12%。高抗枯萎病，兼抗炭疽病。适合保护地与露地栽培。

5. 超级冬春

超级冬春由北京井田农业科技有限公司选育。该品种早熟，适合春季保护地栽培。低温弱光条件下坐果能力强，阴雨天授粉性好。果实为圆形，单瓜重 5~6 千克，果肉为红色，果皮为绿色、条带清晰。口感突出，中心折光糖含量为 12%~13%，肉质脆硬，不易裂瓜，货架期较长。

6. 新仙果

新仙果由安徽江淮园艺科技有限公司选育。该品种早熟，从雌花开放至果实成熟需 28 天左右，果实为椭圆形，单瓜重 5~6 千克，果肉为大红色，中心可溶性固形物含量为 13%以上，果皮薄，极耐运输，适合南方高温环境种植。

7. 国凤

国凤由京研益农（北京）种业科技有限公司选育。该品种全生长发育期为 90 天左右，从雌花开放至果实成熟需 28 天左右，植株生长势中等。果实外形美观周正，单瓜重 6~8 千克，果肉为大红色，中心可溶性固形物含量为 12%以上，皮薄耐裂，适合全国保护地和露地早熟栽培。

8. 京美 6K

京美 6K 由京研益农（北京）种业科技有限公司选育。该品种全生长发育期为 90 天左右，果实发育期为 30 天。植株生长势强，坐果性好。果实为短椭圆形，果皮为深绿色覆墨绿色齿状条纹。单瓜重 6 千克左右，中心可溶性固形物含量为 12%以上，果肉为大红色，口感佳。皮薄耐裂，适于早熟栽培和远距离运输。

9. 麒麟西瓜

麒麟西瓜由海南富友种苗有限公司选育。该品种植株生长势稍强，全生长发育期为 85~90 天，果实发育期为 28~30 天。果实为高圆形，果皮为绿色覆粗黑色条纹，果皮厚 0.6 厘米。单瓜重 5 千克左右，果肉为红色，中心可溶性固形物含量为 12%，中小籽。抗病，耐低温，适宜广西和同类生态区种植。

10. 双蜜一号

双蜜一号由河北双星种业有限公司选育。该品种中熟，从坐果至成熟需 33 天左右。果实为椭圆形，果皮为深绿色覆黑色条带。单瓜重8千克左右，果肉为大红色，肉质紧实，中心折光糖含量为13%，品质优，果皮坚韧，耐贮运。

11. 中科6号

中科6号由中国农业科学院郑州果树研究所选育。该品种植株生长势中等，易坐果，果实发育期约为28天。果实为圆形，果皮为绿色覆墨绿色中细锯齿条纹，单瓜重6~8千克，果肉为大红色，中心折光糖含量为12.5%以上，品质特好。耐裂，耐贮运，高抗枯萎病，耐低温弱光，适于全国各地保护地栽培。

12. 潍科1号

潍科1号由潍坊科技学院园艺科学与技术研究所选育。该品种果实发育期为32天左右，中早熟，植株生长势中等，叶片上冲，株型较紧凑，易坐果。果实为椭圆形，果皮为绿色覆墨绿色齿条纹。单瓜重4~5千克，果皮厚1.2厘米左右。果肉为大红色，中心折光糖含量为12.0%，肉质沙甜，无酸味。果皮薄韧，不易裂瓜。适于日光温室及大拱棚栽培。

13. 神童

神童由北京井田农业科技有限公司引进选育。该品种中早熟，果实正圆形，果皮为墨绿色覆黑紫色条带。单瓜重4~5千克，红肉，口感突出，中心折光糖含量13%，肉质较硬，货架期较长。低温弱光条件下坐果能力强，适合春季保护地栽培。

三、中晚熟大果型优良品种

该类型西瓜品种的共同特点是：植株生长势强，生长发育期较长，一般为90~100天，果实发育期为30~40天。果型较大，单瓜重6千克以上，成熟晚，一般适合露地覆膜栽培。其代表品种如下。

1. 西农8号

西农8号由西北农业大学园艺系（现西北农林科技大学园艺学院）选育。该品种全生长发育期为100天，从开花到果实成熟需35~38天。第1朵雌花出现在主蔓第7~8节，雌花间隔3~5节，易坐果。果实为椭圆形，果皮为浅绿色覆深绿色条带。单瓜重8千克，果肉为红色，中心折光糖含量为11%~13%。果皮厚1.2厘米，耐贮运。抗枯萎病和炭疽病，适应性广。

2. 黑油美

黑油美由安徽合肥丰乐种业股份有限公司选育。该品种全生长发育期为110天，果实发育期为35天左右。植株生长势较强，易坐果。果实为椭圆形，果肉为大红色，中心可溶性固形物含量为12%左右，品质佳。单瓜重8~10千克，果皮厚1.3厘米，耐贮运。适宜各地春季露地地膜覆盖栽培或棉瓜、麦瓜套作栽培。

3. 京嘉

京嘉由京研益农（北京）种业科技有限公司选育。该品种全生长发育期为90天，从雌花开放至果实成熟需30天左右，植株生长势中等偏旺，较耐低温、弱光，抗病。果实为圆形，果皮为浅绿色覆黑色整齐条带，有蜡粉。单瓜重7千克左右，皮薄，果肉为红色，品质优，是高品质的优良西瓜品种。

4. 全美8K

全美8K由北京井田农业科技有限公司从日本引进。该品种中熟，果实为椭圆形，单瓜重8千克，果肉为红色，果皮绿色覆清晰条带。中心折光糖含量为13%，肉质脆硬，皮薄坚韧，货架期长。低温弱光条件下坐果性好，适合春季保护地栽培。

5. 改良京抗2号

改良京抗2号由京研益农（北京）种业科技有限公司选育。该品种果实发育期为30天，全生长发育期为90天左右。植株生长势稳健，易坐果。果实为圆形，果皮为墨绿色覆墨绿色隐条纹，有蜡粉。单瓜重7~8千克，剖面均匀，果肉为红色，中心可溶性固形物含量为12%。耐裂、耐贮运，肉质脆嫩，纤维少，口感佳。适于早春小拱棚、露地栽培及远距离运输。

6. 京美

京美由京研益农（北京）种业科技有限公司选育。该品种中早熟，易坐果、耐裂，品质优良。植株生长势强，全生长发育期为92天左右。果实为短椭圆形，果皮为深绿色覆墨绿色齿条纹。单瓜

重 8~10 千克，果肉为大红色，中心可溶性固形物含量为 12%左右，口感脆爽。

7. 青峰

青峰由台湾农友种苗公司选育。该品种中早熟，土壤适应性广。果实为椭圆形，单瓜重 6~8 千克，果皮为浅绿色覆青黑色条纹。果肉为鲜红色，可溶性固形物含量高。空气湿度高、土壤潮湿时，注意炭疽病及枯萎病防治。

8. 华美

华美由京研益农（北京）种业科技有限公司选育。该品种全生长发育期为 95 天左右，植株生长势中等偏旺，较耐低温、弱光，易坐果，耐裂。果实为圆形，果皮为深绿色覆黑色整齐条带，有蜡粉，商品率高。单瓜重 10 千克左右，果肉为红色，品质优。

9. 京欣 6 号

京欣 6 号由京研益农（北京）种业科技有限公司选育。该品种果实发育期为 33~35 天，全生长发育期为 100 天左右。植株生长势强健，坐果性好。果实为椭圆形，果皮为绿色无霜覆深绿色条纹，果肉为大红色，中心可溶性固形物含量为 11.5%以上，品质佳。单瓜重 7~10 千克，果皮韧、耐贮运。高抗枯萎病与炭疽病，适于全国露地高产栽培。

10. 华欣 2 号

华欣 2 号由京研益农（北京）种业科技有限公司选育。该品种易坐果，果实为正圆形，果皮为深绿色覆细直条带，果肉为大红色，小黑籽，转红快，口感佳。单瓜重 6~12 千克，授粉后 27 天左右成熟。低温弱光条件下抗逆性强，适合全国大部分地区保护地和露地种植。

11. 金城 5 号

金城 5 号由宁夏中卫市金城种业有限公司、兰州种子协会选育。该品种全生长发育期为 105 天，果实为椭圆形，果皮为浅绿色覆深绿色锯齿状条带，单瓜重 7.3 千克左右，果肉为红色，中心可溶性固形物含量为 12.5%，口感甜爽，不倒瓤，果皮硬韧，极耐贮运。高抗枯萎病、炭疽病，在连续阴雨天能正常生长，耐低温弱光性强。

12. 甜王

甜王是从菲律宾引进的中大果型西瓜品种。该品种坐果后 30 天左右成熟，植株生长势健壮，易坐果，果实为高圆形，果皮为绿色覆墨绿色齿状条纹，果皮薄韧耐裂，单瓜重 10~12 千克，果肉为大红色，少籽，中心折光糖含量为 13%左右，甜脆爽口。耐重茬，适于保护地和北方露地栽培。

四、无籽西瓜优良品种

1. 京玲

京玲由北京市农林科学院蔬菜研究中心选育。该品种早熟，果实发育期为 26 天，全生长发育期为 85 天左右。植株生长势中等，易坐果，耐裂，无籽性能好。果实为圆形，果皮为绿色覆墨绿色条纹。单瓜重 2~2.5 千克，果肉为红色，中心折光糖含量为 12%~13%，风味佳。适于保护地早熟栽培。

2. 墨童

墨童由寿光先正达种子有限公司选育。该品种早熟，果实发育期为 35 天左右。植株生长势强，第 1 朵雌花着生在第 7~10 节，雌花间隔 5~6 节。果实为高圆形，果皮为墨绿色覆细网纹，皮韧，耐运输。单瓜重 1.94 千克，红瓤，中心折光糖含量为 10.6%，纤维少，无籽性好。

3. 帅童

帅童由寿光先正达种子有限公司选育。该品种早熟，果实发育期为 36 天左右。植株生长势强，第 1 朵雌花着生在第 8 节左右。果实为高圆形，果皮为绿色覆齿条带，有蜡粉，皮厚 0.7 厘米，耐裂。果肉为红色，白色秕籽少且小，中心折光糖含量为 11.8%，口感好。单瓜重 1.8 千克，果实商品率达 96.0%。枯萎病苗期室内接种鉴定结果为感病。

4. 京雅

京雅由京研益农（北京）种业科技有限公司选育。全生长发育

期为82天左右，植株生长势稳健，易坐果，无籽性好。果实为圆形，果皮为亮绿色覆绿色核桃纹，单瓜重0.6千克左右。果肉为深红色，皮薄耐裂，耐贮运，高糖，风味佳。

5. 蜜童

蜜童由寿光先正达种子有限公司选育。全生长发育期为95天，从雌花开放到果实成熟需30天左右。植株生长势中等，第1朵雌花着生于主蔓第7~10节，雌花间隔5~6节。果实为高圆形，果皮为绿色覆深绿色细条带，皮厚0.79厘米。单瓜重2.36千克，红瓤，平均中心折光糖含量为12.0%，白秕籽、粗纤维较少，品质较优。耐湿性较强，抗病性较好。

6. 雪峰小玉红无籽

雪峰小玉红无籽由湖南省瓜类研究所选育。该品种早熟，全生长发育期为88~89天，果实发育期为28~29天。果实为高圆形，果皮为绿色覆深绿色虎纹状细条带，果皮厚0.6厘米，耐贮运。果肉颜色鲜红一致，无黄筋硬块，纤维少，无着色秕籽，中心折光糖含量为12.5%，风味佳。单瓜重2.5千克，每亩产量为2500~2700千克。生长势强，耐病，抗逆性强，易坐果，适于保护地和露地栽培。

7. 京珑

京珑由北京市农林科学院蔬菜研究中心选育。该品种早熟，果实发育期为26天，全生长发育期为85天。植株生长势中等，易坐果，无籽性好。果实为圆形，果皮为黑色，果实剖面均匀，果肉为红色，肉质脆嫩，中心可溶性固形物含量为13%以上，皮薄，耐裂。单瓜重3千克，一株可结果2~3个。

8. 瑞兰

瑞兰由台湾农友种苗公司选育。果实为高球形，不易裂果，单瓜重4~7千克，果皮为深绿色覆青黑色条斑。肉色深黄，质地细爽，品质佳，中心折光糖含量约为12%。依栽培季节不同，从播种至采收需85~110天。栽培时必须栽授粉品种。

9. 国蜜2号

国蜜2号由京研益农（北京）种业科技有限公司选育。该品种果实成熟期为35天，植株生长势强健，抗病。果皮为墨绿色覆明显的黑色条纹，果实为圆形或高圆形，果形匀整。单瓜重8千克。果肉为红色，白秕子少，品质佳，中心折光糖含量为12%，果皮坚硬耐贮运，一般每亩产量为5000千克。

10. 新一号

新一号由台湾农友种苗公司选育。植株生长势强，宜稀植，结果能力强，产量高。果实为高球形，果皮为暗绿色覆青黑色中粗条纹，单瓜重8千克左右。肉色深红，肉质细嫩爽口，不易空心崩裂，且不易沙软走味。栽培时必须栽授粉品种。

第三章
西瓜棚室栽培常用设施的设计与建造

西瓜保护地栽培的常用设施有塑料小拱棚、中拱棚、大拱棚和日光温室。南方多雨地区种植西瓜需遮雨设施。近年来，各地结合工厂化育苗、农业观光等又陆续建造了部分现代温室，从而极大地改善了西瓜生产环境。本章以山东昌乐和寿光常用西瓜棚室栽培设施为例，分别介绍不同棚室的设计与建造方法。

第一节　蔬菜生产设施建造的误区及解决策略

一、蔬菜生产设施建造的误区

1. 不加温温室和加温温室（连续加温、间歇加温）**选择不当**

近年来，各地设施蔬菜发展较快，但部分地区，尤其是北方高寒地区和南方多阴雨地区棚室类型的选择存在误区。例如，部分北方高寒地区建造冬季加温温室生产普通大宗蔬菜，生产成本较不加温温室增加，生产效益低下，且耗能增加，加重环境污染；南方多阴雨地区发展日光温室生产越冬茬茄果类、瓜类蔬菜，常因光照不足、湿度大引发蔬菜生长发育不良，病害多发，达不到预期效果。

2. 棚室结构参数不合理，对当地环境气候的适应性差，造成生产障碍

部分北方高寒地区建造的不加温温室墙体厚度不够，白天蓄热不足，保温效果不佳，不能生产越冬茬喜热蔬菜；部分北方平原地区采用下挖式土建温室，在多雨年份因排水设施建设不足，常导致雨水倒灌或棚室内积水（图 3-1）。南方多雨或地下水位浅的地区采用土建墙体温室，易引发墙体倒塌；在海南等多台风地区，设计不合理、结构强度差的棚室可因风灾受损，而北方棚室则会因雪灾受损。

图 3-1　棚室积水引发蔬菜植株死亡

3. 盲目引进荷兰芬洛式玻璃温室和水肥一体化岩棉栽培等高档设施栽培体系

芬洛式玻璃温室在北方冬季需要连续加温，属于高耗能的生产设施，且一次性投资成本过高，如果只用于普通蔬菜生产则很难盈利。另外。以色列、荷兰的高档水肥一体化设施价格昂贵，岩棉使用后属于农业废弃物，需专门回收，从而大大增加了生产成本。

4. 蔬菜生产设施结构简单、造价较低，但多数棚室的环境因子不完全可控

目前，我国主流的蔬菜生产设施的环境因子不可控主要体现在温度、光照、湿度及土壤环境等方面，它们均可造成生产困难。例如，低温弱光环境易引发蔬菜植株元素吸收困难及生长发育障碍，导致品质和产量下降；棚室内湿度过大，内外环境交流加剧了病虫害传播流行；以土壤为主要栽培载体的种植模式土传病害多发，连作障碍呈加重趋势，而以化学防治为主的植保手段则导致农药过量施用、病虫产生抗药性，以及生物防治困难，易引发产品安全和环境健康等问题。

5. 棚室机械化、智慧化水平不高，影响产品质量的管控

棚室机械化、智慧化水平较低，管理多靠经验，劳动强度较大，生产标准化水平较低，产品质量管控存在难度。

二、解决策略

1. 根据本地气候环境，科学规划设施类型

各地在发展设施农业时，应根据本地气候环境，科学规划温室、大棚等设施类型，因地制宜，先行试验论证，不可盲目引进其他地区的模式。经多年发展，目前我国已经形成东北温带区、西北温带干旱及青藏高寒区、黄淮海及环渤海暖温区、长江流域亚热带多雨区、华南热带多雨区 5 个设施蔬菜优势产区。各优势产区内的地区可根据本区域气候特点科学规划设施类型。例如，北纬 32~45 度区域内从南到北可划为 4 个日光温室蔬菜栽培区：淮河以北、黄河以南划为适宜发展区；黄河以北、长城以南划为最佳发展区；长城以北、长白山以南划为短期加温区；长白山以北、兴安岭以南划为长时间加温区。我国西北地区节能型日光温室以北纬 40 度为界，以南为非加温区，以北则需加温。具体到新疆地区日光温室的区划参考：北纬 35~40 度为不加温区；北纬 40. 5~43 度为临时加温区；北纬 43~46. 5 度为补充加温区；46. 5~48 度为加温区。甘肃地区日光温室区划参考：北纬 33~35 度的平川灌区与中部治黄灌区（兰州近郊四区除外）为最佳发展区；北纬 35~36. 33 度的渭河沿岸灌区为适宜发展区；北纬 35. 67~37. 67 度、东经 103~105. 33 度的陇南温室栽培区，以及兰州近郊四区为较适宜发展区。

2. 根据本地实际，合理设计棚室参数

各地应根据本地实际，合理设计棚室参数，不可盲目照搬其他地区的经验。北方寒冷地区不加温日光温室设计的墙体厚度应至少保障冬季极低温度在 8℃以上方可安全生产越冬茬瓜果蔬菜，否则只能改种喜凉蔬菜、草莓等作物。北方夏季多雨地区建造下挖式土建温室应预防雨水倒灌或积水，可在温室前面挖排水沟与生产区干渠相连，及时排水。土建墙体温室不适宜南方多雨、地下水位高的地区，应将墙体改为砖砌或框架墙体。海南等多台风地区则需发展钢管结构大棚或硬质塑料温室。

3. 引进高端农业设施应根据生产目的和预期效益综合考虑，不宜盲目求大求洋

荷兰芬洛式玻璃温室和岩棉水肥一体化长季节生产模式在荷兰冬暖夏凉、常年温度在 0~25℃、地下水位较高、多阴雨雾的气候环境中相对适用，且荷兰清洁电力供应充沛，但与我国的情况差异较大。因此，引进建造芬洛式等高端温室应坚持低能耗、低成本、安全高效的基本原则，与农业主题公园、休闲观光农业、农业节庆和文化旅游、田园综合体建设等高效农业模式相结合，不宜以单纯生产普通蔬菜为目的，否则易导致设施闲置浪费或亏损。

4. 设施建造应坚持低投入高产出、简单实用的技术改良原则

现阶段我国蔬菜生产仍以一家一户的分散生产模式为主，设施蔬菜生产应坚持走较低投入、较高效益的生产道路。应积极转变观念，以新兴技术不断改良现有设施，促进高效产出。例如，现有设施下可在蔬菜植株花芽分化等生长发育关键阶段加设增温（保温）辅助设施，加装农业物联网设施、静电除湿设备、简易水肥一体化设施、雾化喷药肥装置、臭氧灭菌设备等。

第二节　中、小拱棚及遮雨棚的设计与建造

一、小拱棚

小拱棚的跨度一般为 1~3 米，高 0.5~1 米。其结构简单，造价低，一般多用轻型材料建成。骨架可由细竹竿、毛竹片、荆条、直径为 6~8 毫米的钢筋等材料弯曲而成。

1. 小拱棚的类型

小拱棚的类型主要包括拱圆小棚、拱圆棚加风障、半墙拱圆棚和单斜面棚（图 3-2）。生产上应用较多的是拱圆小棚，下面主要介绍此种棚型的建造方法。

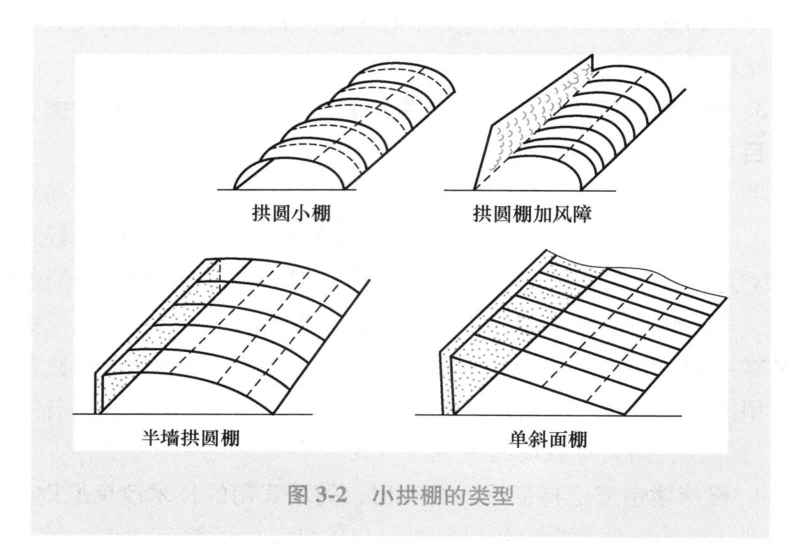

图 3-2 小拱棚的类型

2. 拱圆小棚的结构与建造

拱圆小棚的棚架为半圆形，高 0.8~1 米，宽 1.2~1.5 米，长度因地而定。骨架用细竹竿按棚的宽度将两头插入地下形成圆拱，拱杆间距为 30 厘米左右。全部拱杆插完后，绑 3~4 道横拉杆，使骨架成为一个牢固的整体（图 3-3）。覆盖薄膜后可在棚顶中央留一条通风口，采用扒缝通风。为加强防寒保温，棚的北面可加设风障，棚面上于夜间再加盖草苫。

图 3-3 塑料小拱棚

二、中拱棚

中拱棚的面积和空间均大于小拱棚，人可在棚内直立操作，是小拱棚和大拱棚的中间类型。中拱棚主要采用拱圆形结构，一般跨度为3~6米。

1. 竹片结构中拱棚

按棚的宽度插入5厘米宽的竹片，竹片入土深度为25~30厘米，拱架间距为1米左右。拱架下纵向设3道横拉，将各拱架连为一体。主横拉位于拱架中间的下方，2道副横拉分别位于主横拉两侧部分的1/2处。主横拉和副横拉分别与拱架距离20厘米和18厘米，立吊柱连接支撑。主横拉可用竹竿或木杆，副主拉可用直径为12毫米的钢筋，两端固定在立好的水泥柱上。2个边拱架及其他拱架根据结构强度每隔一定距离需在地面设置斜支撑，斜支撑上端与拱架绑在一起，下端插入土中。竹片结构的拱架每隔2道拱架设置1根立柱，立柱上端顶在横拉下，与横拉绑在一起，下端插入土中40厘米。立柱可用木柱、粗竹竿或水泥预制件。竹片结构的中拱棚跨度不宜过大，以3~5米为宜，多用在南方各地。

2. 钢架结构中拱棚

从节约材料角度，拱架可分为主架和副架。按照1根主架，2根副架，相间排列，拱架间距为1.0~1.1米。跨度为6米时，主架可用4分钢管作为上弦，直径为12毫米的钢筋作为下弦制成桁架，副架由4分钢管做成。纵向设3道直径为12毫米的钢筋横拉，分别位于拱架中间及其两侧1/2处。横拉焊接于主拱架下弦，钢管副架则焊短截钢筋与横拉相连接。拱架中间横拉距主架上弦和副架均为20厘米，拱架两侧横拉距拱架18厘米。钢架结构中拱棚无须设立柱。

此外，部分厂家生产了钢架装配式中棚，如GP-Y8-1型（图3-4）、GP-Y6-1型和GP-Y4-1型等。

三、遮雨棚

常见的遮雨棚（图3-5）有大中棚型遮雨棚、小拱棚型遮雨棚和温室型遮雨棚 3 种类型，主要用于南方多雨、多台风地区夏季蔬菜栽培或育苗。

图 3-4　GP-Y8-1 型钢架装配式中拱棚

图 3-5　遮雨棚

第三节　塑料大棚的设计与建造

目前，西瓜生产上用的塑料大棚主要包括竹木结构大棚和热镀锌钢管拱架大棚（图 3-6）。

图 3-6　竹木拱棚（左图）和热镀锌钢管拱架塑料大棚（右图）

一、塑料大棚的类型

塑料大棚按棚顶形状可以分为拱圆形和屋脊形两种，我国绝大多数生产用塑料大棚为拱圆形；按骨架结构则可分为竹木结构、水泥预制竹木混合结构、钢架结构、钢竹混合结构等，前两种一般为有立柱大棚；按连接方式又可分为单栋大棚和连栋大棚两种（图 3-7）。

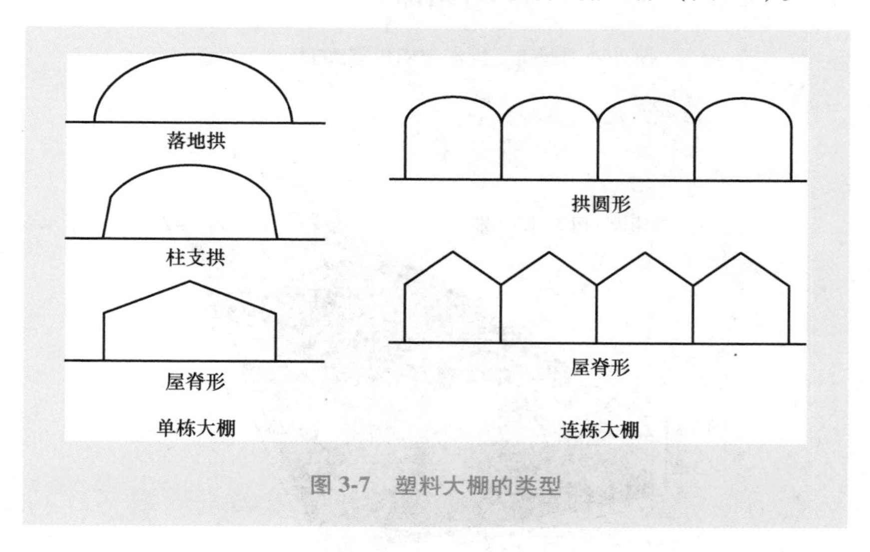

图 3-7　塑料大棚的类型

二、塑料大棚的结构

大棚棚型结构的设计、选择和建造，应把握以下 3 个方面。

1）棚型结构合理，造价低；结构简单，易建造，便于栽培和管理。

2）跨度与高度要适当。大棚的跨度主要由建棚材料和高度决定，一般为 8~12 米。大棚的高度（棚顶高）与跨度的比例应不小于 0.25。竹木结构和钢架结构拱圆大棚结构，见图 3-8~图 3-10。

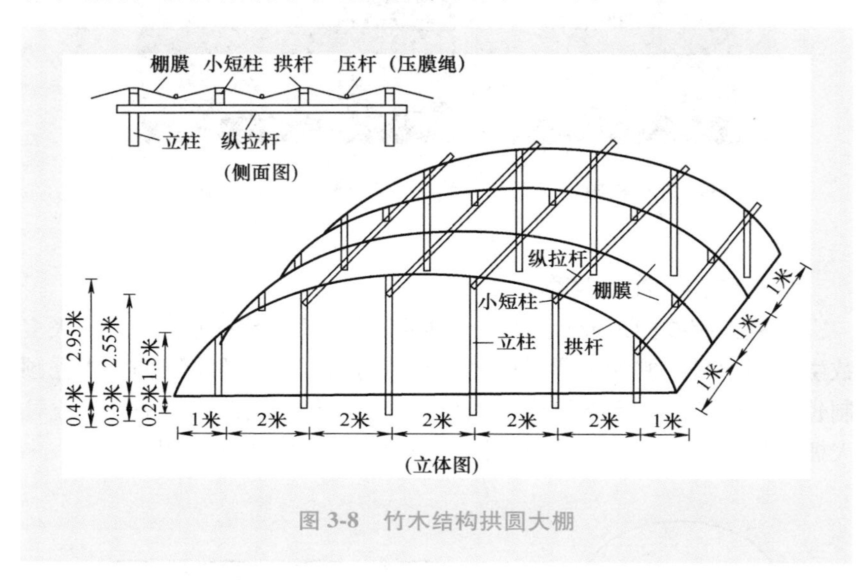

图 3-8 竹木结构拱圆大棚

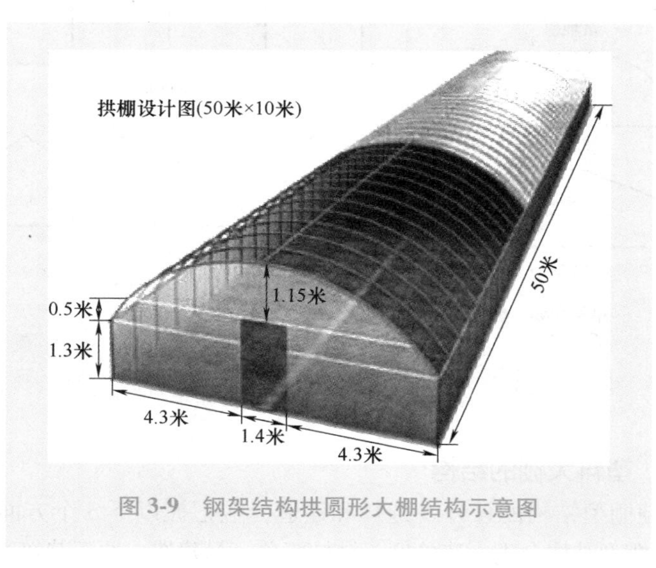

图 3-9 钢架结构拱圆形大棚结构示意图

图 3-10　昌乐和寿光地区典型西瓜塑料大棚

【提示】

实际生产中塑料大棚的跨度和长度应根据当地生产习惯和管理经验确定，如寿光的竹木结构塑料大棚跨度和长度分别达 16 米和 300 米以上，双连栋大棚跨度在 20 米以上。

3）设计适宜的跨拱比。性能较好棚型的跨拱比为 8～10［跨拱比=跨度/(顶高-肩高)］。以跨度为 12 米为例，适宜顶高为 3 米，肩高不低于 1.5 米，不高于 1.8 米。

三、塑料大棚的建造

1. 竹木结构塑料大棚

竹木结构塑料大棚主要由立柱、拱杆（拱架）、拉杆、压杆（压膜绳）等部件组成，俗称“三杆一柱”。此外，还有棚膜和地锚等。

（1）立柱　立柱起支撑拱杆和棚面的作用，呈纵横直线排列。纵向与拱杆间距一致，每隔 0.8～1 米设 1 根立柱，横向每隔 2 米左右设 1 根立柱。立柱直径为 5～8 厘米，高度一般为 2.4～2.8 米，中间最高，向两侧逐渐变矮成自然拱形（图 3-11、图 3-12）。

（2）拱杆　拱杆是塑料大棚的骨架，决定大棚的形状和空间结构，并起支撑棚膜的作用。拱杆可用直径为 3～4 厘米的竹竿按照大棚跨度要求连接而成。拱杆两端插入地下或捆绑于两端立柱上。拱杆其余部分横向固定于立柱顶端，呈拱形（图 3-13）。

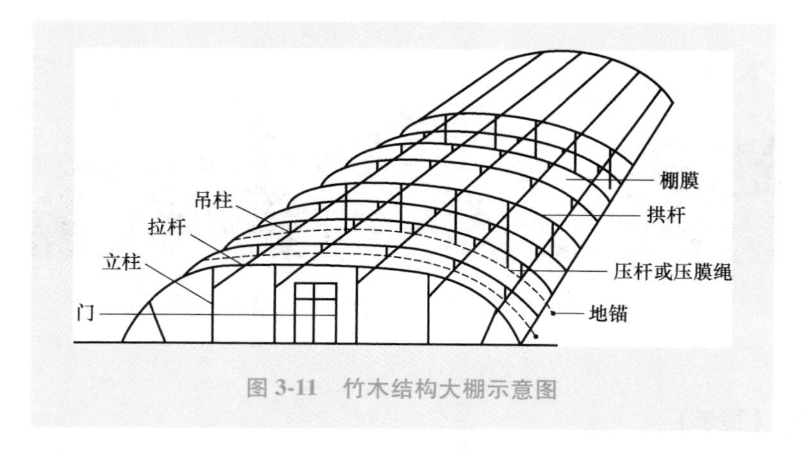

图 3-11　竹木结构大棚示意图

图 3-12　立柱安排及实例

图 3-13　拱杆实例

（3）拉杆　拉杆起纵向连接拱杆和立柱，固定压杆的作用，使大棚骨架成为一个整体。拉杆一般用直径为 3~4 厘米的竹竿，长度与棚体长度一致（图 3-14）。

图 3-14 拉杆实例

（4）压杆 压杆位于棚膜上两根拱杆中间，起压平、压实、绷紧棚膜的作用。压杆两端用铁丝与地锚相连，固定于大棚两侧土地。压杆以细竹竿为材料，也可以用 8 号铁丝或尼龙绳代替（压膜绳），拉紧后两端固定于事先埋好的地锚上（图 3-15）。

图 3-15 压杆、压膜绳和地锚

（5）棚膜 棚膜可以选用 0. 1~0. 12 毫米厚的聚氯乙烯（PVC）、聚乙烯（PE）薄膜、0. 08 毫米厚的醋酸乙烯（EVA）薄膜、聚烯烃薄膜（PO 膜）等。棚膜宽幅不足时，可用电熨斗加热粘连。若大棚宽度小于 10 米，可采用“三大块两条缝”的扣膜方法，即三块棚膜相互搭接（重叠处宽大于 20 厘米，棚膜边缘烙成筒状，内可穿绳），两处接缝位于棚两侧距地面约 1 米处，可作为通风口扒缝通风。如果大棚宽度大于 10 米，则需采用“四大块三条缝”的扣膜方法，除两侧通风口外顶部也需要设通风口（图 3-16）。

图 3-16　简易大棚两侧和顶部通风口

两端棚膜的固定可直接在棚两端拱杆处垂直将薄膜埋于地下，中间部分用细竹竿固定。中间棚膜用压杆或压膜绳固定（图 3-17）。

图 3-17　两端及中间棚膜的固定

（6）门　大棚建造时可在两端中间的两个立柱之间安装两个简易推拉门。当外界气温低时，在门外另附两块防风薄膜相搭连，以防门缝隙进风（图 3-18）。

图 3-18　两端开门及外附防风薄膜

【提示】

大棚扣塑料薄膜应选择在无风晴天上午进行。先扣两侧下部膜，拉紧、理平，然后将顶膜压在下部膜上，重叠20厘米以上，以防雨后漏水。

2. 钢架结构塑料大棚

钢架结构塑料大棚的骨架是用钢筋或钢管焊接而成的。其拱架结构一般可分为单梁拱架、双梁平面拱架和三角形拱架3种，前两种在生产上较为常见。单梁拱架一般以直径为12~18毫米的圆钢或金属管材为材料；双梁平面拱架由上弦、下弦及中间的腹杆连成桁架结构；三角形拱架则由3根钢筋和腹杆连成桁架结构，如图3-19、图3-20所示。

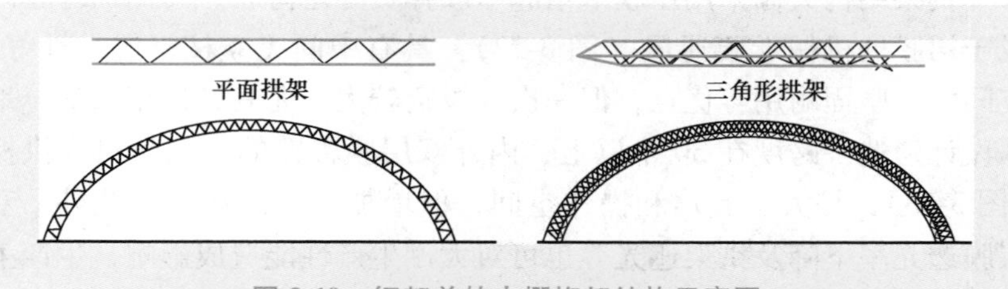

图3-19 钢架单栋大棚桁架结构示意图

图3-20 钢架大棚桁架结构

通常大棚跨度为10~12米，脊高为2.5~3.0米。每隔1.0~1.2米埋设一个拱形桁架，桁架上弦用直径为14~16毫米的钢管、下弦用直径为12~14毫米的钢筋、中间用直径为10毫米或8毫米的钢筋作为腹杆连接。拱架纵向每隔2米以直径为12~14毫米的钢筋拉杆相连，拉杆焊接于平面桁架下弦，将拱架连为一体（图3-21）。

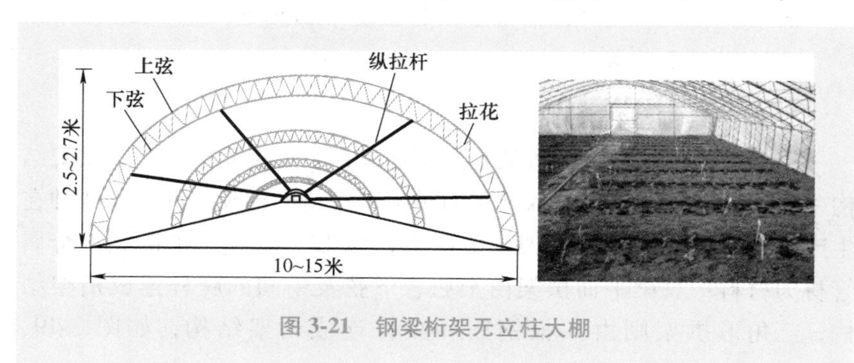

图3-21　钢梁桁架无立柱大棚

钢架结构大棚采用压膜卡槽和卡膜弹簧固定薄膜，两侧扒缝通风或于裙膜处机械卷膜通风（图3-22）。具有中间无立柱、透光性好、空间大、坚固耐用等优点，但一次性投资较大。尤其，近年来部分地区设计建造了跨度在30米以上、内外双层膜覆盖的大型塑料大拱棚（图3-23），扩大了栽培和操作空间，但增加了生产成本。此外，双层膜透光率下降及拱架遮光等也可对大棚生产性能造成影响，生产上应予以注意。

图3-22　机械卷膜通风

图 3-23 高档钢架结构双层膜塑料大拱棚

另外，生产上也可采用成品装配式镀锌钢管大棚（图 3-24），目前生产中主要型号有 GP 和 PGP 系列。跨度一般为 2.5~12 米，高度为 2~3 米，长度为 30~50 米或更长，用直径为 25 毫米、管壁厚 1.2~1.5 毫米的薄壁钢管制作成拱杆、拉杆、立杆（棚两端用），钢管内外壁热浸镀锌。

图 3-24 装配式镀锌钢管塑料大棚

第四节 日光温室的设计与建造

目前，北方西瓜生产用日光温室多以寿光V型日光温室（图 3-25）为范本建造，主要由后墙和山墙、后屋面、前屋面和保温覆盖物四部分组成。温室东西向，坐北朝南，偏西 5~10 度。根据温室拱架和墙体结构不同，一般可分为土墙竹木结构温室和钢拱架结构温室。

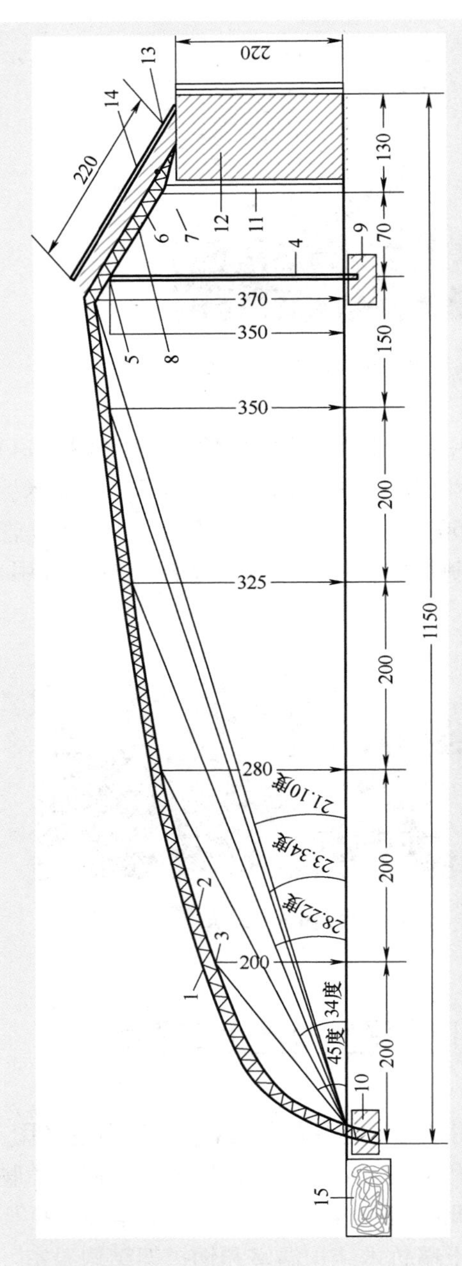

图 3-25 寿光V型塑料日光温室示意图（单位：厘米）

1—拱梁上弦钢管 2—拱梁下弦钢筋 3—拱梁拉花钢筋 4—镀锌钢管后立柱
5—钢管横梁 6—后坡铁架东、西拉三角铁 7—后坡铁架连接后立柱的三角铁板
8—后坡铁架坡向三角铁板 9—固定后立柱的水泥石墩 10—固定拱梁的水泥石墩
11—后墙砖皮泥皮 12—后墙心土 13—后坡水泥预制板 14—后坡保温层 15—防寒沟

一、土墙竹木结构温室

该型温室是目前我国北方生产应用最广泛的温室，不仅造价低廉，而且土建墙体的蓄热和保温效果良好，栽培效果较佳。典型的寿光土墙竹木结构温室如图 3-26 所示。

图 3-26 寿光土墙竹木结构温室

1. 墙体

确定好建造地块后，用挖掘机就地挖土，堆成温室后墙和山墙，后墙底部宽度应在 3 米以上，顶部宽度超过 2 米。堆土过程中用推土机或挖掘机将墙体碾实，碾实后根据跨度不同墙体高度一般为 3.5~4.0 米。墙体堆好后，用挖掘机将墙体内侧切削平整，并将表土回填。同时在一侧山墙开挖通道（图 3-27）。

图 3-27 墙体与通道

【提示】

挖土堆墙以前，可先将20厘米厚的表土（属熟土）挖出置于温室南侧，待墙体建成后回填，有助于蔬菜栽培。并应注意前后温室之间的间距（图3-28），冬至前后前温室不能遮挡后温室蔬菜，间距以前温室后墙高度（含草苫）的2倍为宜。不同纬度地区前后温室的间距计算可参照图3-29。

图3-28　温室间距

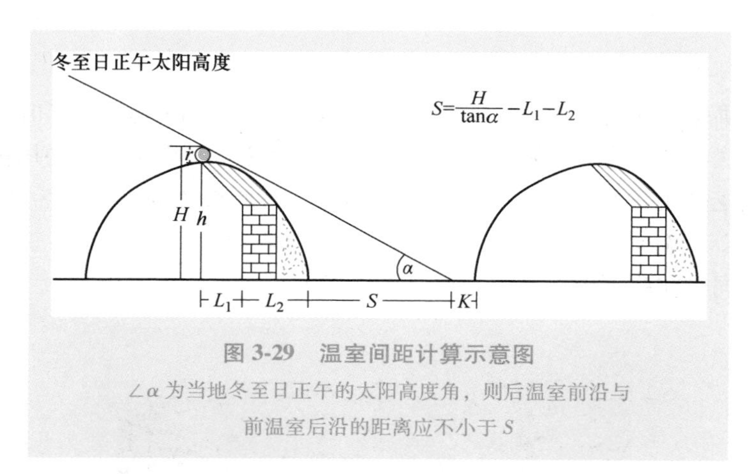

图3-29　温室间距计算示意图

∠α为当地冬至日正午的太阳高度角，则后温室前沿与前温室后沿的距离应不小于S

2. 后屋面

在后墙上方建造后屋面，后屋面内侧长度一般为1.5米左右，与水平呈38~45度角。在北纬32~43度的地区，纬度低时后屋面角度可适当加大，反之角度减小。紧贴后墙埋设水泥立柱顶住后屋面椽头，之间以铁丝绑扎（图3-30）。

图3-30　后屋面立柱

【提示】

后屋面脊高数值与跨度相关，一般跨度与高度比以 2.2 为宜。

3. 前屋面

土墙竹木结构温室的跨度一般为 10~12 米，根据跨度大小，前屋面埋设 3~4 排水泥立柱，立柱间隔为 4 米左右，立柱顶端与竹竿相连，起支撑棚面的作用。同时，在竹拱杆的上方每隔 20 厘米东西向拉 8 号铁丝锚定于两侧山墙（图 3-31）。拉东西向铁丝的主要作用是使棚面更加平整，同时便于棚上除雪等农事操作。

图 3-31 温室前屋面

【注意】

在一定范围内，增大前屋面角度（温室前屋面底部与地面的夹角）可增加温室透光率。一般而言，华北地区平均前屋面角度宜在 25 度以上。具体来讲，北纬 32 度地区前屋面角度应至少在 20.5 度以上，北纬 43 度地区前屋面角度应在 31.5 度以上。相应地，前屋面底角地面处的切线角度应为 60~68 度。

此外，日光温室建设中还应考虑适宜的前后坡比和保温比。前后坡比是指前坡和后坡垂直投影宽度的比例，一般以 4.5：1 左右为宜。保温比为温室内土地面积与前屋面面积之比，一般以 1：1 为宜，保温比越大，保温效果越好。

夏季光照较强、温度较高的地区，也可于前屋面外架设外遮阳网（图 3-32）。平原多雨地区下挖式土墙日光温室前屋面前方应挖好排水沟，并与生产区域主干排水渠相连，以便遇暴雨时及时排涝（图 3-33）。

图 3-32　温室前屋面外架设外遮阳网

图 3-33　温室前积水（左图）和挖排水沟（右图）

4. 薄膜、保温被与通风口

温室透明覆盖材料多采用保温、防雾滴、防尘、抗老化和透光衰减慢的 EVA 膜或 PO 膜；近年来，不透明保温材料采用草苫、针刺毡保温被或发泡塑料保温被等（图 3-34）。

图 3-34　普通保温被和发泡塑料保温被

温室顶部留通风口。可通过后屋面前窄幅薄膜与前屋面大幅薄膜搭连，两幅薄膜搭连边缘穿绳，由滑轮吊绳开关通风口（图3-35）。

图3-35 通风口

5. 电动卷帘机

电动卷帘机因结构简单耐用，价格适中，可以大大降低劳动强度等优点而受到种植户的欢迎（图3-36）。

图3-36 电动卷帘机

6. 其他辅助设施

温室的辅助设施主要包括山墙外缓冲间、温室沼气设备和光伏太阳能发电设备等。为防止冷风直接进入通道，也有利于存放生产资料，可在一侧山墙外建缓冲杂物间（图3-37）。

此外，温室沼气设备（图3-38）、水肥一体化设备、雾化喷药肥设备、二氧化碳施肥设备、光伏太阳能发电设备等新设施在部分地区得到了推广应用。

图 3-37　缓冲杂物间

图 3-38　温室沼气设备

【提示】

对于温室栽培新技术的引进和应用，务必坚持先引进示范然后再行推广的原则，不可盲目迷信新兴技术，以免达不到预期效果，造成生产投入的浪费。

二、钢拱架结构温室

该型温室具有双弦钢管或钢筋拱架，双层砖砌墙体，这种墙体可以克服土建温室内侧土墙因湿度大易发生倒塌及外墙易遭雨水冲刷等缺点，因而坚固耐用。其缺点是造价较高。同时，由于钢拱架的曲度和支撑力均远高于竹竿，因此这种温室在保证前屋面具有更为合理的采光角度的同时，也提高了温室前部的高度，使温室内南边蔬菜的生长空间得以改善（图 3-39）。

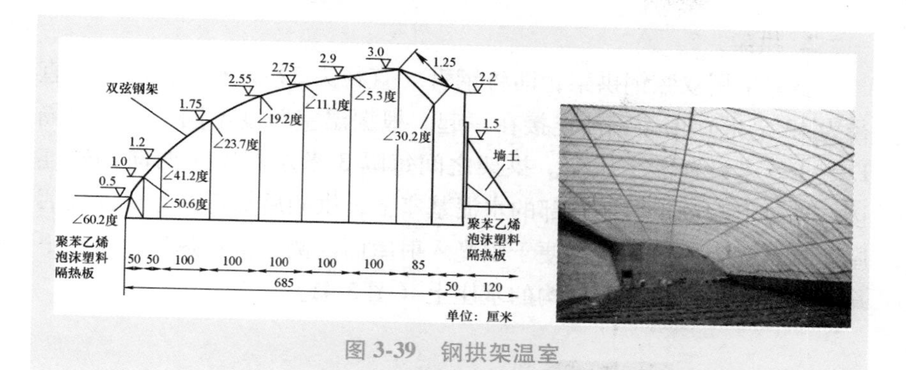

图 3-39　钢拱架温室

1. 墙体

墙体建造有两种方法。一种方法是先砌两层 24 厘米厚（一层砖厚 12 厘米）的砖墙，墙体间距为 1.5 米左右，每隔 2.8 米左右加一道拉接墙将两层砖拉在一起，以防墙体被填土撑开。为提高墙体整体承重，还需在墙体下部加设圈梁。在两层墙之间填土或保温材料，墙体顶部以砖砌平，水泥固化，注意后墙顶部外侧高度应低于放拱架处高度，以免雨水从顶部渗入温室内部。另一种方法是和土建温室一样先堆土墙，然后在墙体内墙贴水泥泡沫砖，墙面抹水泥面出光，外墙则以水泥板覆盖，水泥抹缝。为节约成本，外墙体也可用废旧保温被或农膜覆盖（图 3-40）。

图 3-40　温室内、外墙体

【小窍门】

北方地区温室后墙体和山墙厚度以 2 米以上为宜，如果砖砌墙体厚度小于 1 米，则后墙蓄热和保温效果很难满足北方越冬茬茄果类和瓜类蔬菜生产。

2. 拱架

温室采用双弦钢拱架，即将钢管（直径为 32 毫米）和钢筋（直径为 13 毫米）用短钢筋连接在一起。根据温室跨度不同，一般每隔 1.0~1.5 米设置 1 个拱架。拱架之间每隔 3 米左右以东西向钢管连接。拱架上端放于后墙顶部的水泥基座上，拱架后部弯曲，要保证后屋面有足够大的仰角，以便于阳光入射屋面内侧，蓄积热量。拱架下端固定于温室前沿砖混结构的基座上（图 3-41）。

图 3-41　拱架上端和下端固定

3. 后屋面

温室顶部以一道钢管或角铁将拱架顶部焊接在一起，以保证后屋面的坚固性。后屋面建筑材料多为石棉瓦、薄膜、毛毯包被玉米秸等。外面覆盖水泥板，水泥板间预设绑缚压膜绳用的铁环，用水泥砂浆抹面，以防进水（图 3-42）。

图 3-42　后屋面内、外侧图

4. 农业物联网设施

近年来，农业物联网技术在棚室建造中得到了一定的应用，但目前多数产区尚处于初级应用阶段，设备简易，主要用于棚室环境的自动调控（图 3-43），如环境数据采集（图 3-44），通过手机 APP 远程控制开闭通风口（图 3-45）、自动卷帘、自动加湿和补光设施（图 3-46）等。

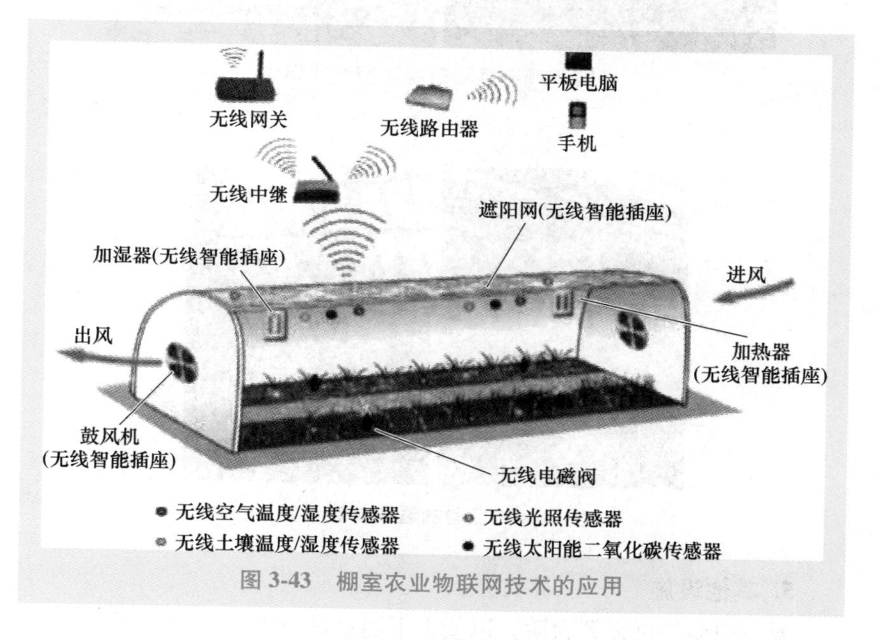

图 3-43　棚室农业物联网技术的应用

图 3-44　棚室环境数据采集

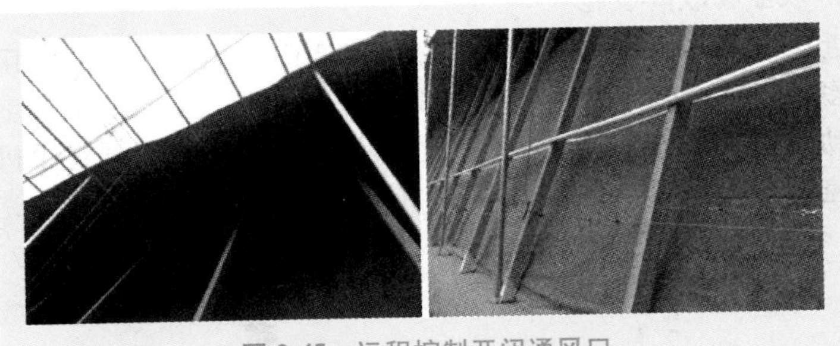

图 3-45　远程控制开闭通风口

图 3-46　自动加湿和补光设施

5. 其他设施

温室山墙外可设置台阶，以便上下温室进行生产作业（图 3-47）。

图 3-47　台阶

第五节 现代温室的设计与建造

近年来，随着各地以园艺作物生产、采摘、观光、休闲、体验、科普、研学为一体的农业主题公园、田园综合体的迅速发展，相应的园艺设施性能也不断提升。现代温室有较大的生产空间可以满足栽培系统需要，又可增大缓冲空间，维持室内环境稳定，同时也可以满足植物造景、观光等需求，因此近年来在部分农业发达地区得到了较大发展。

一、现代温室的分类

现代温室按其形状不同可分为单栋与连栋两类，按屋面类型不同则分为单屋面、双屋面、不等式双屋面、太子楼式屋面、拱圆屋面等。连栋温室按照屋面特点可分为屋脊形连接屋面温室和拱圆形连接屋面温室两类（图 3-48）。

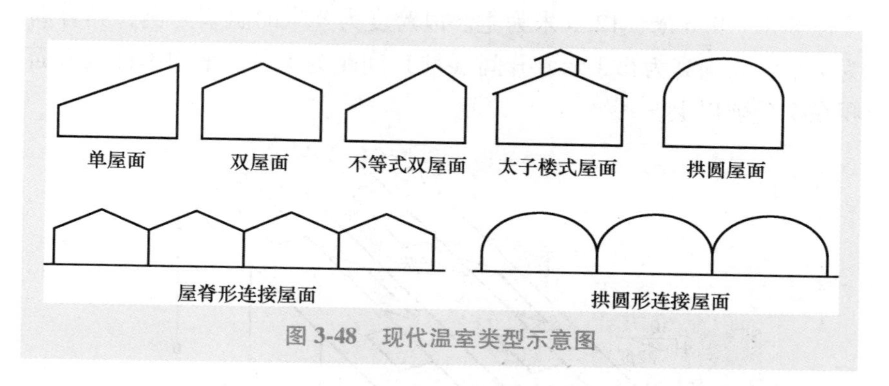

图 3-48 现代温室类型示意图

现代温室按照覆盖材料的不同通常可分为玻璃温室和塑料温室两大类（图 3-49）。塑料温室依覆盖材料的不同，又分为硬质塑料温室和软质塑料（PVC、PE、EVA、PO 膜等）温室（又称塑料薄膜温室），其中硬质塑料包括聚碳酸酯板（PC 板）、玻璃纤维增强聚丙烯树脂板（FRA 板）、玻璃纤维增强聚酯树脂板（FRP 板）及复合板等。

玻璃温室　硬质塑料温室　软质塑料温室

图 3-49　玻璃温室和塑料温室

二、现代温室的基本结构、规格和系统构成

1. 屋脊形连接屋面温室

（1）基本结构和规格　此类温室又称芬洛型温室，由荷兰研发并在世界范围内推广应用，是我国引进玻璃温室的主要类型，属于多脊或单脊连栋小屋面玻璃温室。因覆盖的玻璃材料价格较高，在我国多采用硬质塑料建造，其框架结构如图 3-50、图 3-51 所示，单间跨度以 8 米、9. 6 米、12. 8 米为主。以跨度为 8 米的温室为例，其脊高为 7 米，天沟高为 6. 3 米，开间（柱）间距为 5 米，平均单栋温室面积在 1 公顷以上。

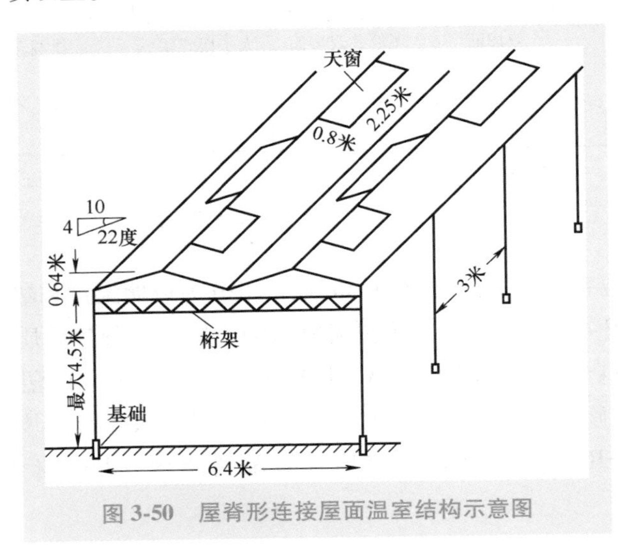

图 3-50　屋脊形连接屋面温室结构示意图

图 3-51 屋脊形连接屋面温室框架结构

（2）系统构成

1）框架结构。

① 基础。由预埋件和混凝土浇筑而成。塑料薄膜温室基础比较简单，玻璃温室基础比较复杂，需浇注边墙和端墙地固梁（图 3-52）。

图 3-52 基础和骨架

② 骨架。骨架包括两类：一类是由热镀锌矩形钢管、槽钢等制成的拱架、柱和梁；另一类是由铝合金型材制成的棚顶和门窗。

③ 天沟（排水槽）。其作用是将单栋温室连接成连栋温室，同时收集和排放雨（雪）水。天沟自温室中部向两端倾斜延伸，坡降多为0.5%。在天沟下边安装半圆形铝合金冷凝水回收槽，并与雨水回收管连接，可将夜晚覆盖物内表面形成的冷凝水排出室外或排入蓄水池，从而减少室内湿度。

【注意】

在安排温室框架结构时应尽量采用小截面铝合金型材，在满足排水和结构承重要求下，最大限度地减小天沟截面尺寸，同时增大单块玻璃的宽度，适当加大跨度，减少立柱数量，以尽量减少结构遮阴。

2）覆盖材料。屋脊形连接屋面温室的覆盖材料主要有平板玻璃和塑料板材（PC板、FRA板、FRP板、复合板等），塑料薄膜应用较少。

图 3-53　顶部双侧开窗

3）自然通风系统。一般有顶窗通风、侧窗通风和顶侧窗通风3种方式，其中以顶侧窗通风效果最佳，因此现代温室多采用屋脊两侧间隔通风设置（图3-53）。

【注意】

为提高温室通风效率，夏季炎热地区的温室应适当增加通风窗比（开窗面积与土地面积之比）和通风比（通风口净面积与土地面积之比）。屋脊形连接屋面温室的通风窗比和通风比一般分别为23.43%和10.5%左右。如果还不能满足本地区夏季降温需求，则需增配降温设施。

4）加热系统。屋脊形连接屋面温室冬季加温方式主要有两种：一是燃气（油）锅炉的热水管道加热采暖；二是直接燃气（油）加温的热风采暖。

热水管道采暖室内散热器的布置方式一般有轨道式散热（图3-54）、栽培床下散热、冠层加热和地面加热等几种形式。

5）幕帘系统。幕帘因安装位置不同可分为内遮阳保温幕和外遮阳幕两种（图3-55、图3-56）。其中，内遮阳保温幕兼具夜间保温、防滴水，白天遮阳降温的作用。

图 3-54　轨道式散热

图 3-55　内遮阳保温幕

图 3-56　外遮阳幕

6）降温系统。夏季降温系统除了自然通风和遮阳降温外，还有微雾降温系统和湿帘、风机降温系统（图 3-57、图 3-58）。

图 3-57　湿帘（左图）和风机（右图）

图 3-58　内循环风机

【注意】

湿帘降温在中午温度达最高、相对湿度最低时降温效果较好，但在高湿季节或地区降温效果受到一定影响。

7）补光系统。当前温室补光多以高压钠灯（图 3-59）为主，功率为 1000 瓦/盏，一般以每盏灯的补光面积达 10 米^{2}为参考。

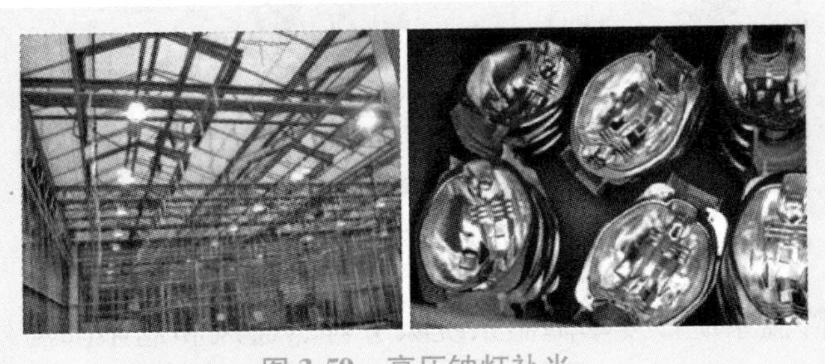

图 3-59　高压钠灯补光

【提示】

在满足其他条件的情况下，每增加 1% 的光照可增加 1% 的产量。因此，冬季或阴雨天温室补光和增加透光率非常重要。

8）二氧化碳施肥系统。气源可采用锅炉燃烧天然气或由二氧化碳发生器制备，通过计算机控制系统检测并实现对二氧化碳浓度的精确控制。

9）灌溉和施肥系统。现代温室蔬菜生产多采用水肥一体化无土栽培技术。其中，以色列水肥一体化控制系统（图 3-60）最为先进，但系统复杂，价格昂贵，因此各地园区多采用各种国产的简易水肥控制系统，也可基本达到生产目标。

图 3-60　以色列水肥一体化控制系统

现代温室用于工厂化育苗时也可采用 Enbar LVM 型低容量自走式喷雾机（图 3-61），可实现定时或全自动控制水肥管理。

图 3-61　自走式喷雾机

10）计算机智能控制系统。计算机智能控制系统可自动测量、收集温室内的小气候和土壤等环境参数，优化运行并自动控制相关设备。

11）出入口消毒装置。现代温室致力于打造相对密闭的作物生长系统，进入温室有严格的消毒程序，如安装风淋室、臭氧发生器、洗手消毒设施等。

2. 拱圆形连接屋面塑料薄膜温室

我国各地应用较多的现代温室多属于拱圆形连接屋面塑料薄膜温室（图 3-62），单栋跨度为 6~9 米，脊高为 4~6 米，骨架间距为 2.5~5 米，以塑料薄膜为透明覆盖材料。

图 3-62　拱圆形连接屋面塑料薄膜温室

塑料薄膜温室的自重较低，所以框架结构比玻璃温室简单，用材量少，因此建造成本较低。但塑料薄膜的保温性能较玻璃差，为提高保温性能，覆盖物采用双层充气薄膜，可有效减少冬季薄膜内表面冷凝水量，并可提高内外薄膜使用寿命。

【注意】

因双层充气薄膜透光度较低，在光照较弱的地区或季节进行喜光作物生产时效果不佳。

塑料薄膜温室骨架可用热浸镀锌钢管及型钢，南北墙采用PC板，东西墙可采用充气卷帘或PC板。其他附属设施如自然通风系统、幕帘系统、加热系统、降温系统及灌溉和施肥系统等均可参照屋脊型连接屋面温室。

【提示】

现代温室室内空间较大，冬季保温效果较差，因此北方寒冷季节需要加温，造成生产成本较高，因此个体种植者进行一般大宗蔬菜生产时不提倡大量应用此类设施，以免造成生产损失或设施闲置。

第四章
西瓜的育苗技术

蔬菜的育苗技术主要包括常规育苗技术、穴盘基质育苗技术和嫁接育苗技术。其中，穴盘基质育苗结合部分蔬菜的嫁接技术已取代传统育苗技术成为主流，但在生产中仍存在部分认识和技术误区影响壮苗培育。本章着重介绍西瓜的常见育苗误区、常规育苗技术、穴盘基质育苗技术和嫁接育苗技术。

第一节　西瓜育苗的误区、常见问题及解决方法

一、西瓜育苗的误区

1. 品种选择不当

因不了解品种的适应区域、栽培环境和适销市场，导致品种选择不当，生产和销售效果不佳。

2. 营养土配制不当、育苗基质配比不合理或成品基质质量较差

配制营养土时添加未腐熟有机肥、化肥或杀菌剂、杀虫剂过量均会导致根系发育不良或烧苗。育苗基质配比不合理可造成基质板结，透气不良，引发出苗晚或沤根。成品基质质量较差则可产生泛碱、草害等问题。因此，应选择购买进口或国内质量表现较好的基质。

3. 种子质量不佳或种子处理、播种环节问题导致出苗不均匀，易形成弱苗

购买的种子饱满度不均一，发芽率达不到国家标准，覆土过深或过浅，种子带毒（菌）或种子贮藏、消毒处理不当都会造成发芽不齐、瓜苗长势不一致等问题。应尽量从信誉较好的国内外大型种苗公

司及其代理商处购买包衣种子，从小型个体经营者处购种应慎重。

4. 水肥管理误区

冬春季育苗棚室低温环境下，水肥过多可引发烂籽、沤根或徒长，空气湿度大则易引发病害。夏季育苗高温环境下供水不足，则苗床缺水干燥，根系易老化，产生元素吸收障碍或花芽分化不良问题。防雨排涝措施不当时，雨水淹苗则易发枯萎病害。西瓜苗期一般不发生脱肥，特殊情况下发生脱肥，补肥不及时也会造成幼苗缺素。

5. 温度、湿度和光照等环境因子调控误区

冬、春季低温和弱光可诱发幼苗徒长，抗病性下降，不利于花芽正常分化。低温高湿环境则常引发苗期猝倒。如果定植前低温、干旱，炼苗不当则缓苗较慢或易死苗。夏季育苗通风降温措施跟不上时易造成幼苗老化，花芽分化不良，产生畸形果。夏、秋季高温强光环境可导致幼苗徒长、老化，以及病毒病、白粉虱等病虫害多发等。

6. 嫁接误区

砧木选择或嫁接不当可导致其与接穗亲和性差，成苗率低，果实风味变差或抗土传病害能力下降等问题。应选择亲和性好、综合性状优的嫁接砧木。

二、西瓜育苗中的常见问题及解决方法

冬春茬育苗管理难度较大，育苗过程中气温较低、光照时间短、天气变化剧烈，常伴有倒春寒发生，均不利于幼苗生长发育。常见问题与解决方法见表 4-1。

表 4-1　西瓜育苗期常见问题及解决方法

问题	症状	原因	解决方法
不出苗	幼芽腐烂或干枯、烧苗	施用未腐熟有机肥或过量化肥、农药导致烂芽；播种过深；土温低于15℃，湿度过大；苗床过干致幼芽干枯	合理施用农药、化肥，保持苗床适宜的温湿度

（续）

问题	症状	原因	解决方法
幼苗“戴帽”出土（图 4-1）	种皮部分包住子叶并一起出土，子叶展开不及时，影响光合作用	播后覆土过薄，土壤水分不足，土温较低造成出苗时间延长，种子活力弱或种皮厚等	播后轻轻镇压土壤或在所播大粒种子上方堆 1.5~2 厘米的小潮土堆；保持苗床适宜的湿度和温度；可在早晨或喷水后待种皮潮湿软化后人工“摘帽”
子叶畸形	两片子叶大小不一，或子叶开裂，或真叶抱合、粘连，真叶不能正常展开	种子质量较差或低温下叶芽发育不良	精选漂洗种子，剔除秕粒、残粒
高脚苗	下胚轴细长，叶柄长，叶片小，叶色浅，植株细弱	苗床高温高湿，光照不足，施氮过量	及时揭盖草苫和通风降温，出苗前苗床温度控制在 30℃，出苗至第一片真叶展开前不宜超过 25℃，同时严控浇水，增加光照，及时通风降温排湿
沤根	部分根系变黄，甚至枯萎腐烂，无新生白根，叶片为深绿色而不舒展，严重者叶缘枯黄	土温低于 10℃，湿度过大	苗床温度控制在 15℃以上，不能低于 13℃，同时防止土壤湿度过大
易发猝倒病	幼苗根茎部组织腐烂缢缩，发生倒伏死亡	苗床土温较低，湿度大，光照弱，连阴天，通风不良	注意提高土温，及时通风排湿。结合浇水喷淋 72.2%霜霉威盐酸盐水剂 800~1000 倍液防治
小老苗	幼苗矮小，叶片小而厚，生长点呈深绿色。幼茎粗壮生长缓慢，主根发黄，新生白根发生少	炼苗过早，地温过低或养分缺乏；连阴天、光照不足会加重症状	及时追肥，把握好揭盖膜时间

（续）

问题	症状	原因	解决方法
闪苗	叶片生理性脱水萎蔫	苗床内温湿度较大，骤通大风造成低温干燥环境引发	苗床通风应由小到大逐渐进行，使幼苗逐步适应
灼苗	生长点受高温强日照灼伤，嫩茎叶失水萎蔫，严重者死亡	育苗后期强光直射幼苗，苗床湿度较小加重症状	注意通风降温，避免连阴天后幼苗突见强日照

图 4-1　幼苗“戴帽”出土

越夏茬育苗主要障碍是高温、高湿致幼苗徒长，病虫害多发，花芽分化不良等，但因其生长较快，苗龄较短，可通过及时通风降温、棚室遮阴及加强病虫害防治等管理措施加以解决。

第二节　西瓜常规育苗技术

西瓜常规育苗技术（苗床和营养钵育苗）主要包括营养土块育苗技术和营养钵育苗技术。生产上常用苗床有冷床（阳畦）、酿热温床、电热温床和火炕温床等。西瓜产区在低温季节育苗多在塑料大棚或日光温室中建造酿热温床或电热温床育苗，以电热温床育苗较为常见。

一、茬口安排

常见蔬菜作物保护地栽培茬口安排见表4-2。棚室西瓜栽培茬口主要为秋冬茬、越冬茬、冬春茬、秋延迟茬和早春茬栽培。

表4-2　常见蔬菜作物保护地栽培茬口安排

茬口	温室、大棚类型	育苗时间	定植时间	适宜蔬菜
秋冬茬	日光温室、单坡面大棚、中拱棚	8月中旬遮阴棚播种育苗	9月中旬定植，初冬或新年供应市场，2月上中旬拔秧	番茄、黄瓜、西瓜、甜瓜、西葫芦、花椰菜、韭菜等
越冬茬	日光温室	8月下旬~9月上旬播种育苗	10月中下旬定植，12月下旬~第2年1月上旬采收，5~6月拔秧	番茄、黄瓜、茄子、甜（辣）椒、丝瓜、苦瓜等
冬春茬	单坡面大棚、拱圆大棚、部分日光温室、中拱棚	12月中下旬播种育苗	2月下旬~3月上旬定植，4月下旬~5月上旬采收，7月上旬拔秧	厚皮甜瓜、西葫芦、番茄、甜（辣）椒、菜豆等
秋延迟茬	阳畦、小拱棚、部分中拱棚	7月中下旬播种育苗	8月中下旬定植，12月上旬拔秧	番茄、西瓜、甜瓜、甜（辣）椒、西葫芦、芹菜、花椰菜等
早春茬	阳畦、小拱棚、部分中拱棚	1月下旬~2月上旬播种育苗	2月下旬~3月上旬定植，6月底拔秧	番茄、黄瓜、西瓜、甜瓜、茄子、甜（辣）椒、西葫芦、菜豆等

二、冬春茬西瓜育苗技术

1. 苗床建造

（1）酿热温床的建造　温床因其在地平面位置不同可分为地上

温床、地下温床和半地下温床，生产上以半地下式酿热温床较为常用（图 4-2）。先在棚室内深挖床坑，床宽 1.5～2.0 米，床深 0.3～0.4 米，长度依需而定。床底部应做成南深北浅，中间凸起，呈弧形，以温床不同部位酿热物厚度不同调节整床地温一致。播前 10 天左右，先在床底均匀垫铺 4～5 厘米厚的碎草或麦秸并踏实，以利于隔热和通气，其上每平方米撒生石灰 0.4～0.5 千克消毒。

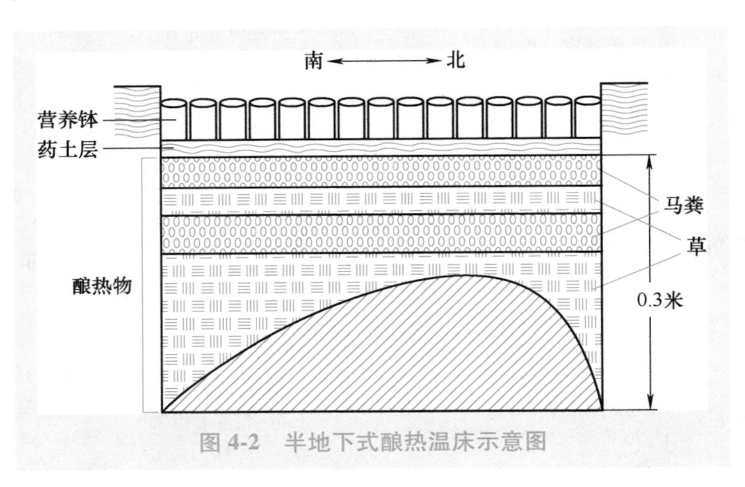

图 4-2　半地下式酿热温床示意图

酿热物一般由新鲜马粪、厩肥或饼肥（60%～70%）和作物秸秆（30%～40%）组成，以人粪尿湿润并搅拌酿热物，使其含水量保持在 70%左右，碳氮比以（20～30）：1 为宜。常见酿热物的碳氮含量及碳氮比见表 4-3。在播前 7～10 天用酿热材料填床，填充厚度为 30～35 厘米。分层填入，每填充 10～15 厘米后稍踩紧，保持酿热物疏松适度。填料后及时覆盖塑料薄膜，晚上加盖草苫促使酿热物尽快发热。3～5 天后，当温度升至 35～40℃时，在酿热物上方铺填 2～3 厘米厚的细土，然后将营养钵摆放在苗床上，并喷透水。如果采用营养土块育苗方法，则覆营养土的厚度应为 10 厘米左右，浇透水后按照 8 厘米×8 厘米的规格切块，在缝隙中填入草木灰，避免起苗时营养土块散碎，保护根系完整。据测定，酿热物生热一般可维持 40 多天。

表 4-3 常见酿热物的碳氮含量及碳氮比

种类	碳（%）	氮（%）	碳氮比	种类	碳（%）	氮（%）	碳氮比
稻草	42.0	0.60	70.0	米糠	37.0	1.70	21.8
大麦秸	47.0	0.60	78.3	纺织屑	59.2	2.32	25.5
小麦秸	46.5	0.65	71.5	大豆饼	50.0	9.00	5.6
玉米秸	43.3	1.67	25.9	棉籽饼	16.0	5.00	3.2
新鲜厩肥	75.6	2.80	27.0	牛粪	18.0	0.84	21.4
速成堆肥	56.0	2.60	21.5	马粪	22.3	1.15	19.4
松针	42.0	1.42	29.6	猪粪	34.3	2.12	16.2
栎树叶	49.0	2.00	24.5	羊粪	28.9	2.34	12.4

（2）电热温床的建造 电热温床是在苗床底部铺设电热线或远红外电热膜，利用其产生的热能或发出远红外光的热效应提高床温的一类温床。近年来，远红外电热膜因其热效率高、节能、操作简单等优点在生产上有取代电热线的趋势。

1）电热线或电热膜的选择。西瓜冬春茬电热温床育苗所需电热线功率，北方地区一般为80~120瓦/米^2，南方地区一般为60~80瓦/米^2，在温室中应用功率略低，在塑料大棚中功率略高。表4-4中列出了电热温床电热线或远红外电热膜功率的选用参考值。

表 4-4 电热温床电热线或远红外电热膜功率选用参考值

（单位：瓦/米^2）

设定地温	不同基础地温的功率选用参考值			
	9~11℃	12~14℃	15~16℃	17~18℃
18~19℃	110	95	80	—
20~21℃	120	105	90	80
22~23℃	130	115	100	90
24~25℃	140	125	110	100

根据苗床面积确定电热线功率和电热线长度，按照以下公式计算布线条数和线距。远红外电热膜可根据所需功率选择相应规格的产

品，如广东暖丰电热科技有限公司的系列产品。

布线条数=（电热线长度−床宽×2）/苗床长度

线距=床宽/（布线条数+1）

【注意】

布线的行数应取偶数，以使电热线的两个接头位于苗床的同一端，分别连接温控仪和电源。布线时，应注意边行线距适当缩小，中间行距适当加宽，全床平均线距不变，以解决苗床边缘温度较低的问题，保障幼苗生长一致。

2）电热温床的铺设。首先在棚室内挖宽1.2～1.5米、深30厘米的床坑，挖出的床土做成四周田埂。坑底铺撒10～12厘米厚的麦秸、稻草或麦糠等作为隔热层。摊平踏实后，隔热层上再铺3～4厘米厚的细土，并踏实刮平。电热线布线时，取长10厘米左右的小木棍，按照线距固定于苗床两端，每端木棍数与布线条数相同。先将电热线固定于苗床一端最靠边的一根木棍上，手拉电热线到另一端绕住2根木棍，然后返回绕住2根木棍，如此反复，最后将引线留于床外。布线完毕，加装温控仪并接通电源，用电表检查线路是否畅通（图4-3）。之后拔除木棍并在电热线上撒2～3厘米厚的细土，整平踏实，埋住并固定电热线。最后再填实营养土，浇水后切块或覆细土后摆放营养钵。

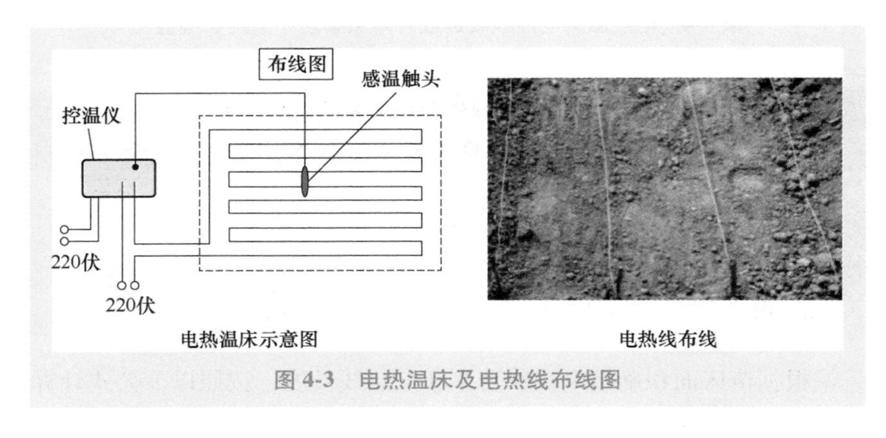

图4-3　电热温床及电热线布线图

【注意】

应使电热线贴到踏实刮平的床土上，并拉紧拉直，不得打结、交叉、重叠或靠得过近（线距不少于 1.5 厘米）；电热线不得加长或截短，需要多根电热线时只能并联，不得串联；苗床进行农事操作时，应先切断电源，并防止线路断路；使用完后，电热线应轻拉轻取，安全贮存。

采用远红外电热膜则无须布线环节，隔热层覆细土并踏实刮平后直接在苗床铺设既定功率电热膜，然后填实营养土，浇水后切块或覆 2~3 厘米厚的细土后摆放营养钵。

不论营养土块育苗还是营养钵育苗均需配制营养土。配制营养土的原料主要为园土（在 2~3 年未种植过瓜类作物的大田里取 0~20 厘米深的表层土）、粪肥、饼肥或草炭（泥炭）、适量化肥等。常见营养土配比有两个：一是园土占 2/3，腐熟粪肥（或草炭）占 1/3，每立方米加入氮磷钾复合肥 1.5 千克、过磷酸钙 0.25 千克、硫酸钾 0.5 千克；二是园土占 5/10，腐熟粪肥占 3/10，草炭占 2/10，每立方米加入氮磷钾复合肥 1.5 千克或磷酸二铵 0.5 千克、硫酸钾 0.5 千克。

【注意】

有机肥和过磷酸钙均需打碎过筛后充分拌匀；尿素因其含有缩二脲成分可导致发芽率下降，因而不宜作为种肥。

营养土配制过程中需进行消毒。常用的消毒方法为每立方米营养土搅拌时掺入 50%甲基硫菌灵可湿性粉剂或 50%多菌灵可湿性粉剂 80~100 克，也可在营养土搅拌过程中每立方米用 40%福尔马林 200~300 毫升，兑水 25~30 升，搅匀后均匀喷入土中。塑料薄膜覆盖 2~3 天后摊开营养土，待药气散尽后使用，如图 4-4 所示。

图 4-4　育苗用营养土

【注意】

营养土堆制应在使用前 1~2 个月进行，所用有机肥要充分腐熟方可使用。

2. 营养钵或营养土块制作

西瓜育苗用营养钵多采用软质黑色聚氯乙烯圆台形塑料杯，适宜规格为杯口直径为 12 厘米、杯高 12~14 厘米。向钵内装土时不要装得过满，装至距钵沿 2~3 厘米即可。将营养钵整齐地摆放于苗床内（图 4-5）。

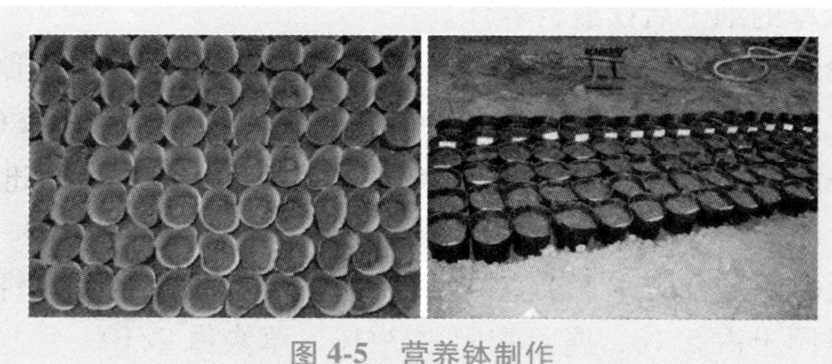
图 4-5　营养钵制作

营养土块制作方法：在苗床底部撒一薄层河沙或草木灰，然后回填 10 厘米左右的营养土层，踏实、耙平、浇透水。水下渗后用薄铁片或菜刀先横后竖划成 10 厘米×10 厘米的方土块，土块间撒少量细沙或草木灰，防止土块重新黏结以便后期起苗。

【注意】

用营养土块育苗应精细操作，否则起苗时易散坨伤根，缓苗较慢。

3. 种子处理

西瓜种子播前的处理主要包括晒种、浸种、消毒和催芽。播种前根据棚室栽培西瓜定植密度确定苗数，一般棚室三蔓整枝每亩苗数为 2000~2200 株，然后按照 90%的发芽率确定播种量。精选种子后按照以下操作进行种子消毒。

（1）晒种 播种前将精选过的种子摊放于木板或纸板上，种子厚度不超过1厘米，在阳光下曝晒1～2天，期间每隔2小时翻动1次，使其晾晒均匀。

【禁忌】

冰柜或种子库低温保存的种子在播前必须晾晒，否则会因种子活力低下导致出苗不齐或不出苗。

（2）温汤浸种 将选好晒过的种子，放入55℃左右的温水中，水量为种子体积的5～6倍。边浸种边搅拌，并维持55℃水温15分钟左右。水温降至25～30℃时，搓去种子表面的黏液。冲洗干净后，在室温下浸种3～5小时。

（3）热水烫种 对于西瓜的嫁接砧木南瓜等厚种皮种子而言，可将种子放入5倍于种子体积的70℃热水中烫种。放入后迅速搅拌30秒，然后倒入冷水使水温降至30℃，之后进入正常温汤浸种程序。包衣种子不必冲洗。浸种时间为南瓜12小时、瓠瓜24小时、西瓜6～8小时，浸种后用清水冲洗2～3遍，搓掉种子上的黏液，准备催芽。

（4）干热处理 干燥的西瓜种子（含水量为6%左右）放入70℃恒温箱或烘箱72小时，可有效杀灭种子内、外的病原菌和病毒。

（5）药剂消毒 种子常见消毒方法见表4-5。

表4-5 种子常见消毒方法

药剂及用法	时间/分钟	应对病害
50%多菌灵或50%福美双可湿性粉剂500倍液、50%异菌脲可湿性粉剂500倍液等浸种	20	炭疽病、枯萎病、蔓枯病、根腐病
2%～3%漂白粉溶液浸种	30	种子表面多种细菌
0.2%高锰酸钾溶液浸种	20	
40%福尔马林100倍液浸种	20	炭疽病、枯萎病

（续）

药剂及用法	时间/分钟	应对病害
97%噁霉灵可湿性粉剂 3000 倍液、72.2%霜霉威盐酸盐水剂 800 倍液等浸种	30	猝倒病、疫病
10%磷酸三钠溶液浸种	20	病毒病

【注意】

药剂消毒应严格把握消毒时间，结束后立即用清水冲洗数遍。

（6）催芽

1）催芽前浸种。一般常温下浸种以 6~8 小时为宜；采用温汤浸种时可减少至 2~4 小时。

2）催芽温度和时间。西瓜催芽温度为 28~30℃，低于 15℃或高于 40℃均不利于发芽，所需时间为 1~2 天。待 70%左右的种子露白（胚根长 0.3~0.4 毫米）即可停止催芽，进行播种（表 4-6）。

表 4-6　部分蔬菜的催芽温度和时间

蔬菜种类	催芽温度/℃	时间/天
茄子	28~30	5
辣椒	28~30	4
番茄	25~28	4
黄瓜	28~30	2
甜瓜	28~30	2
西瓜	28~30	2
生菜	20~22	3
甘蓝	22~25	2
花椰菜	20~22	3
芹菜	15~20	7~10

3）催芽方法。把浸种后稍晾干的种子用湿棉（纱）布或湿毛巾

包好，放于隔湿塑料薄膜上，上覆保温材料保温。有条件时，也可将湿布包好的种子放于恒温箱内进行催芽。箱内温度设定为30℃，相对湿度保持在90%以上。每4小时翻动1次，直至种子露白。

【注意】

包种子时种子包平放的厚度不宜超过3厘米。催芽过程中应间隔4~5小时翻动1次种子，进行换气，并及时补充水分。

4. 播种

根据定植时间和苗龄确定播期。冬春茬西瓜常规苗苗龄一般为30~35天，嫁接苗为40~45天；夏秋茬育苗常规苗苗龄一般为15天左右，嫁接苗为25~30天。冬春茬育苗应在温室或拱棚内苗床上添加小拱棚等多层覆盖设施（图4-6）。观察苗床5厘米处地温稳定在16℃以上时即可播种。

冬春茬播种应选在晴天上午进行，夏秋茬宜选择在17:00以后或阴天进行，均采用点播方法播种。瓜类嫁接育苗则可采用撒播方法播种（图4-7）。播种前苗床或营养钵浇透温水（水温为35℃），下渗后，在每个营养钵或营养土块中央播1粒种子，深1.5~2厘米，种子平放。播后及时盖上塑料薄膜保温保湿，种子出土后及时撤膜。

图4-6 苗床覆盖小拱棚

图4-7 瓜类撒播育苗

【注意】

冬春茬西瓜播种不宜过深，否则遇低温高湿易烂种；也不宜过浅，过浅则易“戴帽”出土或影响根系下扎。

5. 冬春茬西瓜苗床管理

（1）温度管理　冬春茬西瓜苗床温度管理见表 4-7。

表 4-7　冬春茬西瓜苗床温度管理

生长发育时期	白天气温/℃	夜间气温/℃	其他
播种至子叶出土	28~30	>16	苗床白天密闭、充分见光，晚上覆盖草苫等保温
70%~80%种子子叶出土至第 1 片真叶出现	20~25	15~18	适当降温，防止下胚轴旺长形成高脚苗
第 1 片真叶展开后	25~28	15~18	促进形成壮苗
定植前 7~10 天	18~22	12~16	保护地定植应轻炼苗，露地栽培应重炼苗

（2）湿度管理　西瓜苗床管理应严格控制水分，播种前浇透水，出苗前一般不浇水，以防幼苗徒长或低温沤根。从出苗至真叶展开后，应结合苗床墒情及时增加浇水量。浇水宜在晴天上午进行，水温为 35℃左右。西瓜苗期湿度管理见表 4-8。

表 4-8　西瓜苗期湿度管理

生长发育时期	土壤相对湿度（%）	空气相对湿度（%）
播后至出苗	85~90	85~90
出土至破心	85~90	80~85
破心至 3 叶	85~90	75~80
3 叶至定植	85~90	70~75

【注意】

营养钵育苗应坚持少量多次浇水的原则；营养土块育苗应尽量减少浇水，定植前数天停止浇水炼苗，并防止营养土块破碎。

（3）光照管理 冬春茬西瓜育苗床多处于低温弱光环境，管理不善则幼苗细弱，易徒长，因此应采取措施尽量增加苗床透光率。第一，要经常保持棚膜清洁，增加幼苗见光。第二，在保证幼苗生长发育所需温度的基础上，草苫尽量早揭晚盖，延长见光时间。第三，采用无滴膜覆盖，及时通风排湿，防止棚内结露、滴水。第四，久阴乍晴，幼苗易发生脱水萎蔫，应采用晒花苫或草苫时盖时揭的方法，待幼苗恢复正常后再揭全苫。第五，必要时用高压钠灯补光。

（4）病虫害防治 西瓜苗期易发生猝倒病、病毒病、炭疽病等侵染性病害，以及冷害、沤根等生理性病害，应通过降低棚室和苗床湿度及施用化学药剂等方法防治，喷药宜在晴天上午进行。主要虫害有蚜虫、白粉虱、蓟马和美洲斑潜蝇等，应及时采用化学药剂防治。

（5）定植前炼苗 西瓜幼苗定植需进行降温、控水处理，以增加幼苗抗逆能力和适应性。具体方法是定植前5~7天，选晴暖天气浇透水1次。然后加强通风降温排湿，将苗床白天温度控制在20~22℃，天气晴暖时，夜间可将不透明覆盖物揭开，苗床两端或两侧通风降温，将夜间温度控制在18~20℃。之后随气温上升，苗床夜间温度稳定在18℃以上时，可将塑料薄膜全部揭开。炼苗期间应注意刮风、下雨、倒春寒等天气变化，及时加盖覆盖物，严防苗床淋雨或遭受冷害。

【注意】

西瓜幼苗若定植于棚室内，且幼苗健壮、适应性强，则炼苗强度应酌情降低或不炼苗。反之，如果幼苗细弱或定植于露地则应加强炼苗。炼苗应逐步降温控水，不可锻炼过度，否则定植后易成为僵苗。

（6）壮苗标准 冬春茬西瓜的壮苗标准为苗龄30~35天，2~3叶1心，苗高8~10厘米，下胚轴粗矮，茎粗0.2~0.3厘米，子叶节位距土壤表面不超过3厘米；子叶完整，真叶叶片肥厚呈深绿色，无病斑、虫害；根系洁白发育良好，主根和侧根粗壮，无药害，无损伤。

三、夏秋茬西瓜育苗技术

夏、秋季天气的基本特点是高温多雨，光照强烈，气候变化剧烈，病虫害多发。因此，此期苗床管理的重点是通风降温、防雨遮阴，避免高温导致花芽分化不良、后期产生畸形果，并注意防治病虫害等。管理要点如下。

（1）选种与种子处理 该环节参考冬春茬的选种与种子处理。

（2）催芽 夏、秋季节气温一般在30℃以上，适宜西瓜发芽，因此可直接用湿棉纱、毛巾等包裹种子放于暗环境下催芽即可。一般催芽1天左右即可播种。

（3）播种 播前苗床或营养钵浇透水，不必覆盖薄膜保湿，播后40小时左右幼苗出土。

（4）苗床管理 苗床在温室中应在昼夜打开顶部通风口的同时，将温室前沿农膜撩起通风，通风口加装30目防虫网。塑料拱棚内育苗时，除顶部通风外，两侧农膜均应卷起，加大通风量（图4-8）。当日光过于强烈时，应于晴天10:00～15:00在棚室农膜上方加装60%遮阳网或棚膜喷洒石灰水、白色涂料（图4-9）遮光降温。有条件的地方可在温室前后沿加装风机和湿帘及时降温，并适当控制浇水，以防形成高脚苗。温室前沿出现雨水灌入时，应及时挖阻水沟，防止苗床灌雨水或雨淋。注意综合防治猝倒病、病毒病、蚜虫、螨类、斜纹夜蛾等病虫害。

图4-8　棚室通风口加装防虫网

图 4-9 加装遮阳网或喷洒石灰水遮阴

（5）壮苗标准 夏秋茬西瓜宜选小苗定植，其标准为苗龄 15 天左右，2~3 叶 1 心，茎粗 0.3~0.5 厘米，叶片深绿肥厚，无病虫斑；根系洁白，主侧根发达，布满整个营养钵。

第三节 西瓜穴盘基质育苗技术

穴盘基质育苗是工厂化育苗中的核心技术，具有基质材料来源广泛、易防病、节肥、成苗率高等优点，目前已在设施蔬菜产区得到广泛应用。

1. 穴盘选择

选用规格化穴盘，制盘材料主要有聚苯乙烯或聚氨酯泡沫塑料模塑和黑色聚氯乙烯吸塑 2 种。规格为长 54.4 厘米、宽 27.9 厘米，高 3.5~5.5 厘米（图 4-10）。孔穴数有 50 孔、72 孔、98 孔、128 孔、200 孔、288 孔等规格。西瓜育苗一般选择 72 孔普通穴盘即可，播种南瓜砧木则需 50 孔穴盘，接穗可采用整盘密播（图 4-11）。

图 4-10 穴盘

2. 基质配方选择

基质成分主要包括有机基质和无机基质。常见有机基质材料有草炭、锯末、木屑、炭化稻壳、秸秆发酵物等，生产上草炭较为常用，效果最好。无机基质主要有珍珠岩、蛭石、棉岩、炉渣等，其中珍珠岩和蛭石应用较多。

图 4-11 整盘密播接穗

常用混合基质配方：①草炭：珍珠岩（蛭石）：秸秆发酵物（食用菌废弃培养料）= 1：1：1 或 1：2：1；②草炭：蛭石：珍珠岩 = 6：(1~2)：(2~3)；③草炭：炭化稻壳：蛭石 = 6：3：1；④草炭：蛭石：炉渣 = 3：3：4。选好基质材料后，按照配比进行混合（图 4-12）。混合过程中每立方米混合基质掺入三元复合肥或磷酸二铵 1 千克、硝酸铵和硫酸钾各 0.5 千克，可有效预防西瓜苗期脱肥。同时每立方米基质拌入 50%多菌灵可湿性粉剂 200 克进行消毒。

图 4-12 基质混合和堆放

【注意】

基质配制过程中不宜以尿素作为种肥。另外，混合基质的 pH 调整为弱酸性或近中性（6~6.5）有利于西瓜幼苗生长。

3. 装盘

基质装盘以搅拌均匀的湿润基质为佳，可使幼苗出土整齐一致，不易“戴帽”。其方法是：先将基质盛于敞口容器中，加水搅拌至湿润（抓一把基质以轻握不滴水为宜），然后将湿基质装盘并抹平（图 4-13、图 4-14）。

图 4-13　加水拌匀基质

图 4-14　装盘

4. 播种

播种前先用手指戳播种穴，每穴播种 1 粒，播种深度为种子长度的 1~1.5 倍（约 1 厘米），播后在穴上覆盖干基质，然后用手掌轻压抹平。冬春茬 5~6 天，夏秋茬 2~3 天即可出苗（图 4-15）。也可采用简易压穴器提高播种效率（图 4-16）。

在有条件的地区，基质装盘和播种均可由机械完成，减少劳动用工（图 4-17）。

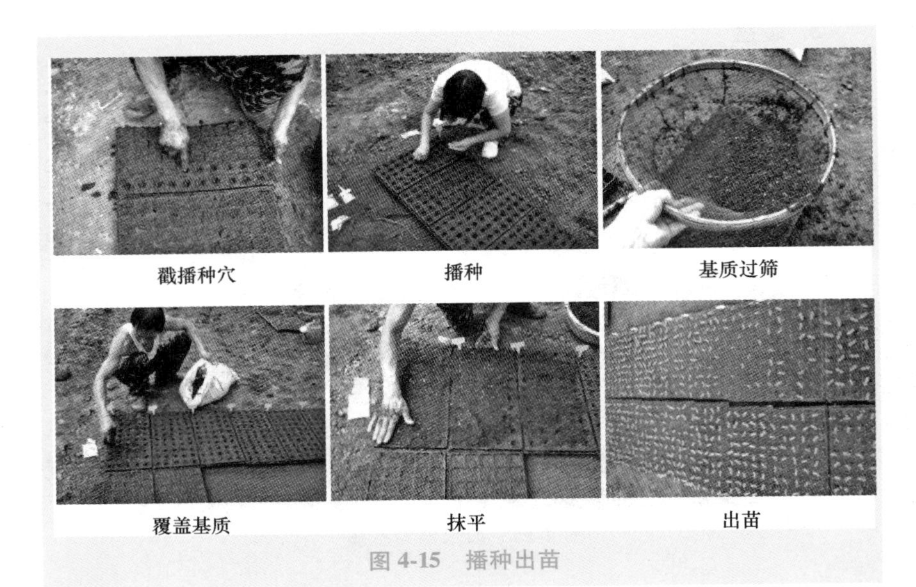

图 4-15　播种出苗

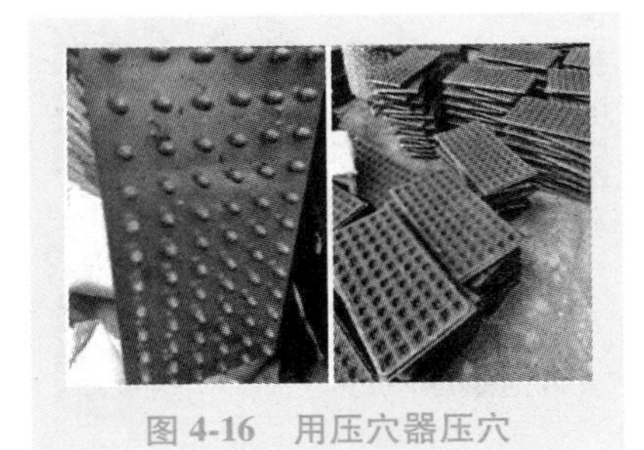

图 4-16　用压穴器压穴

图 4-17　穴盘机械播种

【注意】

基质装盘前应先过筛，除去基质土块，以防土块压苗造成弱苗。播后覆盖干基质，不可覆盖湿基质以免基质板结影响发芽。

5. 苗期管理技术要点

（1）冬春茬育苗　冬春茬穴盘基质育苗的关键限制因子是低温和弱光，因此应在穴盘上方加盖小拱棚进行多层覆盖（图 4-18）。同时，可将每平方米功率为 110 瓦的防水远红外电热膜铺于地下 2 厘米左右，然后将穴盘置于其上，通过温控仪调控小拱棚内白天温度为 25~30℃，夜间温度为 15~18℃，效果良好（图 4-19）。浇水水温一般应把握在 20~25℃之间，不可用冷自来水直接浇灌，以免冷水激苗，浇水宜在早晚进行。

图 4-18　多层覆盖

图 4-19　远红外电热膜

【提示】

穴盘苗根系可通过渗水孔下扎至土壤中，应经常挪动穴盘位置，防止定植时伤根造成大缓苗；床架育苗可防止根系下扎，但应视苗情及时喷淋营养液进行补肥。

（2）高温季节育苗　高温季节水分蒸发量大，光照强烈，因此在育苗管理上应坚持勤浇水的原则，保持上层基质湿润。同时，每次穴盘浇完水后应回浇穴盘边缘苗，以防边缘缺水形成小弱苗。出苗后控制浇水，防苗徒长。后期苗需水量大增，喷壶似毛毛雨般的洒水不能满足需要，可在穴盘四周做简易畦埂，以水漫灌穴盘底部的方法解决。在高架苗床育苗的可采用自动喷淋装置及时补充水肥。当中午阳光过于强烈时，可在棚膜上方外覆遮阳网遮阴降温。有条件的地方可安装风机和湿帘辅助降温。穴盘苗育成后即可装箱发苗（图 4-20）。

图 4-20　西瓜成苗可装箱发苗

【注意】

苗床或穴盘水分管理应保持在最大持水量的 70%~80%，土壤过干会促进雄花形成，造成“花打顶”。

第四节　西瓜嫁接育苗技术

西瓜嫁接育苗（彩图 3）可有效防控西瓜枯萎病、根腐病等土传病害，提高其低温耐性；砧木根系发达有助于植株健壮丰产，在连作地块效果尤为明显。嫁接方法主要有靠接法、插接法和劈接法三种，前两种方法较为常用。嫁接育苗主要包括以下环节。

1. 砧木选择

与西瓜接穗亲和力比较强的砧木主要有瓠瓜、南瓜、冬瓜等。瓠瓜嫁接亲和力高，抗性好，对西瓜品质无不良影响，是西瓜嫁接的理想砧木。南瓜砧木长势强，抗性好，但与西瓜嫁接亲和性在品种间差异较大，且所结西瓜果肉坚硬，易出现黄筋，影响品质。常用南瓜砧木有云南黑籽南瓜、白籽南瓜、美国黄籽南瓜、新土佐南瓜等。冬瓜砧木抗凋萎病，嫁接亲和力仅次于瓠瓜，果实品质优于南瓜，但长势、抗病性不如前二者，且耐低温性差，结果采收延迟，不宜早熟栽培选用。西瓜共砧亲和力好，果实品质最佳，但长势相对较弱，枯萎病抗性不彻底。

2. 确定播期

砧木和西瓜接穗播期应根据砧木种类和嫁接方法确定，以确保砧木嫁接适期与接穗嫁接适期相遇。一般而言，以南瓜作为砧木，采用靠接法和插接法嫁接的砧木分别比接穗晚播 3~4 天和早播 3~4 天。以瓠瓜作为砧木，采用靠接法和插接法嫁接的砧木分别比接穗晚播 5~7 天和早播 5~7 天。可在苗床或穴盘中播种，苗床播种南瓜时密度稍大以使其下胚轴细长，有利于嫁接操作。

3. 嫁接适期

靠接法嫁接适期以接穗第 1 片真叶展开一半，砧木子叶完全展开，第 1 片真叶正要抽出时为宜；插接法嫁接适期为砧木子叶完全展开，真叶刚刚抽出，接穗子叶刚刚展开（图 4-21、图 4-22）。嫁接时砧木和接穗苗龄宜小不宜大，以免大苗髓腔形成后与接穗间不易产生愈伤组织而影响成活率。

图 4-21　靠接法中的待嫁接接穗和砧木

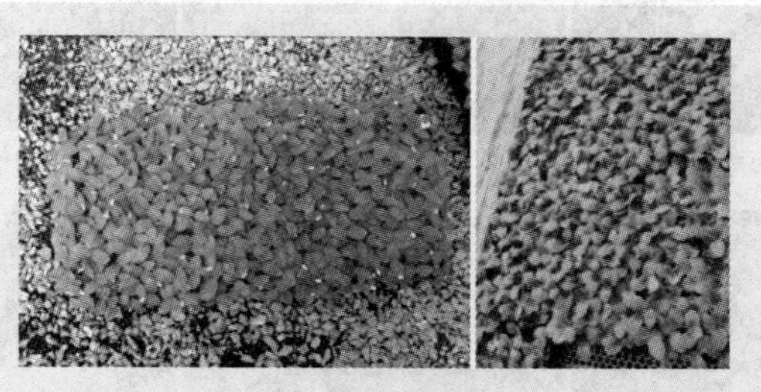

图 4-22　插接法中的待嫁接接穗和砧木

4. 嫁接前的准备

嫁接前应准备嫁接工具与场所。嫁接用切削或插孔工具主要有双面刮须刀片和竹签（或细铁针），接口固定物是小塑料平口夹或圆口夹（图 4-23），靠接应用平口夹；还要准备 75%酒精，用于消毒；提前准备好营养钵和营养土或基质。嫁接前 3～5 天控制浇水，嫁接前 1 天浇透水，以利于嫁接苗成活。嫁接应在无风、相对湿度较高的棚室内或育苗专用温室内进行。

图 4-23　嫁接工具

5. 嫁接方法

（1）靠接法　在嫁接前期所用接穗和砧木均保留根系，易成活，便于操作，生产应用较多。其操作步骤为：①切削砧木。用刀片削去南瓜真叶，在子叶下 1 厘米处用刀片斜削一刀，斜度为 35 度～45 度，长度约为 1 厘米，深度为下胚轴直径的 2/5～1/2，以不达髓腔为宜。②切削接穗。在接穗子叶下1. 2～1. 5 厘米处向上 45 度斜切一刀，深度为下胚轴直径的 1/2～2/3，长度与砧木切口一致。③插合与固定。右手拿接穗，左手拿砧木，将砧木和接穗切口嵌合，然后用平口夹将二者固定，此时砧木和接穗子叶呈十字形。嫁接过程如图 4-24 所示。

图 4-24　靠接法操作过程

嫁接结束后及时移栽入营养钵中，二者根系相距1厘米，以便后期接穗断根。接口应距钵内土面2~3厘米，以免水湿伤口或发生自根。栽好后适量浇水，勿湿接口，之后覆盖小拱棚保温保湿，3~5天成活后方可揭膜。另外，温室棚膜上方应搭花苫遮阴。嫁接后的管理措施如图4-25所示。7~10天后伤口愈合，应及时切断接穗根部。

图4-25 嫁接后的管理措施

【提示】

靠接法伤口愈合好，成活率高，成苗长势较旺，管理简单，但操作复杂，需投入较多劳力。

（2）插接法 即砧木不离土和接穗断根后嫁接的方法，此法一次完成，操作简单，但操作不当时此法成活率略低于靠接法。其操作步骤为：①切除生长点。用刀片切除砧木真叶和生长点。②制作竹签。选择直径与砧木直径相适应的竹签（直径略小于下胚轴），前端削尖、削平，使其横断面呈半圆形。③插孔。左手扶住砧木，右手持竹签从砧木一侧子叶着生处向另一侧子叶下方呈45度斜戳深为0.7~

1.0 厘米的孔洞，以不戳破下胚轴为宜（竹签暂不拔出）。④切削接穗。取接穗在其子叶下方 0.8~1.0 厘米处用刀片沿胚轴上表皮倾斜向下削一刀，切至下胚轴直径的 2/3，切口长 0.6~0.7 厘米，反转接穗，从切口对侧斜削将胚轴切成楔形。⑤插合。拔除砧木上的竹签，立即将接穗向下轻轻插入砧木孔中，使其密合。此时接穗子叶与砧木子叶呈十字形或平行均可。插接过程如图 4-26 所示。

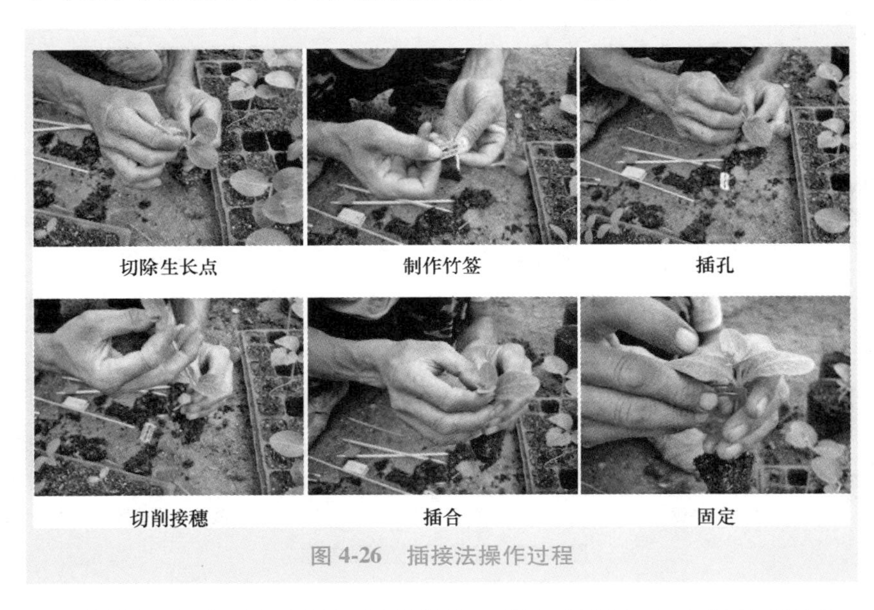

图 4-26 插接法操作过程

嫁接结束后覆盖小拱棚保温保湿，温室棚膜上方应搭花苫遮阴，勿让水滴沾湿伤口。

【注意】

插接法操作简单，工作效率较高，但接穗苗龄过大会影响成活率，生产上应予以注意。

夏秋茬季西瓜嫁接后苗龄较短，不必架设小拱棚，可直接在嫁接苗盘上覆盖塑料农膜保湿，同时在苗盘上方遮盖遮阳网，并且接穗苗龄宜尽量小，则嫁接成活率会较高。夏秋茬西瓜插接过程如图 4-27 所示。

图 4-27　夏秋茬西瓜插接过程

6. 机器人嫁接技术

人工嫁接西瓜需要技术熟练的工人，且效率较低，嫁接标准不一，在一定程度上限制了嫁接苗的推广应用。由中国农业大学发明的双向高速蔬菜嫁接机器人对西瓜苗的嫁接速度大于 850 株/小时，嫁接成功率大于 95%，可使嫁接速度提高 30% 以上，应用前景较好（图 4-28）。

图 4-28　机器人嫁接西瓜

7. 嫁接后管理技术要点

西瓜嫁接后的苗床管理对于提高嫁接苗成活率非常重要，尤其最初5天的管理是否得当是成败的关键。应及时采取措施加强苗床温度、湿度、光照和通风等管理，以加快伤口愈合及促进幼苗生长。

（1）温度管理 西瓜嫁接后应在苗床架设小拱棚保温保湿，必要时增设远红外电热膜或电热线增温。3~4天后湿度大时进行少量通风，1周后待伤口基本愈合可逐渐加大通风量，按照一般苗床管理。定植前1周进行低温炼苗，保持白天22~24℃、夜间13~15℃。西瓜嫁接苗的温度管理可参考表4-9。

表4-9 西瓜嫁接苗的温度管理

时期	白天温度/℃	夜间温度/℃	基质温度/℃
嫁接后1~4天	26~28℃	20~25℃	>18℃
嫁接后5~7天	22~28℃	18~20℃	>16℃
嫁接7天后	23~24℃	18~20℃	>16℃
定植前5~7天	22~24℃	13~15℃	13~15℃

【注意】

西瓜嫁接初期环境温度超过40℃或低于10℃将严重影响成活率，生产上应予以注意。幼苗长出1片心叶时夜间温度可保持在16~18℃，有助于花芽分化。

（2）湿度管理 嫁接前苗床浇透水，压严棚膜，以防棚内湿度下降，保持棚内湿度95%以上，且以叶片挂水珠为宜。当湿度过低时可用喷雾器在地面、棚内空间喷雾增湿，伤口愈合前不宜浇水。3~4天后伤口进入愈合期，一方面应防止接穗凋萎，另一方面在早晨、傍晚湿度大时通风换气，并逐渐增加通风时间和通风量，10天后按一般苗床管理，保持基质相对湿度为75%~80%。基质含水量过低易促进雄花形成，造成花打顶，原则上控温不控水。

（3）光照管理 在嫁接温室、苗床棚膜上覆草苫、遮阳网等遮阴，避免高温和阳光直射，防止接穗失水凋萎。2~3 天后可在早晨、傍晚揭除覆盖物，使嫁接苗接受散射光，防止砧木黄化，3 天后逐渐延长见光时间，1 周后只在中午遮光，10 天后恢复一般苗床管理。接穗第 1 片真叶全部长出后，可彻底揭除遮阳网。

（4）通风换气　嫁接 3 天后，每天揭小拱棚棚膜 1~2 次进行换气，5 天后嫁接苗新叶开始生长，应逐渐加大通风量。10 天后嫁接基本成活，可恢复一般苗床管理。

（5）分级管理　因受亲和力、嫁接技术等多因素影响，嫁接苗会出现完全成活、不完全成活、假成活和未成活等四种情况（表 4-10）。管理上可先挑出未成活苗，其他临时不易区分的生长缓慢、不完全成活和假成活苗可放于温度和光照条件好的位置，以让生长缓慢苗逐渐赶上大苗，同时淘汰假成活苗。

表 4-10　瓜类嫁接苗成活状况

级别	成活状况	愈合部位结构	嫁接苗的生长类型
1	完全成活	纵向维管束系统结合 1/2 以上，形成愈伤组织	生长正常株，包括发生不定芽株、接穗发根株
2	不完全成活	纵向维管束系统不完全结合，少数中心腔发根，发生不定根	生长不良株、停止生长株、接穗发根株
3	假成活	纵向维管束系统没有结合，中心腔发根	停止生长株、假嫁接株、暂时嫁接株、再生长株、枯损株
4	未成活	未成活，结合部位异常	砧木再生芽株、接穗发根株、枯损株、枯死株

（6）其他管理　嫁接 5~7 天后应及时摘除砧木萌发的不定芽。湿度大时插接接穗可产生不定根（图 4-29），应及早切除以免根系扎入土壤影响嫁接效果。靠接法嫁接 10 天后用刀片在嫁接口下 1 厘米处切断接穗下胚轴，同时摘除砧木不定芽。嫁接后 15 天除去固定塑料夹。

图 4-29　接穗生根

（7）嫁接苗壮苗标准　嫁接苗健壮，嫁接部位愈合良好，有2~3片健康真叶，节间短，叶色正常，根系发达，将基质紧密缠绕形成完整的根坨，无病虫危害（图4-30）。

图4-30　不同嫁接方式的西瓜苗

8. 嫁接失败的补救措施

西瓜嫁接5天后及时检查嫁接苗成活率，将子叶完整尚可利用的砧木分类入畦，畦上小棚内加强降温排湿，叶片喷洒70%甲基硫菌灵可湿性粉剂800倍液防病。同时按照未成活苗数的1.5倍种量浸种催芽并播种，接穗种子出土后子叶刚展开即可用于补接。补接过程时间仓促，接穗较小，因此宜采用劈接、贴接或芽接等方法进行补接。补接苗达到3叶1心时定植，苗龄一般比原嫁接苗晚6~8天，但比再播砧木重新嫁接苗早10~12天。

第五章 西瓜露地地膜覆盖和小拱棚双膜覆盖栽培技术

第一节　西瓜露地栽培管理误区及解决方法

一、西瓜露地栽培管理误区

1. 品种选择误区

品种选择误区主要有三个方面：一是因不了解西瓜品种的生态类型或适应性，造成南北方不同地区或保护地与露地产区品种选择不当导致生产困难；二是引种品种不适应本地市场需求造成销售困难，生产效益较低；三是假劣种苗对生产造成不利影响。

2. 水肥管理误区

各地假劣肥料不同程度存在，养分含量不达标、以假充真、以次充好、随意添加隐性成分等现象较为普遍，降低了肥料施用效果；不了解西瓜水肥需求规律，施肥量或比例不合理，水肥管理粗放，造成减产或品质不佳。

3. 自然灾害应对误区

露地栽培西瓜因环境的不可控性，应对不当可能遭受霜冻、干旱、水涝、冰雹、高温，以及除草剂漂移危害。

二、解决方法

1. 通过科学试验选择品种

选择品种可根据当地种植传统、消费习惯或订单方需求加以确定。引种新品种前应先行小面积试种，全面观察新品种的产量、品质、抗性（耐低温、高温、水涝等逆境）水平、病虫害综合抗性、商品性、市场认可度等，然后与主栽品种对比后确定是否引种。

2. 科学施肥

各地农业市场监管部门应加强对辖区农资的检测监管，在条件允许的情况下，尽量扩大肥料抽检数量和频次或根据农户需求应检尽检，确保施肥安全；生产者应尽可能选择大型正规农资公司产品，勿因贪图便宜而施用假劣肥料；了解西瓜需肥规律，平衡施肥，在西瓜肥料需求敏感期满足其养分供应。以下介绍西瓜露地栽培施肥的基本知识。

（1）西瓜发育阶段的需肥特性和施肥原则 西瓜生长发育期养分吸收大体可分为以下4个阶段。

1）幼苗期为缓慢吸收阶段，氮、磷、钾的吸收量占总吸收量的0.18%~0.25%。

2）伸蔓期为渐进吸收阶段，氮、磷、钾的吸收量占总吸收量的14%左右，应以氮肥为主，配合施用磷钾肥。

3）开花期前后为需磷最多阶段，有利于花器的发育。

4）结果期为快速吸收阶段，是西瓜的需肥高峰期，氮、磷、钾的吸收量占总吸收量的85%左右。其中，结果中期（膨果期）吸肥量最多，约占总吸收量的75%，此期应以钾肥为主，配施氮、磷肥和部分中微量元素肥。

（2）作物养分吸收的基本知识

1）必需元素。大中量元素有碳、氢、氧、氮、磷、钾、钙、镁、硫等；微量元素有铁、锰、硼、锌、铜、钼、氯；钠、硅、钴、硒是部分植物的必需元素。

2）离子吸收的选择性。由于作物对离子的选择性吸收导致不同肥料呈现酸碱性差异，常用肥料可分为生理碱性肥（硝酸钠、硝酸钾等）、生理酸性肥（氯化铵、硫酸铵、磷酸二铵、磷酸钙、氯化钾等）、生理中性肥（硝酸铵、尿素）。

3）离子间的拮抗与协同作用。土壤中某种元素含量过高时可抑制或促进其他元素的正常吸收。例如，钾离子与镁离子、钙离子与铵离子，钙离子与镁离子、铁离子、硼离子和锌离子等均可产生拮抗作用。而钙离子、镁离子则可促进钾离子的吸收，硝酸根、磷酸二氢根和硫酸根均可促进钾离子、钙离子和镁离子的吸收。

4）矿质元素的重复利用。氮、磷、钾、镁在植物体内可重复利用，因此缺素时最早从底部老叶表现症状；而钙、铁、锰、铜等属于难移动元素，缺素时嫩叶等部位首先出现症状。根据本规律，发生缺素时可首先从缺素叶片的位置判断缺素种类（图 5-1）。

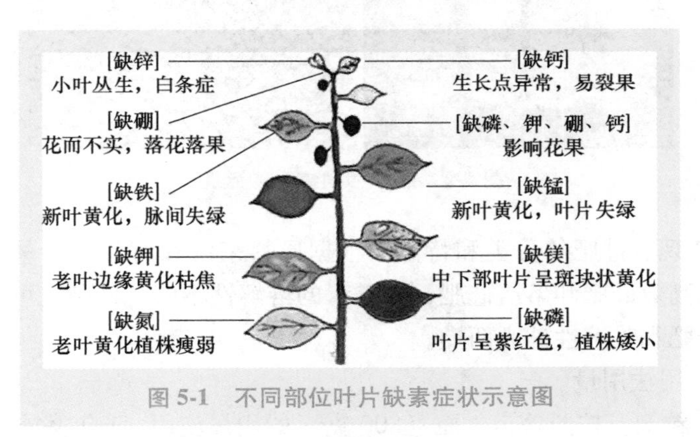

图 5-1　不同部位叶片缺素症状示意图

5）西瓜缺素的原因及其预防方法。

① 多年连作，作物吸收元素失衡。

② 土壤干旱、低温或高温下根系吸收不良。

③ 定植时伤根或肥大烧根，造成大缓苗，新根发生较少。

④ 土壤盐渍化、酸化及矿质元素之间吸收拮抗等。

⑤ 一般可采用上喷下灌的方法，生根养根，补充元素。

⑥ 根据生产经验，硼、钙等元素不足，补肥效果不佳时，可采用氨基酸硼、钙或糖醇硼、钙等螯合态中微量元素肥。

（3）西瓜生产上的几种施肥技术

1）硅肥。近年来，硅肥（硅酸钠和硅酸钾）在西瓜生产上的应用呈增加趋势（图 5-2），以下为硅肥的基本特点和用法。

① 硅肥对西瓜的生理作用。硅肥具有较好的增产、抗病、抗逆

的作用：吸收硅元素后植株叶片、叶鞘等表面可形成“胶质-双硅层”，细胞壁增厚，从而显著提升植株对病虫害的抗性水平，可预防西瓜猝倒病、白粉病等；促进对氮、磷、钾及微量元素的吸收；调节西瓜光合作用和蒸腾作用；提高西瓜抗倒伏性和抗寒性；改善品质，可提高西瓜果皮硬度、光亮度增加。

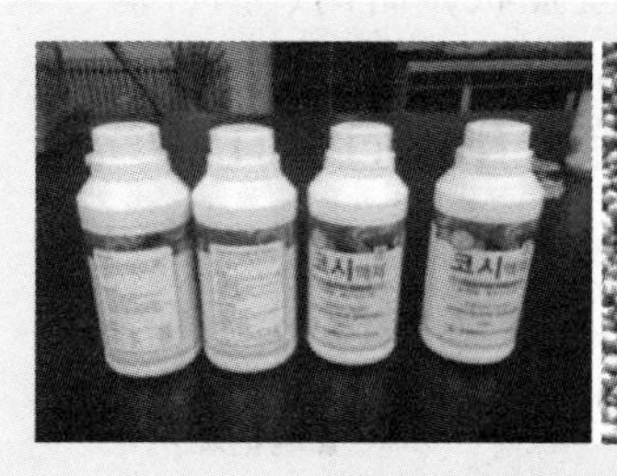

图 5-2　液体和固体颗粒硅肥

② 现有硅肥的分类和特点。根据原料来源和有效硅含量，硅肥可分为高效硅肥和熔渣硅肥；按硅素的溶解性不同，硅肥又可分为水溶性硅肥和难溶性硅肥两类。

③ 用法用量。

a. 粒剂：按照每亩 1 瓶（800 克）的用量施用，1 年基施 1 次。

b. 水剂（以“高喜宝”离子硅酸水溶肥为例）：500 毫升/瓶，每隔 10~15 天施用 1 次。

育苗期：叶面喷施 1500 倍液（预防立枯病，促进根部发育和生根）。

生长期：叶面喷施 1000 倍液（促进生根，预防各种霉菌病，增强光合作用）。

采收期：叶面喷施 1000 倍液（增加产量，提高保鲜耐贮性，增加糖度）。

④ 预防药害。液体硅肥浓度过高可引发药害（图 5-3），应按照安全浓度施用。

2）生物菌肥。

① 概念。生物菌肥又称微生物肥，通过微生物的生命活动增加

植物营养元素的供应量，具有促长和抑制有害微生物的作用。剂型可分为固体剂和液体剂两种，成分多为有机肥+菌肥。

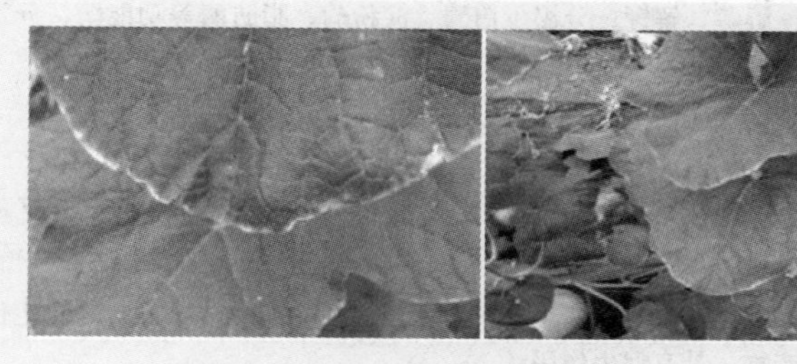

图 5-3　甜瓜施硅肥引发药害（500 倍液）

② 作用机理。生物菌肥可提高土壤营养元素的供应能力，改善作物的营养环境；增强根系活力，刺激植株生长；通过释放的激素和分泌物增强植物抗逆性，抑制作物发生病虫害。

③ 主要类型。

a. 传统生物菌肥，根据其特性和作用机理大致可分为 4 类。可将空气中的惰性氮素转化成作物可直接吸收的离子态氮素，供应作物氮素营养的微生物制品，如根瘤菌肥、固氮菌肥、固氮蓝藻等；可分解土壤中的有机质，释放出其中的营养物质供植物吸收的微生物制品；可分解土壤中难溶性矿物，并转化成易溶矿质营养，为植物提供养分的微生物制品，如硅酸盐细菌肥和磷细菌肥；对植物病原菌具有拮抗作用，可防治植物病害，并促进植物生长的微生物制品，如抗生菌肥、菌根菌肥。

b. 现代生物菌肥，多为复合菌种肥料。例如，微生物-微量元素复合生物肥料，固氮菌、根瘤菌、磷细菌和钾细菌复合生物肥料，光合细菌、乳酸菌、放线菌、霉菌和酵母菌等多菌种复合生物肥等。

④ 常用微生物菌剂及其功能见表 5-1。

表 5-1　常用微生物菌剂及其功能

微生物菌剂	功能
枯草芽孢杆菌	解磷，解钾，改良土壤，促生根，促养分吸收，增强作物抗病性

（续）

微生物菌剂	功能
地衣芽孢杆菌	解磷，解钾，分泌蛋白酶、淀粉酶、脂肪酶等功能酶，分泌的活性物质具有抗菌功能
胶冻样芽孢杆菌	环境适应性强，高效解磷，缓解土壤板结
巨大芽孢杆菌	繁殖速度快，适应性强，可降解土壤有机磷，分解大分子有机物
假单胞菌	低温下也可迅速生长繁殖，分泌吲哚乙酸、赤霉素等次生代谢产物，具有促生作用
哈茨木霉菌	分泌赤霉素促进作物生长，预防疫病、灰霉病、立枯病等土传病害
酿酒酵母菌	改良土壤，促进根系发育，提升地温，提高作物抗病性
淡紫紫孢菌	分泌多种功能酶，促生根，抑制根结线虫

⑤ 应注意的问题。

a. 注意环境因素调控。因生物菌肥属生物活体肥料，温度、光照、土壤水分、酸碱度等环境条件及使用方法均可影响菌肥的使用效果，施用时应注意环境因素调控。

b. 控制适宜的土壤湿度。土壤干旱不利于微生物的生长繁殖，但浇水过多，土壤透气性不良也不利于微生物的生存。一般情况下，浇水应选在晴天上午进行，冬季浇水时要注意浇小水，切忌大水漫灌。若在蔬菜苗期覆盖地膜之前浇水，还应及时划锄以增加土壤透气性，促进微生物的生命活动。

c. 施足有机肥。生物菌肥的功效在土壤有机质丰富的前提下方可有效发挥，因此必须保证土壤有机质供应充足，促进生物菌肥中的益生菌大量繁殖，从而增强对有害菌的抑制。

d. 施用方法得当。菌肥可作为基肥，畦施、沟施或穴施，也可作为冲施追肥。一般而言，穴施效果较好，微生物可以迅速在植株的根系周围形成强大的菌群，保护根系。对于土壤中病原菌积累较多的地块或老棚室，可先普施后穴施，以增加土壤中有益微生物数量。

e. 不同生物菌肥不宜同时施用。应用时不宜经常更换施用不同种类的生物菌肥，生产中可多次追施同一种生物菌肥，以便尽快形成优势有益菌群。

f. 需要特别注意的是，土壤施用杀菌剂消毒不能与施用生物菌肥同时进行，以免消毒的同时杀灭有益菌。连作障碍严重的地块可先进行土壤消毒灭菌，待半个多月杀菌剂失效后再施用生物菌肥。

g. 防止伪劣生物菌肥因烧根而产生肥害（图 5-4）。

图 5-4 伪劣生物菌肥产生的肥害

3）沼液、沼渣肥。

① 特点。沼液中含有氮、磷、钾等大量元素和锌、铁等微量元素，速效性强，养分利用率高，可被作物较快地吸收利用，属多元速效复合肥料。固体沼渣肥中的营养元素种类与沼液基本相同，另含有丰富的腐殖酸，土壤改良效果明显，但肥效相对较慢。

② 施用方法。

a. 沼液。多作为追肥，可以穴施或条施，施后盖土。也可冲施，施用时按 1：2 的肥水比例随水冲施，用量为 1500~2000 千克/亩。此外，也可进行根外追肥，将沼液兑水稀释至 30%~50%，搅拌均匀后静置 10 小时左右，取其上清液进行叶面喷施，用量为 40~50 千克/亩。

b. 沼渣。多作为基肥，可以条施或撒施。沼渣与农家肥、田土各 1/3 混合，深施作为基肥或直接撒施于田面后翻耕入土均可，用量为 2500~3000 千克/亩。

3. 预防自然灾害

（1）霜冻 轻霜冻对西瓜幼苗影响不大，但 0℃以下低温超过 3 小时可引发冻害。生产上可采用临时覆盖、提前浇灌井水、熏烟等方法预防。

（2）干旱 水源不足的地区可按株浇水，栽培时覆盖农膜，或在走道间、畦面覆盖秸秆、稻草均可起到一定的保水作用。

（3）水涝 一般田间积水超10小时后，西瓜会因根系缺氧而逐渐死亡。易水涝地区应配套排水沟，采用高垄（畦）栽培，雨后及时排水。

（4）冰雹 华北地区6~8月遇强对流天气易引发冰雹灾害，可将茎叶甚至果实打烂。应及时关注天气预报，进行人工消雹作业，有条件的地区采取临时遮盖措施。轻度受灾时可抓紧冲施速效氮肥，已坐果的及时补充钾肥促使植株尽快恢复和膨果。

（5）高温 可通过铺黑色农膜、浇水、田间覆草等措施降低地温。

第二节 西瓜露地地膜覆盖栽培技术

西瓜露地地膜覆盖栽培茬口多为春茬、越夏茬和秋延迟茬，产品常与其他瓜果集中上市，因此单位面积绝对生产效益相对较低，但相比设施栽培投入较少，管理相对粗放，成本收益率较高，因此各地仍有较大面积栽培。西瓜露地地膜覆盖栽培与小拱棚、地膜双膜覆盖栽培管理类似，但后者春茬种植上市时间更早，管理难度增加不大，因此，小拱棚、地膜双膜覆盖栽培生产效果更佳。下面简要介绍春茬西瓜露地地膜覆盖栽培（图5-5）的技术要点。

图5-5 西瓜露地地膜覆盖栽培

一、茬口安排

露地地膜覆盖栽培西瓜常见茬口安排见表 5-2。

表 5-2 露地地膜覆盖栽培西瓜常见茬口

茬口	播种时间	采收时间	适宜区域
春茬	2~3 月	5~6 月	华南地区
	4 月	6~7 月	黄淮海地区、长江流域
越夏茬	5 月	8~9 月	东北、新疆、甘肃、内蒙古、青海等
秋延迟茬	9 月中旬~10 月	12 月~第 2 年 1 月	海南、云南西双版纳和德宏等

二、品种选择

选择品种须适应本地区生态环境，东亚类型西瓜适应性相对较强，而华北类型、西北类型对南方湿冷或高温高湿环境适应性较差，引种需做适应性研究。另外，春茬可选择耐低温、中早熟的小果型品种，如小红玉、麒麟瓜、全美 2K、黑美人等，而越夏茬或秋延迟茬栽培宜选择中晚熟、丰产、耐贮运的中大果型品种，如申抗 988、京欣系列、西农 8 号、黑油美、美都系列等。

三、育苗

详见第四章西瓜的育苗技术。

四、选茬整地

西瓜不耐重茬，一般需 3~5 年轮作换茬。选择前茬应为茄果类、葱姜蒜类蔬菜或小麦、玉米、大豆等粮食、豆类作物，避免与甜菜、向日葵、瓜类等茬口重茬。要求土壤富含有机质，保肥保水且排灌条件良好，无化学除草剂或生长延缓剂残留，以沙质壤土、壤土为佳。冬季前深翻土壤 30 厘米左右，积蓄降水，疏松土壤。播前结合整地，垄（畦）下施优质腐熟有机肥 4000~5000 千克/亩、三元复合肥 50

千克/亩或磷酸二铵 50 千克/亩、硫酸钾 15 千克/亩。有条件地区可在定植（播种）穴内穴施益生菌腐熟发酵大豆或饼肥 200 千克/亩（图 5-6）。

五、定植（播种）覆膜

1. 做畦

做畦方式可根据当地生产习惯和气候条件确定，南方地区为防涝害，多采用高垄（畦）栽培，西北地区干旱少雨可采用沟栽方式，具体做畦方法可参照西瓜小拱棚、地膜双膜覆盖栽培技术一节。

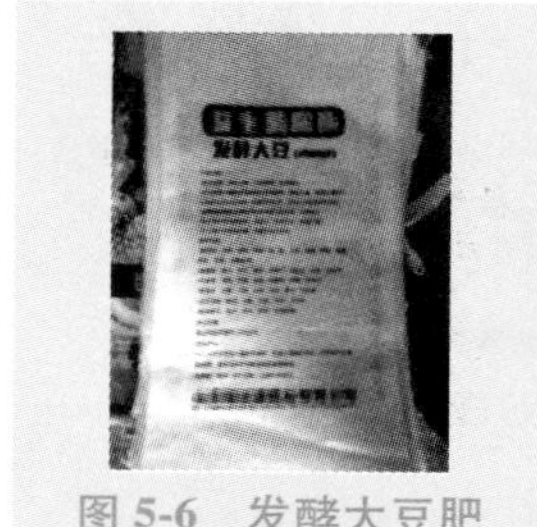

图 5-6　发酵大豆肥

2. 覆膜

根据做畦方式选择 200 厘米的宽幅农膜或 80 厘米左右的窄幅农膜，可于播种或定植前 2~3 天覆盖农膜。夏、秋季可采用黑色农膜以降低地温和防草。

3. 定植或播种适期

春茬终霜后 10 厘米地温稳定在 15℃以上即可播种或定植。越夏茬根据市场需求可随时播种或定植。

4. 定植或播种密度

定植或播种密度根据品种特性和整枝方式确定，一般以中早熟品种 700~1000 株/亩、晚熟品种 700~800 株/亩为宜。

5. 播种、定植

可先覆盖农膜后播种或定植，也可先播种或定植后覆盖农膜。露地直播可采用干籽或催芽湿籽，挖穴或打孔播种，播种深度为 1.5 厘米左右，沙壤土播种深些，黏土宜浅些，大种子稍深，小种子稍浅。催芽种子播种前穴内点水，水下渗后穴播 2~3 粒。具体定植方法可参考西瓜小拱棚、地膜双膜覆盖栽培一节。

6. 田间管理

（1）查苗、补苗　播种后 5~7 天出苗，破膜后 2~3 天引苗出膜。早春地温偏低，西瓜易烂籽、烂根，应及时查苗补苗。

（2）间苗、定苗 2片真叶展开时间苗，每穴留苗2株，4~5片真叶时定苗，留健壮苗1株。精量播种可于4片真叶时一次完成间苗和定苗。

（3）浇水 浇水时间和次数与地区气候、茬口、土质、做畦方式、地下水位高低有关，不可一概而论。定植后3~4天浇缓苗水1次，此后可适当蹲苗促使根系下扎。直播栽培根据墒情，苗期可不浇水，以提高地温或根据墒情浇水1~2次；伸蔓期可浇水1次。开花坐果前不宜浇水，以免瓜蔓徒长引发坐果困难，但如果土壤干旱可浇小水1次；开花坐果期可浇水2~3次，保持土壤相对含水量为65%左右；膨果期需水较多，一般每隔7~10天浇水1次，保持田间持水量为75%左右；果实成熟期浇水1~2次，以保持田间持水量为55%为佳，果实采收前7~10天停止浇水。

另外，南方高温季节暴雨后应及时"涝浇园"，即暴雨过后，天气炎热，尽管土壤不缺水分，但应及时浇井水1次。其原因是暴雨泼地造成土壤板结缺氧，天晴后气温迅速升高形成高温高湿的田间小气候环境，极易引发枯萎病、疫病等土传病害，此时浇水可起到降地温、防土壤板结的作用。并可根据实际情况，采用保护性和内吸性杀菌剂叶面喷施或灌根1次。

【注意】

①不论南北方地区的西瓜田均应注意田间排涝，平地水田地区需挖好三级配套排水沟，防止雨后田间积水或淹水，引发缺氧或枯萎病导致植株死亡。②浇水时间以早晚为宜，中午不可浇水，以免冷水激根。③提倡水肥一体化滴灌栽培。

（4）追肥 一般情况下苗期不追肥，但生长期较长的晚熟品种在基肥不足、南方雨水淋溶、肥料流失较多时需要追肥；伸蔓期视情况随水冲施复合肥10~15千克/亩；开花坐果前不宜追肥；膨果期需要养分较多，坐果后可随水冲施尿素 15~20 千克/亩、硫酸钾 20~30 千克/亩或高钾复合肥 30~50 千克/亩，并施用液体硅肥、钙镁等叶面肥 1~2 次；果实成熟期可叶面喷施 0.2%尿素+0.3%磷酸二氢钾溶液 1~2 次。经常发生缺素的地块可于坐果前叶面喷施糖醇硼钙、硼等螯合态中微量元素肥。

(5) 其他 植株调整、开花坐果期管理技术、适期采收可参考西瓜小拱棚、地膜双膜覆盖栽培技术一节。

第三节 西瓜小拱棚、地膜双膜覆盖栽培技术

西瓜小拱棚、地膜双膜栽培，幼苗定植期可提早到终霜前 30 天左右，比露地膜覆盖栽培提前 15~20 天上市，华北地区于 5 月下旬~6 月上旬采收供应市场，并可采收二茬瓜，是西瓜早熟栽培的重要栽培方式。

一、品种选择

应选择雌花节位低、雌花间隔节位少、果实发育期短、成熟度要求不严，适当提早采收不影响其商品价值、耐低温弱光的优质早熟品种，如红小玉、小凤、全美 2K 等。

二、播期和育苗

华北地区一般在 2 月下旬播种，苗龄为 30~35 天，以有 3~4 片真叶时移栽为宜。

三、定植前的管理

1. 整地、施肥

定植前结合整地每亩施入充分腐熟的优质农家肥 4000~5000 千克或者稻壳鸡粪或鸭粪 3500~5000 千克或优质颗粒有机肥 300~500 千克，三元复合肥 50~100 千克或尿素 20~30 千克、过磷酸钙 80 千克、硫酸钾 10~15 千克。1/3 基肥撒施，2/3 基肥集中施于定植畦下。

2. 做畦

西瓜小拱棚栽培的做畦方式各地因气候环境和种植习惯不同而差异较大。西瓜栽培常用的平畦、龟背畦、高畦和小高垄做法及其适用地区如下。

（1）平畦　又称大小畦，将定植沟整平做成50厘米宽的小畦，畦中央定植瓜苗。把小畦内挖出的土紧邻小畦堆放，整平做成大畦，大畦宽1.5米，用于伸展瓜蔓和坐果。大畦和小畦之间筑畦埂，以利于浇水。平畦的缺点是下雨时坐果畦内易积水。

（2）龟背畦　即将大畦面做成弧形凸起，高于小畦呈龟背状，畦宽1.8~2.0米。这种畦的优点是瓜蔓和瓜都在龟背上，可防止因畦面积水而烂瓜，也有利于通风。

（3）高畦　一般有2种规格：一种畦宽2米，高40~50厘米，两畦间留有30~40厘米宽的排水沟，畦中央挖定植沟种植1行西瓜；另一种畦宽4米，高20~30厘米，畦面两侧各挖1行定植沟，种植2行西瓜对爬。

（4）小高垄　小高垄有单行垄和双行垄之分。单行垄上宽30厘米、下宽50厘米、高15~20厘米，垄距1~1.8米，单向顺爬。双行垄上宽70~80厘米、底宽1~1.2米、高20厘米，行距为40厘米，相邻垄距为2米，双向爬蔓。这种方式适合越夏茬和多雨地区栽培。早春双膜覆盖栽培也可采用这种方式，有利于提高地温。

华北、东北地区西瓜生长前期干旱，后期进入雨季，一般采用平畦或龟背畦覆膜栽培。西北地区做畦要以有利于灌溉为原则，一般做成沟畦，畦宽4.0~4.5米，畦面宽3.0~3.5米，沟深30~40厘米，沟底宽30~40厘米，沟面宽80~100厘米。南方地区做畦应以排水为主、排灌结合为原则，常以高畦栽培。高畦又可分为宽畦和窄畦两种：宽畦连沟宽4.0~4.5米，沟宽60厘米，畦面两侧各留70厘米种瓜行；窄畦连沟宽2.0~2.5米，在畦中央种植1行西瓜。做畦后选择晴朗无风天气覆盖相应规格的聚乙烯农膜。常见西瓜做畦示意图如图5-7所示。

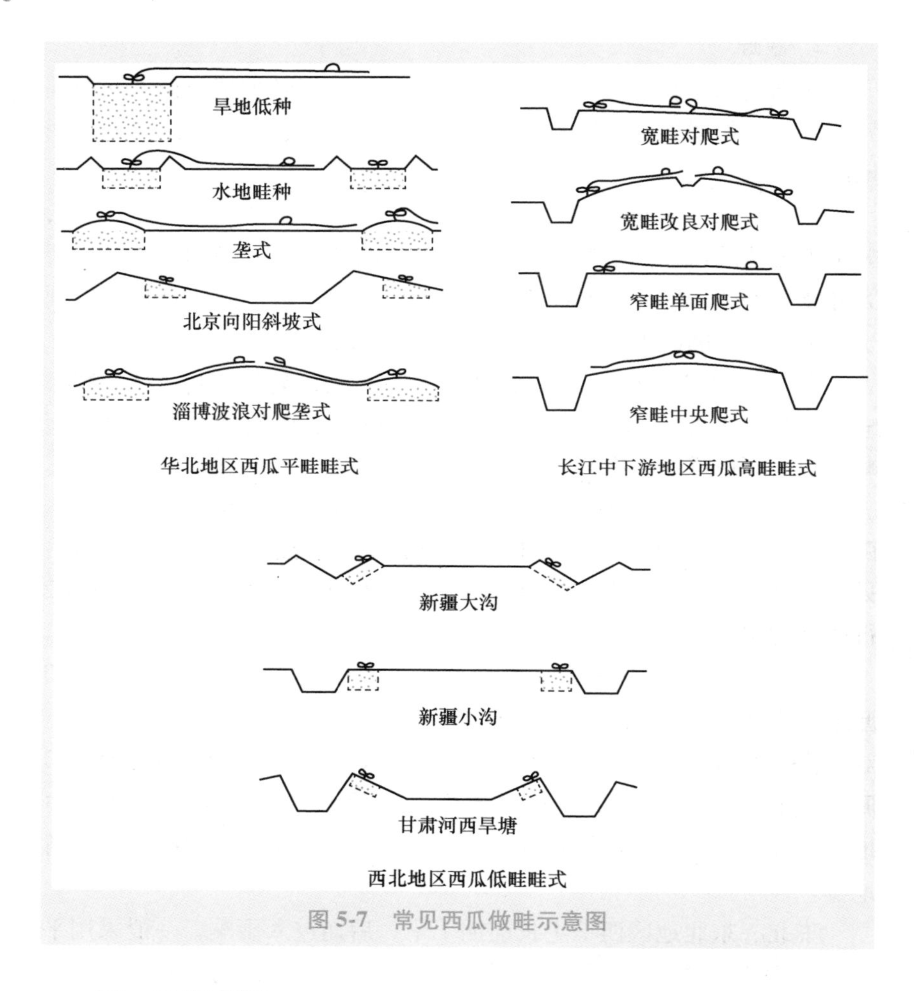

图 5-7 常见西瓜做畦示意图

四、适期定植

当小拱棚内 10 厘米地温稳定在 13℃左右，旬平均气温 8℃以上时即可定植。定植常采用单垄双行单株栽培，行距为 20～40 厘米，2～3 蔓整枝株距为 40～50 厘米。瓜行距垄边 16～18 厘米，两行瓜苗交错呈三角形定植（交错栽），背行爬地。定植后及时扣棚，棚膜四周用土封严。以平畦栽培为例，演示小拱棚西瓜定植过程，如图 5-8 所示。

图 5-8 小拱棚西瓜定植演示图

为降低人工生产成本，近年来西瓜机械化生产日益受到重视，有条件的地区可采用机械定植（图 5-9）。

图 5-9 西瓜机械定植

五、小拱棚西瓜定植后的栽培管理技术

1. 温度、湿度管理

小拱棚保温性能较差，棚内温度易随环境变化而变化。前期应侧重保温，保障幼苗正常生长。中后期气温升高后，应重点防控棚内高

温烤苗。

1）定植后 7~10 天一般不通风，以提高棚温和棚内湿度，促根缓苗。当棚内温度超过 35℃时，可在晴天中午短时间揭开棚南头膜通风降温、降湿。

2）缓苗后适当降低棚温，上午棚温超过 30℃时通风，中午棚内温度不超过 32℃，下午气温降至 30℃时及时关闭风口。

3）伸蔓后午前棚温升至 25~28℃时通风，中午棚内温度控制在 32℃以下，下午气温降至 25℃时及时关闭风口。

4）小拱棚通风须注意以下事项。

① 小拱棚通风量和通风口应由小到大逐步进行，通风降温、降湿时间逐渐延长，缓苗至伸蔓期可先揭开一端棚膜通风，随气温升高逐步两端一起通风。

② 当棚外白天气温稳定在 15~18℃时，可两侧通风，夜间关闭。

③ 棚外白天气温超过 18℃，可昼夜通风降温炼苗。

④ 当夜间气温升至 22℃以上时，接近开花授粉或坐果后，可将两侧棚膜完全卷至棚顶，下雨时放下遮雨或撤棚。

【禁忌】

连续阴雨天后，应在上午 9:00 前揭膜通风，切忌在中午前后温度较高时仓促通风，否则棚内湿度由高到低变化过快，易引发植株失水伤苗。

2. 肥水管理

西瓜小拱棚栽培系早熟栽培，因此水肥管理上应促控结合，防止因植株徒长导致难坐果或化瓜。

（1）浇水

1）定植后 3~4 天浇 1 次缓苗水。缓苗后，苗期一般不再浇水，以利于提高地温。

2）伸蔓期浇透水 1 次。

3）开花坐果前除非特别干旱，否则不宜浇水。

4）当果实长至鸡蛋大小时开始浇膨果水 2~3 次，根据墒情每隔

5~7 天浇 1 次，保持土壤湿润。采收前 5~7 天停止浇水。

（2）施肥

1）进入伸蔓期后，随浇水每亩冲施尿素 4~5 千克、硫酸钾 4~5 千克或三元复合肥 5~10 千克，适当补充硼等微量元素。

2）当果实长至鸡蛋大小时，每亩冲施复合肥 15 千克和复合微生物肥 20 千克。

3）当果实直径达 13~18 厘米时，进行第 3 次追肥，结合浇水每亩施磷酸二铵或尿素 5 千克、硫酸钾 5 千克。为防止植株早衰，后期可叶面喷施商品叶面肥或 0.5%磷酸二氢钾+0.3%尿素混合液，每 7~10 天喷 1 次，连喷 2~3 次。

（3）植株调整

1）整枝。西瓜主要的整枝方法如下。

① 保留主蔓整枝法。

a. 单蔓整枝。只留 1 条主蔓，侧蔓全部摘除。该法主要用于小果型品种和早熟密植栽培。

b. 双蔓整枝。除保留主蔓外，在主蔓基部选留 1 条健壮侧蔓，然后摘除主蔓坐果节位前的所有侧蔓。一般主蔓留瓜，若主蔓留不住瓜时，可在侧蔓选留。当株距较小，行距较大时，主、侧蔓背向爬地。当株距较大、行距较小时，主侧蔓以同向生长为宜。该法在早熟栽培或土壤瘠薄地块应用较多。

c. 3~4 蔓整枝。除保留主蔓外，在主蔓基部选留 2~3 条健壮、长势基本一致的侧蔓，然后摘除主蔓坐果节位前的所有侧蔓。该法常用于西瓜露地栽培或晚熟品种。

② 主蔓摘心整枝法。主蔓于 5~6 叶期摘心，子蔓抽生后选留 3~5 条长势基本一致的子蔓平行生长，摘除其余子蔓和子蔓坐果节位前的所有孙蔓，即 3~5 蔓整枝法。

③ 小拱棚栽培多采用保留主蔓、双蔓整枝法。

④ 小拱棚栽培留二茬瓜的整枝方法。在西瓜株距较小、密度较大、双蔓整枝和肥水中等的情况下，整枝时保留主蔓，主蔓上选留 1 个瓜，当主蔓结瓜成熟前 10~15 天再在侧蔓上选留 1 个瓜。第一个

瓜采收前 7~10 天选留第二个瓜胎授粉坐果。

⑤ 西瓜常见的整枝方式，如图 5-10 所示。

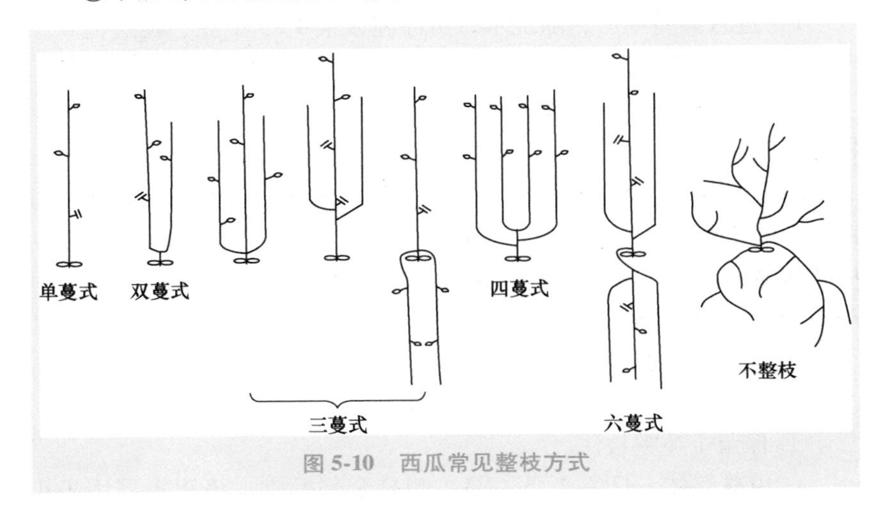

图 5-10　西瓜常见整枝方式

【提示】

整枝须知：①整枝应坚持先紧后松的原则，后期轻整以防植株早衰。②整枝应及时，分次进行。一般在主蔓长 40~50 厘米，侧蔓长 15 厘米时开始整枝，每隔 3~5 天整枝 1 次，坐果前整 3~4 次。③坐果后不再整枝。

2）压蔓。用泥土或枝条将瓜蔓压住或固定称为压蔓。压蔓是北方瓜田重要的田间管理技术。压蔓的好处为固蔓防风，防止大风损伤茎、叶、花、果；使主、侧蔓均匀分布，改善植株通风透光条件；调控植株生长，促发不定根。压蔓可分为明压法、暗压法和压阴阳蔓法。

① 明压法。通常用土块、树枝、塑料（铁丝）夹将瓜蔓固定在畦面上，一般每隔 20 厘米压 1 次（图 5-11）。此法适用于早熟、长势相对较弱的品种和湿度较大的黏重地块栽培。

② 暗压法。挖小沟埋土固定瓜蔓，即用瓜铲顺瓜蔓开小沟，沟深 8~10 厘米、宽 3~5 厘米，将一定长度的瓜蔓理顺埋入沟内，露出叶片和生长点，覆土压实即可（图 5-12）。此法适用于易徒长的中晚

熟品种和沙旱地、丘陵坡地栽培等。

图 5-11 明压法

③ 压阴阳蔓法。将瓜蔓理直后每隔 30~40 厘米埋入小沟中 1 段，然后用沟土压实。埋沟方法与暗压法相同（图 5-13）。此法适用于平原或低洼地栽培。

图 5-12 暗压法

图 5-13 压阴阳蔓法

【提示】

压蔓须知：①压蔓须在午后瓜蔓柔软时进行；只压瓜蔓，勿压叶片；雌花前后 2 节内段不压。②雌花节到根部瓜蔓应轻压，以促进营养向瓜内运输；雌花节到瓜蔓先端 2~3 节重压，以控制瓜蔓顶端生长。③茎叶徒长时重压、深压，抑制茎端过快生长，促进坐果；茎叶生长较弱时轻压。

3）倒蔓和盘蔓。

① 倒蔓。当瓜蔓长至 30~50 厘米时，将瓜蔓向预定一侧压倒，埋入小沟中覆土压实。

② 盘蔓。当瓜蔓长至 40~50 厘米时，将主蔓和侧蔓分别引向植株根际斜后方，弯曲主、侧蔓，使瓜蔓生长点再次回转向前，让主、侧蔓齐头并进。盘蔓可以缩短定植行距，宜于密植，并使主、侧蔓生长一致，便于田间管理。

4）小拱棚西瓜植株调整。

① 一般采用双蔓整枝法整枝。

② 西瓜进入伸蔓期后，小棚外温度尚低，瓜蔓不能引出棚外，应及时在棚内盘蔓，并注意防止生长点靠在棚膜上烤伤。

③ 撤棚后小心将瓜蔓引入坐果畦，勿伤雌花和幼瓜。

④ 当瓜蔓长至 60 厘米时压蔓 1 次，之后每隔 4 节压 1 道，坐果节前后 2 节各压 1 道。

【禁忌】

西瓜嫁接苗宜采用枝条压蔓，切忌采用暗压或土块明压，以防压蔓节产生不定根，增加枯萎病发病概率。

（4）开花坐果期管理

1）人工授粉。西瓜属异花授粉作物，但小拱棚栽培西瓜若花期温度较低或遇阴雨天，昆虫活动较少时须进行人工辅助授粉。人工辅助授粉宜在上午 7:00~9:00 进行，每朵雄花可供 2~3 朵雌花授粉。授粉时将花粉轻轻涂在雌蕊柱头上或用松散毛笔蘸取花粉轻涂于雌花柱头上，务必使花粉均匀遍布于柱头，尤其要注意圆柱状花柱（果实椭圆形），否则易产生畸形瓜。为提高西瓜坐果率，可采用坐瓜灵粉剂 100 倍液于开花当天或前一天喷洒瓜胎。在授粉雌花花柄上挂牌标记授粉日期或在雌花一侧插标志牌。

【提示】

①花期遇雨影响授粉，可用纸袋或小塑料袋套在第 2 天开放的雌花上以防雨。②摘取第 2 天将要开放的雄花带回室内让其正常开花散粉。③第 2 天清晨，摘下雌花纸帽，用松散毛笔蘸取花粉进行授粉。④阴雨天气或棚室湿度过大时，花粉易吸湿

破裂，会出现授粉不受精现象，影响坐果，应在环境适宜时补充授粉。⑤坐瓜灵等植物调节剂处理瓜胎不宜取代人工授粉，且膨果后期不得施用坐瓜灵等药剂。

2）选瓜留瓜。

① 留瓜节位。留瓜节位与品种、栽培方式、植株长势、坐果期气候条件等因素相关。一般选留主蔓第2朵或第3朵雌花坐果，节位为15~25节。早熟品种常选留10~15节主蔓第2朵雌花坐果；中晚熟品种雌花出现节位较高，为达到果型大和丰产的目的，可选留第3朵雌花结瓜。如果品种不易坐果，则应选择15~25节第2朵或第3朵雌花坐果，以确保成功坐果。

【提示】

在主蔓第2~3朵雌花授粉时，侧蔓第1~2朵雌花可一并授粉。主、侧蔓均坐果的，则主蔓留瓜；主蔓未坐果的，则侧蔓留瓜；主、侧蔓均不坐果的，则重新留瓜。

② 留瓜数量。小拱棚西瓜单株留瓜数量与品种、种植密度、整枝方法和肥水条件有关。具体参考表5-3。

表5-3 小拱棚西瓜单株留瓜数量

密度/(株/亩)	果型	整枝方法	肥水条件	单株留瓜数量/个
500~600	小型瓜	三蔓或多蔓整枝	较好	2~3
500~600	中小型瓜	三蔓或多蔓整枝	较好	2
500~600	大型瓜	双蔓或三蔓整枝	中等	1
700~800	中小型瓜	双蔓整枝	中等	1

主蔓头茬瓜定个后，可在侧蔓选留二茬瓜。或头茬瓜采收后，摘除所有侧蔓，在主蔓基部截留30~50厘米茎段，增加肥水，促其萌发新侧蔓，进行二次结瓜。

3）果实管理。西瓜果实管理主要包括松蔓、疏瓜、顺瓜、荫瓜、垫瓜、翻瓜和竖瓜等技术措施。

① 松蔓。授粉5~7天后，将幼瓜后压蔓土块去掉，或将暗压瓜

蔓取出地面，以利于膨果。

② 疏瓜。定瓜后及时摘除基部和其他节位结的瓜。

③ 顺瓜。当瓜长至核桃大小时，将瓜下做成斜坡，将幼瓜顺躺在斜坡之上，以利于其发育膨大。

④ 荫瓜。当后期温度较高时，可用稻草、麦秸或瓜侧蔓等覆盖西瓜，以防晒护瓜。

⑤ 垫瓜。采收前 10~15 天开始垫瓜，即多雨季节或地区应在瓜下垫麦草或草圈，防瓜腐烂。

⑥ 翻瓜。采收前 10~15 天开始翻瓜，通常每隔 2~3 天翻 1 次，顺一个方向翻转，每次翻转 90 度左右，一般翻转 3~4 次瓜面即可色泽均匀。

⑦ 竖瓜。采收前 4~5 天，果实八成熟以上时，将瓜竖立，可使其发育更趋圆整（图 5-14）。

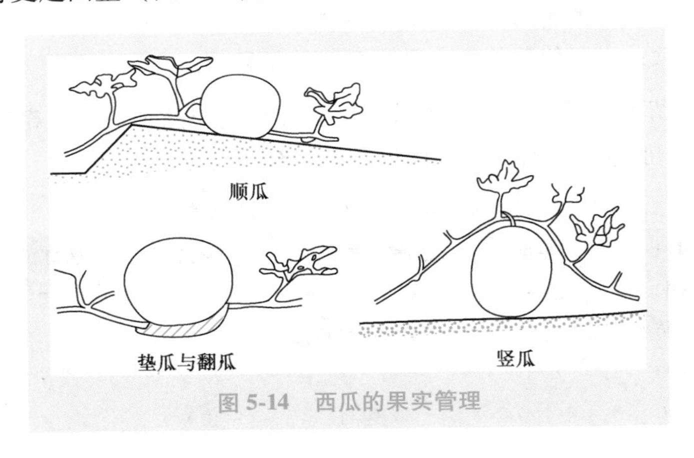

图 5-14　西瓜的果实管理

【提示】

翻瓜宜在傍晚进行，清晨、雨后或浇水后不宜翻瓜，以免果柄折断落瓜。阴雨天较多时，应增加翻瓜次数。

（5）适期采收

1）采收原则。西瓜成熟度与其商品品质密切相关。采收过早，果实糖分尚未完全转化，含糖量低，色泽差，风味差；采收过晚，果实过于成熟，质地绵软，含糖量下降，食用品质降低。一般当地销售西瓜，九成熟时要适时采收。外销西瓜可于成熟前 3~4 天，约八成熟时采收。

2）判断西瓜成熟度的标准。

① 雌花开放至成熟时间。在一定的栽培环境和条件下，每一品种的成熟期基本固定。一般小果型品种 25~26 天，早、中熟品种需 30~35 天，晚熟品种 40 天以上成熟。可采用挂牌记录开花坐果日期或插标志牌作为判断果实成熟度的依据。

【注意】

当膨果期光温条件较好时，可提早 2~3 天成熟，遇连续阴雨或低温寡照天气，成熟期推迟。

② 果实形状特征。果面花纹清晰，表面具有光泽，脐部和蒂部收缩，均为西瓜成熟特征。

③ 果柄和卷须形态。果柄茸毛稀疏或脱落，坐果节位卷须自然干枯 1/2 以上为成熟标志。

【提示】

坐果节位卷须干枯一般西瓜成熟度为七八成，坐果节下一节位卷须干枯则西瓜成熟度可达九成，坐果节下二节位卷须干枯西瓜可完全成熟，如图 5-15 所示。

图 5-15　根据干枯卷须判断西瓜成熟度

④ 弹瓜声。用手指弹西瓜，发出浊音的为熟瓜，声音清脆的为生瓜，声音沙哑的为过熟瓜。

⑤ 果实比重。一般生瓜比重为 1.0，熟瓜比重为 0.98，过熟瓜比重为 0.95。瓜放入水中，1/20~1/10 露出水面的即为熟瓜。

第六章
西瓜塑料大棚栽培技术

第一节 西瓜棚室栽培的误区及解决方法

西瓜棚室栽培主要指塑料大棚和日光温室栽培，因建造场所固定及主要用于反季节栽培，生产上存在一定难度和部分误区，应采取措施保障生产并获得理想经济效益。

一、西瓜棚室栽培的误区

1. 环境调控困难

西瓜反季节栽培棚室内温度、湿度、光照、二氧化碳气体浓度等环境因子的调控存在一定困难，处理不当则植株易缺素、长势不佳，发病率升高，果实易畸形。

2. 土壤管理误区

因棚室内环境相对封闭，以及常年连作等原因，土壤理化性质恶化、土壤酸化、次生盐渍化、土传病害多发等问题普遍存在，形成连作障碍，生产中应采取措施加以克服。同时，市场销售的假劣农资又在一定程度上加重了土壤退化程度。

3. 病虫害以化学防控为主，产品安全问题多发

当前棚室西瓜病虫害防治仍以化学防控为主，部分棚室农药用量过多、过频，易造成药残，影响产品安全。

二、解决方法

1. 采用综合措施，加强环境调控

我国西瓜产区的棚室结构多数较为简单，建造成本较低，但环境

因子不完全可控。因此，应根据西瓜生长发育期间的不同环境需求，采取相应措施，创造适于西瓜生长的环境条件。

2. 预防土壤酸化和次生盐渍化

（1）土壤酸化的成因和防控

1）土壤酸化的概念。土壤酸化是指土壤呈酸性，pH 一般在 5.5 以下，其根本原因是土壤中的氢离子增加。一般棚室蔬菜栽培 5~7 年即可发生土壤酸化现象。

2）土壤酸化的成因。

① 过多施用氮肥或生理酸性肥。生产上施用氯化铵、硫酸铵、磷酸二铵、过磷酸钙、氯化钾等生理酸性肥料普遍较多，加快了土壤酸化进程。

② 施用未腐熟的有机肥在土壤腐熟、分解过程中产生有机酸。

③ 保护地土壤含氧量相对较低，根系呼出二氧化碳积累产生碳酸，导致酸化。

④ 保护地连作导致钾、镁、钙等离子的选择性吸收。

⑤ 工业环境污染形成酸雨、大气沉降等。

3）土壤酸化的危害。土壤酸化可引发铝、锰、氢及铬、铅、镉等重金属对植物的毒害作用，土壤磷、钾、钼、钙、镁等营养元素缺乏，从而使作物减产。此外，土壤酸化还会造成土壤板结、有益微生物活性下降，以及加重线虫危害等。

4）土壤酸化的预防。

① 重施有机肥。提倡施用传统有机肥，如秸秆还田、草木灰等。

② 合理施用化肥。选择施用尿素、碳酸氢铵、硝酸铵等中性肥料。

③ 调整施肥结构，防止土壤养分失调。生产中应注意氮、磷、钾配合施用，选择两头高、中间低的氮、磷、钾复合肥，增施钾肥，补充微量元素肥。

④ 采用测土配方施肥技术，还应结合植株长势、目标产量等因素合理确定施肥量。

⑤ 合理轮作。连作多年棚室提倡夏茬轮作糯玉米、甜玉米等作物，以及秸秆还田等。

5）土壤酸化的控制。

① 土壤治理。施用石灰可中和活性酸，生成氢氧化物沉淀，消除铝毒害。一般 pH 在 5.0 以上的地块每亩施用 100 千克；pH 在 4.5 以下的地块每亩施用 150 千克。可结合整地深翻施入。此外，施用一些粉煤灰、磷矿粉和碱渣等也起一定的作用，但均不宜长期施用。

② 酸化地块的补救。根据实际情况，提倡施用沼渣、沼液肥、草木灰等，并可叶面喷施芸薹素内酯、碧护等植物生长调节剂。

③ 蔬菜对酸化的敏感性不同，管理措施不同。青椒、甘蓝、小白菜、胡萝卜、马铃薯、蓝莓等作物耐酸，番茄、黄瓜、芹菜、豇豆等对酸敏感，应因作物不同分类管理。

（2）土壤次生盐渍化的成因和防控

1）土壤次生盐渍化的概念。土壤次生盐渍化是指易溶性盐分随水向土壤表层积累，且含量为 0.1%~0.2%甚至以上的现象或过程，也称盐碱化。一般棚室蔬菜栽培 10 年左右土壤盐渍化程度开始逐渐加重。

2）土壤次生盐渍化的成因。

① 栽培环境相对封闭。棚室内高温、高湿，无雨水冲刷、淋溶，灌溉水深度仅限于耕作层，地表蒸发强烈等因素导致土壤固相分解和释放盐离子增多，盐分积聚于地表。

② 过量施肥。以山东为例，除有机肥外大棚每公顷约施用纯氮 1330.5 千克、磷（P_2O_5）1278 千克、钾（K_2O）480 千克，施肥量大大超过蔬菜实际的养分吸收量。

③ 施肥比例不合理。蔬菜作物对氮、磷、钾的吸收比例一般为 1 : 0.5 : 1.02，而实际施肥比例约为 1 : 0.96 : 0.3。

3）土壤次生盐渍化的危害。

① 危害蔬菜生长发育。盐渍化可造成蔬菜吸水困难，根系发育不良，烂根，抗逆性减弱等生长发育障碍。

② 引发蔬菜生理障碍。

a. 土壤盐渍化对作物的生理危害主要表现为生理干旱，尤其在高温、强光照、大气相对湿度低的情况下表现严重。

b. 盐分离子的毒害作用。由于盐分中的离子不均衡，植物吸收某种养分离子过多而排斥对另一些养分离子的吸收，如 Na^+ 过多影响植株对 K^+、Ca^{2+}、Mg^{2+} 等的吸收；Cl^- 和 SO_4^{2-} 吸收过多，则会降低植株对 $H_2PO_4^-$ 的吸收，从而发生营养失调，单盐毒害。

c. 盐分过多可抑制叶绿素的合成与光合器官中多种酶的活性，影响作物光合作用。

4）土壤次生盐渍化的预防。

① 平衡施肥。根据土壤养分水平和蔬菜需肥规律确定施肥方案，有机肥和化肥配合施用，忌偏施氮肥。施氮过多造成硝酸盐积累是引发土壤酸化和盐渍化的关键因素。

② 合理灌溉。提倡滴灌和渗灌。以硝酸根为主的土壤次生盐渍化，每次灌水应浇足浇透，将表土积聚的盐分稀释淋溶供作物根系吸收，但低温下应防止蔬菜沤根；以硫酸根和氯离子为主的土壤次生盐渍化，则可利用滴灌特有的排盐特性将有害离子排到根群外，避免直接危害蔬菜根系。

③ 改良土壤。

a. 增施有机肥。尤其秸秆还田对盐渍化土壤的改良效果极佳。盐渍化不太严重的地块，可施用禾本科作物秸秆 300～500 千克/亩，严重地块 1000～1500 千克/亩。秸秆粉碎至 3 厘米左右，翻入耕作层，15 天后即可定植。

b. 施用土壤改良剂、生物菌肥等。

c. 排土、换土。

d. 深翻、轮作。

【提示】

常见土壤改良剂大致可分为 4 类：①天然矿物类，如石灰石、磷矿粉、钾长石等。②工业副产物、废渣、废液，如味精发酵尾液、钢渣等。③牡蛎壳高温煅烧物。④动物毛发螯合物等。此外，还包括一些未取得登记但有添加使用的有机物、化学合成类土壤改良剂，如腐殖酸、黄腐酸、聚丙烯氨酰胺（松土精）等。不同土壤改良剂与土壤酸碱性有关，不可滥用。

3. 预防土传病害

（1）土壤消毒 连作地块常用消毒方法有物理消毒法、微生物消毒法和化学消毒法。

1）物理消毒法（图 6-1）。主要有高温闷棚消毒法、火焰消毒法。但这两种方法均会同时杀灭有益生物菌，后者还会使土壤有机质碳化，因此需及时补充有机质和有益生物菌。

图 6-1 物理消毒法

2）微生物消毒法。常采用微生物菌剂加有机肥或秸秆还田技术。

3）化学消毒法。常采用威百亩或棉隆熏蒸、石灰氮消毒法。

4）加强农资检测监管，严厉查处杜绝假冒农资。

（2）推广绿色植保技术 根据蔬菜产品种类不同，生产绿色产品和有机产品的植保方针应转向以环境调控、生物防控、物理防控、农艺措施为主，化学防控为辅，详见第十一章西瓜病虫害诊断与防治技术。

第二节 西瓜塑料大棚栽培技术

西瓜塑料大棚栽培所处季节气候相对稳定，光热条件较好，西瓜整个生长发育期均在多层和单层覆盖下进行，因此早熟效应更为明显，早春茬一般比小拱棚双膜覆盖栽培提前 10~20 天采收，经济效益更为显著。西瓜塑料大棚栽培（彩图4）包括早春茬、越夏茬和秋延迟茬3个茬口。茬口的农事时间安排见表6-1。

表6-1 西瓜塑料大棚栽培茬口安排

茬口	播种期	定植期	采收期
早春茬	1月中旬~2月上旬	3月上旬	5月上旬
越夏茬	6月下旬~7月上旬	7月中下旬	9月中旬~10月上旬
秋延迟茬	7月中下旬~8月上旬	8月中下旬	11月

一、西瓜塑料大棚早春茬栽培技术

1. 品种选择

可选用早熟或中早熟、中果型品种，并要求选用的品种较耐低温、弱光和阴湿环境，适宜嫁接育苗，早熟、丰产、皮薄韧、耐贮运及抗病等。目前生产常用品种有早春红玉、小兰、黑美人、京欣系列、墨妃、全美4K、丰收、美都系列、浙蜜系列等。

2. 培育壮苗

具体育苗时间应依据各地气象条件和栽培设施而定。华北地区多采用“三膜一苫”的保温方式，即大棚里套小拱棚，小拱棚内覆地膜，小拱棚外覆盖草苫。也可采用大拱棚内搭建简易拱架覆盖第二层薄膜，第二层膜下套小拱棚，小拱棚内覆地膜的方式，即4层覆盖（图6-2）。

图6-2 大拱棚内搭建第二层拱架（左图）和小拱棚覆膜（右图）

在上述设施条件下，可于1月中旬育苗，苗龄为30~35天，2月中旬定植，4月底~5月初上市，可比露地栽培提早45天上市，效益较好。如果保温不能满足要求，可于2月中旬育苗，3月下旬定植，可比露地栽培提早35天上市。

提倡以葫芦、瓠瓜、南瓜作为砧木嫁接育苗，可有效防治土传病害。用穴盘或营养钵育苗时应在大棚内添加小拱棚、远红外电热膜、电热线等保温、增温设施。

苗期管理不当易发生高脚苗、沤根、小老苗等问题，因此应注意加强温度、湿度和光照管理。温度应根据幼苗生长特点和对环境条件要求实行分段管理。从播种至子叶出土，苗床地温应保持在28~30℃，夜间不能低于16℃。从70%~80%的种子破土出苗到第1片真叶出现，温度保持在白天20~25℃、夜间15~18℃。第1片真叶展开后，温度保持在白天25~28℃、夜间10~18℃。定植前7~10天，白天温度降为18~22℃，夜间控制在16~18℃，进行降温炼苗。

苗期还应严格控制水分，定植前数天，应停止浇水干旱炼苗。同时，注意增加光照，必要时可用高压钠灯进行补光。

【提示】

西瓜苗期易发生病毒病、猝倒病，以及蚜虫、斑潜蝇等病虫害，应及时喷施72.2%霜霉威盐酸盐可湿性粉剂800倍液、29%吗胍·乙酸铜可湿性粉剂500倍液和10%吡虫啉可湿性粉剂4000倍液，以预防为主。

3. 定植前的准备

（1）整地、施肥 定植前应精细整地，重施基肥。每亩施入充分腐熟的优质农家肥4000~5000千克或者稻壳鸡粪或鸭粪3500~5000千克、三元复合肥50~100千克和饼肥150~200千克，忌施含氯化肥。有机肥一半撒施，另一半和化肥集中施于定植沟内。

（2）做垄（畦） 大棚吊蔓栽培西瓜可采用小高垄或高畦栽培，垄（畦）向以南北向为宜。垄距为 1.4 米，垄宽 60 厘米，垄高 20 厘米，株距为 40 厘米，一垄双行定植（图 6-3）。

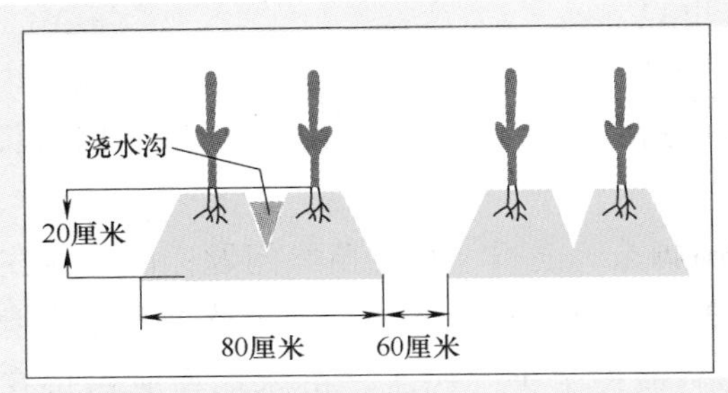

图 6-3 畦面

吊蔓和爬地栽培西瓜也可根据大棚特点采用平畦栽培，畦宽 2 米，南北走向，瓜蔓东西对爬（图 6-4）。

图 6-4 西瓜平畦栽培

（3）适期定植 西瓜苗有 3～4 片真叶，苗龄为 30～35 天，棚内气温稳定在 10℃ 以上、10 厘米地温稳定在 13℃ 左右时即可定植。吊蔓栽培株距一般在 40 厘米左右，定植密度为 2000 株/亩。爬地栽培三蔓整枝株距在 50 厘米左右，定植密度为 700～800 株/亩。定植前在畦面铺设地膜，定植后封好定植孔，必要时架设小拱棚（图 6-5）。

图 6-5 大棚内架设小拱棚

有条件的地区可利用机械进行整地、覆膜和定植（图 6-6）。瓜类定植缓苗如图 6-7 所示。

图 6-6 西瓜机械整地和定植

图 6-7 瓜类定植缓苗

4. 定植后的管理

(1) 温度、湿度和光照管理 西瓜大棚栽培应根据生长发育阶段和天气情况采用分段管理方法以促其正常生长发育和结果。定植初期采用多层覆盖方式使棚内温度白天保持在 28～32℃、夜间 15℃左右，但清晨短时间低温不能低于 10℃，以利于缓苗。发棵期白天保持在 22～25℃，超过 25℃应开始少量通风，超过 30℃时及时加大通风量降温，夜间温度保持在 15℃左右。伸蔓期白天温度维持在 25～28℃、夜间 15℃以上。开花坐果期需要较高温度，白天棚温需保持在 30℃，夜间保持在 15～20℃，昼夜温差为 15～20℃。果实膨大至成熟前需要较高温度和较大的昼夜温差以利于果实膨大和含糖量增加，但在此期间白天温度不应超过 35℃，夜间超过 18℃时应将大棚裙膜掀开，昼夜通风，以加大昼夜温差（表 6-2）。

表 6-2 大棚西瓜不同生长发育时期适温指标

生长发育时期	白天温度	夜间温度	清晨温度
定植初期	28～32℃	15℃左右	≥10℃
发棵期	22～25℃	15℃左右	
伸蔓期	25～28℃	15℃以上	
开花坐果期	30℃	15～20℃	
膨果期	≤35℃	≤18℃	

西瓜整个生长发育期棚内空气相对湿度除定植时要求达到 80%以上外，其他时期均以 50%～60%为宜。因此，应选择晴好天气进行膜下暗灌（图 6-8），适当控制灌水量，灌后及时加大通风量。生产

上提倡浇小水，增加浇水次数，防止大水漫灌。

西瓜属于喜光作物，要求较强的光照条件。因此，应采用透光性好的无滴棚膜，并经常保持膜面干净；在保证不同生长发育阶段所需温度的前提下，应及时揭盖并拆除棚内多层透明覆盖物，以增加光照。透明覆盖物的揭盖由内而外进行，以每揭一层农膜后以下一层膜内温度不降低为原则。随着外界气温的回升，应从伸蔓后拆除大棚内小拱棚开始，由内而外逐渐减少覆盖层次，当棚温稳定在15℃以上时，可全部拆除大棚内覆盖物。

图 6-8　膜下暗灌

西瓜植株也要及时整枝、打杈、打顶和落蔓等，使顶端叶片距离棚顶30~40厘米（图6-9）。

图 6-9　西瓜整枝

（2）肥水管理　西瓜早春茬栽培前期棚内温度较低，因此应尽量控制浇水，以利于提高地温。幼苗期除非土壤过干，一般不浇水。伸蔓后进行第1次浇水，可促进瓜秧健壮生长。开花坐果期不宜浇水，以防止水分过多造成花粉后期发育不良而影响受精，同时水分过多易造成植株徒长而化瓜。坐果后，随外界温度升高和幼瓜膨大加快，西瓜需水量大增。当幼瓜长至鸡蛋大小时应小水勤浇，保持土壤湿润，此期一般每隔7~8天浇水1次。采收前7天左右停止浇水，以促进西瓜成熟和增加含糖量。

【提示】

西瓜幼苗期如果出现顶端叶片变小，叶色灰暗，中午时分叶片变软现象，则是缺水症状。此期需水量少，可及时进行点浇或小水暗浇，每株500~1000毫升。

大棚西瓜栽培应在施足基肥的基础上，根据植株各时期的需肥特点和长势进行追肥。基本原则是前期轻施发棵肥，伸蔓期施好促蔓肥，后期重施坐果肥。苗期应控制施肥，伸蔓期结合浇水每亩冲施或穴施三元高钾复合肥 20~30 千克。开花坐果期视情况叶面喷施钙、硼等中微量元素肥。当果实长至鸡蛋大小时，结合浇水每亩冲施或穴施三元复合肥 25~30 千克、尿素 5~6 千克、硫酸钾 5~10 千克，以促进膨果。果实发育后期，为防止叶片早衰，可于晴天 17:00 左右或阴天叶面喷施 0.3%尿素和 0.3%磷酸二氢钾混合液 1~2 次，时间间隔 7 天左右。

【提示】

西瓜是否需要追肥应综合土壤肥力基础和植株长势加以确定，如果顶端叶片长势变弱、变小，则是脱肥症状，应及时冲施速效肥料。另外，西瓜花期喷施硼肥有利于坐果。

（3）整枝、授粉和选瓜吊瓜 北方大棚栽培西瓜多以匍匐生长为主，高档拱棚则以吊蔓生长为主，因此生产上整枝多以三蔓整枝较为普遍。三蔓整枝法是除留主蔓外，另从主蔓基部选择两个健壮侧蔓留作副蔓，其余侧枝全部摘除。当瓜蔓长至 35~40 厘米时，吊蔓栽培西瓜应及时吊蔓、引蔓，并摘除卷须。坐果节位较高时，还应及时落蔓以方便管理。此外，种植密度较大时可采用双蔓整枝法，爬地栽培株行距较大时可采用四蔓整枝法（图 6-10）。

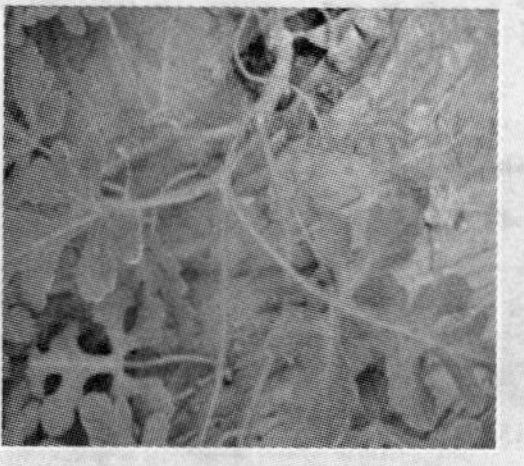

图 6-10 西瓜三蔓和四蔓整枝

早春大棚栽培西瓜须进行人工授粉或采用熊蜂授粉方可坐果。应注意阴雨天气或空气湿度较大时，花粉粒易吸水破裂，引发受精不良，因此晴天后应及时补授粉。授粉于每天上午6:00~10:00进行，最好是8:00~9:00时，雌花和雄花开放后，从田间采集雄花，露出雄蕊，将花药对准每株第2朵和第3朵雌花的柱头轻轻涂抹，使花粉均匀地落到柱头上（图6-11）。

图6-11　人工授粉和喷施坐瓜灵

【禁忌】

人工授粉前后应防止露水滴入雌花柱头。0.1%氯吡脲（坐瓜灵）30~50毫升兑水1升喷施授粉西瓜子房或涂抹果柄可提高坐果率和膨果速度，但不宜替代授粉。还应注意施用适期，不可在西瓜接近定个时涂抹瓜皮或施用浓度过大，以免引发大量裂瓜。用调节剂处理瓜胎时应戴乳胶手套，并尽量注意勿将调节剂喷到瓜柄和叶片上。

近年来，随着国内熊蜂生产应用技术的成熟，熊蜂授粉已在瓜果蔬菜生产上得到广泛应用（图6-12）。其技术要点如下。

图6-12　熊蜂授粉

1）与蜜蜂授粉比较优势。①耐低温、弱光和高湿度。熊蜂出巢温度为6.5℃，2℃环境下可正常活动，而蜜蜂活动温度需高于14℃。熊蜂在一定湿度下仍可起飞，蜜蜂在环境湿度较低时才起飞。②熊蜂体格健壮，1天可访花上百朵，授粉效率明显高于蜜蜂。

2）熊蜂授粉技术要点。①蜂巢位置。蜂箱宜放置于棚内中部，高度离地面为50~100厘米。同时打开糖瓶，防止断粮。②罩防虫网。用40目尼龙纱网封住棚室通风口，防止熊蜂飞出棚室，也可防止棚外害虫进入。③放蜂数量。1亩地蔬菜大棚一般放1箱熊蜂（多于300只）即可满足授粉要求。熊蜂只能用1次，没花的时候会自然死亡。④温湿度。熊蜂授粉适宜温度为8~32℃，20~30℃时最活跃；适宜湿度为50%~80%。⑤放蜂时间。西瓜开花前1~2天（开花数量大约为5%时）放入即可，春、秋季放蜂时间一般为8:00~14:00。

3）注意问题。①70%柱头有咬痕说明授粉良好。②喷药或熏烟前将蜂箱搬至别的棚室，安全间隔期至少为2天，阴天不算入安全间隔期。③喷药或熏烟后适当增加棚室通风，以便使农药尽快散去。④因喷药搬至别的棚室的蜂箱超过3天应打开蜂箱门，以免高温闷蜂。

坐果后，综合考虑果实发育和成熟期早晚，早春茬西瓜应优先选留第2个瓜。第2个瓜坐果不良时可选留第3个瓜，然后摘除其余幼果，以利于果实发育。当果实重约0.5千克时，及时用塑料网兜吊瓜，以防坠瓜（图6-13）。

图6-13 用塑料网兜吊瓜

5. 采收

参考第五章西瓜小拱棚、地膜双膜覆盖栽培技术。

二、西瓜塑料大棚越夏茬栽培技术

西瓜塑料大棚越夏茬栽培是夏季播种，中秋节或国庆节采收的一个茬口安排，栽培效益较好。但本茬口西瓜开花坐果期恰处于高温多雨季节，植株易徒长，花粉活力下降，不易坐果，尤其花期遇阴雨天气，花粉粒易吸湿破裂，人工授粉也难坐果，同时病虫草害也极易发生蔓延，管理难度较大，生产上需采取多种技术措施加强田间管理，克服连作障碍和环境逆境方能取得较好栽培效果。

1. 品种选择

宜选用耐高温高湿，植株长势中等，抗病性好，尤其是高抗病毒病的中早熟品种，如京欣系列、丰收系列品种等。

2. 适期播种

一般于6月下旬~7月上旬播种，生长发育期为75~80天，多采用直播栽培，直播苗见图6-14。也可穴盘育苗移栽，苗龄为15天左右，2~3叶1心时即可定植。

图6-14　西瓜直播苗

3. 浸种催芽

种子消毒浸种后进行催芽，2~3天即可发芽，当胚根长至5毫米时进行播种。

4. 整地、播种

结合整地每亩施农家肥6000~7000千克或稻壳鸡粪4000~5000千克、复合肥20~30千克和饼肥200~400千克。

起垄栽培或平畦栽培均可。起垄栽培时垄底宽90厘米，垄面宽80~85厘米，垄高15~20厘米，按株距为40~50厘米挖播种穴。平畦栽培时可采取大小行播种，小行距为60厘米，大行距为80厘米，株距为40厘米。播种穴可喷施50%多菌灵可湿性粉剂500~800倍液或75%百菌清可湿性粉剂500~800倍液灭菌消毒。

选择晴天上午，每穴播种1粒发芽较好的西瓜种子，覆土1.5~2厘米，浇透水。播后覆盖银灰色农膜或黑色农膜，分别具有避蚜和防草功能。

5. 田间管理

（1）温度管理　根据西瓜生长发育的适温指标进行管理。播后苗前温度保持白天25~30℃、夜间20~25℃。发棵期注意加强通风，保持温度白天不超过30℃、夜间15~20℃，此期棚温超过32℃时及时撩起大棚裙膜通风，以免植株徒长。伸蔓期温度控制在白天25~30℃、夜

间15~20℃。坐果期间温度控制在白天30℃左右，夜间15~20℃，昼夜温差10~15℃。

【提示】

本茬西瓜生长发育中前期处于高温季节，实际温度很难达到适温指标，植株易徒长，生产上可通过遮盖遮阳网、昼夜通风、浇水等方法尽量降低温度。果实成熟期当棚外夜间气温降至18℃左右时，可闭棚保温，保持适宜棚温和温差。

（2）肥水管理　越夏茬西瓜植株生长迅速，生长发育期较短，肥水管理与春秋播种西瓜有所不同。在施足基肥的基础上，前期（开花坐果前）应控制肥水用量，尽量少施或不追肥，防止植株徒长，幼瓜坐稳后根据植株长势，合理水肥运筹；坐果后期为防止植株早衰，可喷施叶面肥。可参考以下指标管理：前期不宜浇水过多，如果土壤干旱可浇小水；伸蔓期视苗情随水追施复合肥20~30千克/亩；开花坐果期控制肥水，以防化瓜；当幼瓜长至鸡蛋大小时，随水冲施复合肥30千克/亩或尿素15千克/亩、硫酸钾15~20千克/亩，促瓜膨大；之后每隔7~10天浇水1次；成熟期喷施叶面肥，采收前5~7天停止浇水。

6. 病虫害防治

夏季高温多雨季节西瓜易发生病毒病、枯萎病、蔓枯病、白粉病、蚜虫、叶螨等病虫害，应注意预防，具体参考第十一章西瓜病虫害诊断与防治技术。

7. 其他管理技术

参考本章西瓜塑料大棚早春茬栽培技术。

三、西瓜塑料大棚秋延迟茬栽培技术

西瓜塑料大棚秋延迟茬栽培技术是指在夏末秋初播种定植，前期在露地生长发育一段时间，深秋在大棚覆盖下坐果并成熟或者整个生长发育期均在大棚内完成的一种栽培方式。

该茬口前期高温多雨，病虫害较多，不利于壮苗培育。雨季过后较短时间内光温条件有利于西瓜生长发育，但膨果期气温下降，光照逐渐减弱，不利于果实发育和糖分积累，导致产量和品质下降。

西瓜塑料大棚秋延迟栽培过程中应注意品种选择、培育壮苗、前期防控高温高湿、适时覆盖防寒等技术环节。

1. 品种选择

西瓜大棚秋延迟栽培应选择耐高温高湿、抗病、雌花着生较密，坐果能力强、具有一定的低温耐性、果皮薄韧、耐裂性好的早熟或极早熟品种，如小红玉、黑美人、早佳 8424、申抗 998 等。

2. 培育壮苗

秋延迟西瓜一般在 7 月中下旬~8 月上旬播种，8 月中下旬定植，11 月采收。苗龄为 15~20 天，以 2~3 叶 1 心时定植为宜。

播种后应注意加强苗床管理，育苗设施加装防虫网，必要时辅以遮阳网、风机等遮光、降温，加强苗期病虫害防治等。

3. 整地施肥

秋延迟大棚西瓜可采用小高垄吊蔓栽培或平畦爬地栽培，畦宽 2 米，沟宽 50 厘米，定植株距 40 厘米。畦（垄）面覆盖银灰色地膜或黑色农膜。

4. 定植后管理

1）定植后及时浇透水缓苗。同时，将大棚裙膜卷起，昼夜通风降温，必要时于中午外覆遮阳网。

2）随气温下降，从 9 月中下旬开始利用裙膜夜间闭棚保温，白天进行通风换气，保持西瓜阶段发育适温。

3）采用双蔓整枝，主蔓第 2 或第 3 朵雌花授粉留瓜，疏瓜后每株留 1 个瓜，坐果后主蔓瓜前留 10 叶摘心。

4）膨果期注意追肥浇水。根据西瓜阶段发育适温指标，协调好保温和通风降湿。爬地栽培的需翻瓜 2~3 次，吊蔓栽培需及时吊瓜。

5. 富硒西瓜生产技术要点

1）硒元素对人体的作用。硒是人体必需的微量营养元素，是部分重金属元素的天然解毒剂，可有效提高人体免疫机能，对防癌、抗癌发挥重要作用。

2）富硒西瓜标准。根据中国营养学会推荐和相关标准，新鲜富硒西瓜果实的硒含量标准为 10~50 微克/千克。

3）喷施硒肥（图 6-15）。可选用有机硒叶面肥进行喷施，硒元素含量不低于 1.5%，如“瓜果型锌硒葆”等。其用法为：“瓜果型锌硒葆”21 克，加好湿有机硅展着剂 1.25 毫升，兑水 15 升，充分搅拌，然后均匀地喷洒到叶片正反面及西瓜表面，以不滴水为度。可在伸蔓期、开花期、坐果期及膨果期分别施硒 1 次，每亩每次喷施硒溶液 30 千克。

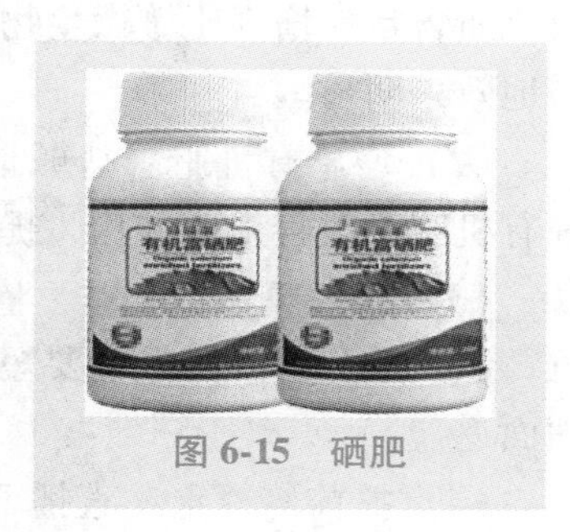

图 6-15　硒肥

喷施应在清晨和傍晚温度较低时进行，高温下不宜喷施；硒肥可与酸性、中性农药配施，但不宜与碱性农药混合使用。施硒后 4 小时之内遇大雨冲洗，应补施 1 次。采收前 20 天停止施硒。

4）根施硒肥。生产上还可结合施肥根施纳米硒植物营养液，通过西瓜光合作用将纳米硒吸收并转化为安全的生物有机硒，有机转化率可达 80%以上。

6. 其他管理措施

参照本章西瓜塑料大棚早春茬栽培技术。

四、西瓜大棚盐碱地栽培技术

西瓜的耐盐能力较强，一般土壤总含盐量在 0.2%以下时均可种植西瓜。棚室经多年连作后由于化学肥料的过量施用易产生次生盐渍化，同时部分土壤盐渍化地区也有生产西瓜的习惯，如果能在轻盐渍化地区发展大棚栽培有助于增加西瓜的产出效益。本文简要介绍西瓜大棚盐碱地栽培技术要点。

1. 西瓜植株耐盐特点

西瓜植株在不同生长发育阶段的耐盐性存在差异，苗期耐盐性较差，成株耐盐力强，因此盐碱地栽培前期管理较难，要采取多种技术措施助其立苗，争取丰产。

2. 栽培技术要点

（1）秸秆还田 秸秆还田可明显改良土壤结构，提高土壤中的有机质含量，增强土壤微生物和土壤酶活性，增加土壤肥力，改良盐碱地效果明显。

（2）增施有机肥 盐碱地土壤的有机质缺乏，土壤易板结，增施有机肥可改善土壤结构，提高肥力的持久性。

（3）合理整地、做畦 整地、开种植沟不宜过深，以 35 厘米为宜，以防盐分上升。做畦要短，以利于浇、排水。畦面要平整，以免地面返盐。

（4）播前浇透水 直播西瓜播前应浇透水，播后覆草或秸秆减轻返盐，地膜覆盖栽培防盐效果好。

（5）定植后大水压盐 提倡育大苗移栽方法，定植时浇足定植水，冲洗盐分，减轻返盐程度。

（6）加强中耕 苗期经常中耕松土，防止地面板结，减轻水分蒸发和返盐程度。

（7）合理灌溉和施肥 可采用沟灌洗盐的方法浇水，灌溉要均匀，排水要及时。也可采用滴灌浇水技术。肥料施用宜多施有机肥，减少化肥用量。

（8）重盐碱地块立苗困难 重盐碱地块需采用无土栽培和水肥一体化滴灌技术。

第三节　棚室西瓜连作障碍克服技术

连作病害（又称重茬病害）是指因同一作物在同一地块长期耕种所产生的病害，包括因连作而导致土壤营养物质不平衡等原因引起的生理性病害及因土壤病原菌发生严重而导致的病理性病害，一般瓜类作物连作 3 年以上即发生严重连作障碍。

西瓜为不耐连作作物，但棚室西瓜生产因设施的固定性和栽培的高效性需经常连作，多者 1 年连作 3 茬，常年连作导致西瓜病理性和生理性病害多发，产量和品质下降，轻则减产 10%~20%，重则减产

30%～40%，有时甚至绝收。尤其枯萎病等土传病害的发生易造成瓜类作物的大面积受害，甚至全田死亡。因此，在西瓜棚室栽培上应采取多种技术措施克服重茬病害，以确保持续增产增收。

一、西瓜重茬病害的产生原因

1. 病原微生物积累和传播

连作土壤中土传性病原菌积累较多，特别是枯萎病病原菌等的积累，容易发生病害。

2. 土壤矿物质营养元素缺乏

西瓜连作对土壤氮、磷、钾等营养元素的不均衡消耗，造成土壤必需矿物质营养含量降低和失去平衡，致使植株正常的生长发育因矿物质营养缺乏受到影响。

3. 土壤理化性质改变

常年连作可改变土壤耕层结构，造成土壤板结，酸化、盐渍化加重。土壤的理化性状恶化，不利于作物根系的正常生长。

4. 作物自毒作用

前茬西瓜作物残茬腐解物有利于病原微生物的生长和繁殖，从而加重了重茬病理性病害的发生和危害。此外，前茬瓜类根系的某些分泌物具有自毒性，能够抑制作物自身的生长。

二、棚室西瓜重茬综合防控技术

1. 农业措施

（1）选用抗性品种 如京欣系列、郑抗系列等，具体品种选择应根据当地市场及生产经验判断，选择已在当地示范推广的品种。

（2）嫁接育苗 西瓜嫁接育苗是克服重茬病害的关键措施之一。可采用与当地主栽西瓜品种亲力强的瓠瓜、南瓜作为砧木。也可选用抗病的普通西瓜作为砧木，对品质和风味无影响。

（3）轮作换茬 西瓜忌连作，生产中可与夏茬糯玉米、甜玉米等非瓜类作物轮作。

（4）适当深耕 深耕宜打破犁底层，耕深 25 厘米以上。生产上宜冬前深耕，若结合进行冬灌效果更好。

（5）错行种植　连作西瓜种植行尽量与上一年种植行错开位置，以间隔距离 60 厘米以上为宜。

（6）配方施肥　在测土基础上根据西瓜的养分需求规律合理配方施肥，适当增施微量元素。微量元素的补给是解决重茬栽培土壤矿物质营养含量降低和失去平衡的重要手段。西瓜重茬栽培微量元素参考施用量为硫酸铜 1 千克/亩、硫酸亚铁 1 千克/亩、硫酸锰 0.5 千克/亩、硫酸锌 0.25～0.5 千克/亩、硼砂 0.5 千克/亩、钼酸铵 0.25～0.5 千克/亩，一般于移栽前随基肥施入或在结果期叶面喷施。

（7）增施有机肥　有机肥肥效缓慢，但养分全面，西瓜生产上提倡重施有机肥。一般地力可每亩施优质圈肥 5000 千克、鸡粪 500 千克（鸡粪可用 50%辛硫磷乳油 100 克兑水 5 千克喷拌，农膜覆盖堆放7 天）或采用小麦、玉米等作物秸秆还田。秸秆还田可以有效改善土壤理化性状，减缓土壤次生盐渍化，增加土壤保肥蓄水能力，还能起到强化微生物相克的作用，对抑制或防治有害菌效果很好。有条件的地区还可推广应用秸秆发酵堆技术。

（8）精细管理　田间管理上应科学浇水，通风排湿，合理温度管理，采用高垄覆膜、膜下暗灌技术及合理整枝，及时摘除病叶、病果，清除杂草等。此外，爬蔓栽培西瓜整枝压蔓时尽量减少伤口，压蔓时以明压为好，避免产生不定根，减少枯萎病侵染。

（9）推广有机生态型（有机基质）无土栽培模式　此种模式栽培的显著特点在于植株生长发育完全与土壤隔离（彩图 5），可有效克服西瓜连作障碍。

2. 物理防治

（1）物理防虫　夏季利用防虫网防虫和利用遮阳网遮阴、降温。另外，根据昆虫的趋黄性、趋蓝性和趋光性等特点，可在棚室内悬挂黄板、蓝板或黑光灯等诱杀成虫。

（2）高温闷棚　定植前高温闷棚对霜霉病、白粉病、疫病等主要病害的病原菌有很好的杀灭作用。方法是选晴天上午浇水后闭棚，待棚温达 46～48℃后，持续 2 小时，之后开始慢慢打开风口，闷棚后应加强水肥管理。

3. 化学防治

（1）种苗处理 对可能带菌的种子必须进行种子消毒。播种前，先将种子在冷水中预浸3~4小时，然后在55℃或50℃温水中分别浸种15分钟、30分钟，再放入冷水中冷却，晾干后拌入微量元素肥进行播种；或采用50%多菌灵可湿性粉剂和50%福美双可湿性粉剂各1份，加泥粉3份，混匀后，用种子重量的0.1%拌种，拌药时加入微量元素肥。

瓜苗定植前用30%噁霉灵可湿性粉剂800倍液和10%吡虫啉可湿性粉剂4000倍液蘸根。

（2）育苗基质消毒 已消毒育苗基质不需处理，育苗营养土则需播前消毒。

（3）棚室消毒 可用45%百菌清烟剂、20%霜脲·锰锌烟剂或噁霜·锰锌烟剂250~350克/亩，傍晚闭棚后均匀点燃，第2天早晨通风排烟，每7~10天熏烟1次，连熏2~3次。也可在闷棚后采用10%敌敌畏烟熏剂、10%氰戊菊酯烟熏剂300~500克/亩灭杀虫害，每7~10天熏烟1次，连熏2~3次。

（4）土壤处理 定植起垄前，对棚内土壤和棚面用30%噁霉灵可湿性粉剂2000倍液或50%多菌灵可湿性粉剂500倍液加50%辛硫磷乳油800倍液喷洒地表和棚面，进行杀菌灭虫。或者每亩穴施50%多菌灵可湿性粉剂3~4千克，施用前与土拌匀。

（5）病虫害综合防治 棚室连作西瓜生长发育期间病虫害防治应坚持“预防为主，综合防治”的植保方针，具体方法参照第十一章西瓜病虫害诊断与防治技术。

4. 生物防治

（1）天敌防虫 可利用有益天敌草蛉、丽蚜小蜂、捕食螨、螳螂等防治多种虫害。

（2）选用抗重茬剂 西瓜田常用抗重茬剂有重茬1号、重茬灵、“沃益多”生物菌剂等。西瓜常用抗重茬剂作用特点与施用技术见表6-3。

表 6-3 西瓜常用抗重茬剂作用特点与施用技术

名称	剂型	作用特点	施用方法
重茬 1 号	微生物菌剂，集氮、磷、钾、微量元素活化为一体	抑制病原菌，抗病害；活化养分，营养全面；疏松土壤，改善土壤环境；促根壮苗，提质增产	①拌种：种子用清水浸湿，捞出控干后，将药剂撒在种子上拌匀，阴干后播种。②拌土或拌肥：均匀撒于种子沟或全田撒施。③灌根：药剂用水稀释后，将喷雾器去喷嘴灌根或随水冲施
重茬 EB	纯生物制剂	含多种有益微生物，可疏松土壤，活化养分；抑制有害病原菌抗重茬，提高作物免疫力，使西瓜少得或不得重茬病	每亩用 2 千克与细土拌匀后撒施
重茬灵	生物叶面肥	内含多种有益活性菌群、脂类、糖类、抗生素及植物生长促进物质，兼有营养、抗病双重功效	每亩用 100 毫升兑水稀释成 800 ~ 1000 倍液叶面喷施，每 7 ~ 15 天喷 1 次，共喷 2 ~ 4 次。喷雾要均匀，以叶面有水滴为度
“沃益多”生物菌剂	纯生物制剂	产生多种活性酶类，作用于根系，刺激根系分泌抗生素等大量代谢物和次生代谢物；有效干扰根结线虫、真菌和细菌等土传病虫害的正常代谢；调节土壤 pH 趋中性；有利于土壤团粒结构形成和植物自身抗病力增强	施用前加沃益多营养液激活 3 天，用水稀释至 30 千克，加适量甲壳素诱导。伸蔓期和坐果期随水冲施或用喷雾器去喷嘴灌根
抗击重茬	含微量元素型多功能微生物菌剂	活化土壤，改良品质；抑菌灭菌，解毒促生；平衡施肥，提高肥效；增强抗逆，助长促产	可用作种肥或追肥，每亩用量为 1~2 千克
泰宝抗茬宁	生物制剂	杀菌抑菌，提高肥料利用率，调节土壤 pH，疏松土壤防板结，促进根系发育	用 0.25% 的药剂拌种、50 : 1 土药混拌撒施或药剂 500 倍液灌根或冲施

（续）

名称	剂型	作用特点	施用方法
CM亿安神力	复合微生物制剂	改善土壤理化性质，抑菌杀虫，提高作物光合作用	①蘸根、浸种：用100毫升亿安神力菌液加水3升（30倍稀释）逐株蘸根，即蘸即栽；瓜种浸种则需2~8小时。②用药剂500倍液灌根

【注意】

西瓜定植前土壤消毒与施用生物抗重茬剂不宜同时进行，以免有害和有益微生物菌同时被灭杀，降低作用效果。

第七章
西瓜日光温室栽培技术

西瓜日光温室栽培（彩图6）具有茬口安排灵活、上市早、可以缓解北方鲜瓜果淡季供应、季节性差价大、经济效益好等特点。根据生产季节和不同茬口的经济效益差异，日光温室西瓜栽培适宜茬口包括冬春茬和秋冬茬。

第一节　西瓜日光温室冬春茬栽培技术

西瓜日光温室冬春茬是北方地区一年中最早上市的西瓜生产茬口。本茬西瓜生长发育早期常处于低温弱光环境，天气变化较大，因此生产管理难度较大，果实成熟期比在适宜季节栽培延迟2~3天，但比塑料大拱棚栽培提前20~30天上市，市场价格相对较高，经济效益显著。

一、品种选择

可选用较耐低温、弱光和阴湿环境，适宜嫁接栽培的早熟或中早熟、中果型品种。选用品种的全生长发育期为85~90天，从雌花开放到果实成熟约需30天。

二、西瓜栽培用日光温室类型

北方地区西瓜生产用日光温室主要包括竹木结构简易温室和镀锌钢管拱架结构温室。

三、栽培管理

1. 培育适龄壮苗

华北地区西瓜日光温室冬春茬一般于12月下旬播种，嫁接育苗，

2 月中旬定植，4 月上旬采收。西北地区一般在 1~2 月播种，2 月下旬~3 月上旬定植，4~5 月采收。

冬春茬西瓜育苗和生长发育前期存在低温、弱光、棚内湿度过大等环境限制因子，因此生产上应采用具有加温、调湿、补光的专业育苗棚室进行种苗培育。在普通日光温室内育苗也应采用电热温床或远红外膜光热温床套小拱棚的方法进行，必要时增设高压钠灯进行补光。在苗龄为 35~40 天，3~4 片真叶时定植。详细参考第四章西瓜的育苗技术。

2. 定植和栽培管理

（1）土壤和棚室环境消毒 日光温室多属连作地块，应结合翻地每亩施入 20%地菌灵可湿性粉剂、50%多菌灵可湿性粉剂或 70%甲基硫菌灵可湿性粉剂 3 千克。线虫发生地块应在翻地前撒施 10%噻唑磷颗粒剂 2~5 千克/亩或 5%阿维菌素颗粒剂 3~5 千克/亩防治。定植前 5~7 天于傍晚时间每亩地点燃 45%百菌清烟剂 200~250 克、硫黄 500 克，然后闷棚进行棚室环境消毒，定植前通风换气。

（2）整地和施肥 冬春茬西瓜生长期较长，应结合整地施足基肥。定植前每亩施入充分腐熟的优质农家肥 5000~10000 千克或者稻壳鸡粪或鸭粪 3500~6000 千克、三元复合肥 60~100 千克或磷酸二铵（或尿素）50 千克、钙镁磷肥 50 千克、硫酸钾 20 千克。其中 2/3 的化肥犁地前撒施，其余 1/3 垄下条施。

（3）做垄（畦） 温室西瓜栽培宜采用高垄覆膜，膜下暗灌技术。可在垄南北两端架设小铁丝矮拱架，拱架中央拉一条南北向细铁丝，然后上覆地膜（图 7-1）。保温条件好的温室也可采用平畦栽培（图 7-2）。

做垄　覆膜

图 7-1　高垄覆膜

图 7-2　平畦

采用南北向大小行栽植，大行距为80厘米，小行距为60厘米，做成60厘米宽的垄（垄上定植2行），垄高20~25厘米，垄间搂成浅沟。并提前扣好地膜，促使地温升高，当棚内10厘米地温达到15℃时即可定植。

【提示】

冬春茬棚内地温较低，因此不宜采用黑地膜覆盖以免影响地温提高造成根系发育不良。同时，为减少棚内湿度和提升地温，生产上提倡操作行内铺稻草、秸秆或地膜全覆盖。

（4）垄间铺设远红外电热膜 为防止西瓜低温沤根，可在种植垄沟间垂直铺设10厘米宽双面辐射远红外电热膜（功率为110瓦/米^2），可以满足西瓜整个寒冷季节根部夜温需求。

（5）栽培垄下铺设秸秆发酵反应堆 温室定植垄下铺玉米或花生秸秆和秸秆反应堆专用菌剂后，玉米秸在分解过程中产生二氧化碳气肥和热量，可以有效提高地温，改善土壤理化结构，提高作物抗逆性，减少土传病害发生，西瓜单产和含糖量增加显著，并可提前上市，因此生产上提倡秸秆反应堆发酵技术（图7-3）。秸秆反应堆发酵技术要点如下。

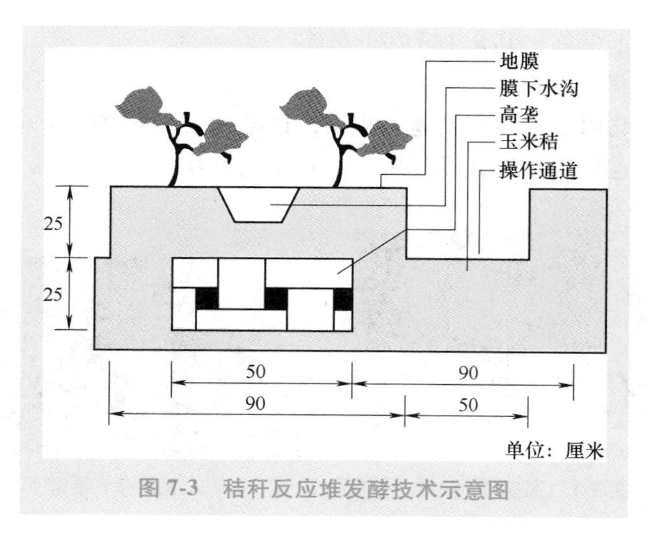

图7-3 秸秆反应堆发酵技术示意图

1）反应材料。每亩温室需秸秆 4000 千克和菌种 8~10 千克。将菌种均匀混入 25 千克麦麸中，加水均匀搅拌至手轻握不滴水为宜。

2）操作步骤。在预定定植垄下开沟，宽60 厘米，深25~30 厘米。将玉米秸秆铺入沟中，踏实，厚度约为 30 厘米。将拌好菌种的麦麸均匀撒于秸秆上，轻拍秸秆，让菌种与下层秸秆均匀接触。然后在秸秆上方覆土 10 厘米，将覆土踏实后，保留畦埂，并顺沟浇透水。水完全渗下后，在反应堆位置上方做 60 厘米宽双高垄，结合做垄条施化肥。然后覆盖地膜，覆膜 10~15 天后反应堆开始启动，选择“寒尾暖头”天气及时定植并打孔。定植后用 14 号钢筋在垄上间隔 20 厘米打孔，以穿透秸秆层为准，以通气散热（图 7-4）。

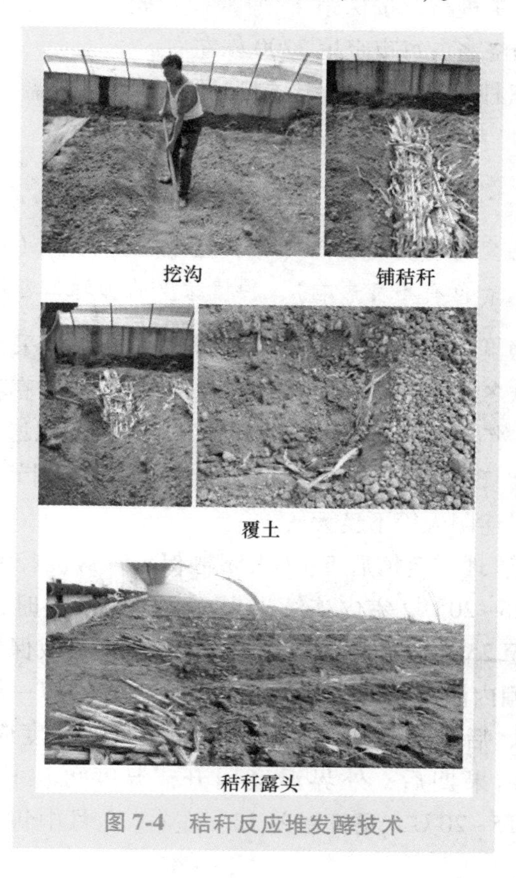

图 7-4　秸秆反应堆发酵技术

【提示】

在沟内铺设秸秆时厚度应均匀一致，以免秸秆腐烂后畦面不均匀下沉造成浇水困难，如果与滴灌技术结合则可解决上述问题。劳动力不足时，可将粉碎秸秆和麦麸菌种均匀撒于地表，结合整地一并翻于地下，也可达到疏松土壤、提升地温的效果。

（6）适时定植与合理密植 在前茬的基础上，定植前7~10天扣棚闷棚。当温室10厘米处地温稳定在13℃以上时即可定植。定植需在晴暖天气上午进行，按株距45厘米挖穴放苗，定植时根坨与垄面齐平，顺暗沟浇水。每亩定植2200株左右。

定植后在种植垄上加设小拱棚，形成3层覆盖，小拱棚昼揭夜盖。

【禁忌】

在温室种植黄皮西瓜时应覆盖聚乙烯棚膜（聚氯乙烯膜对黄皮西瓜着色有不良影响），种植绿皮品种时二者均可。

（7）环境调控 西瓜栽培温室必须具备良好的采光、增温和保温性能，要求冬季早晨极端最低温度在8℃以上。冬春茬西瓜前期正处于低温和一年中光照最弱季节，因此环境调控应以增温、保温和增光为主，前期管理上要少通风，晚通风、早盖苫，调节合理湿度，并采取措施应对连阴天等不良天气。

1）温度管理。定植后5~7天闭棚保温，温度控制在白天28~32℃、夜间15~20℃，室内连续出现32~35℃高温时在顶部扒缝通风。棚温降至25℃时及时闭棚，15℃时覆盖草苫或保温被。实际上冬春茬前期棚内温度很难达到适温标准，温度管理一般前半夜保持在15℃以上，后半夜降到11~13℃，清晨最低温度应保持在10℃以上。进入结果期后，外界温度回升，温度可保持在白天30~35℃、夜间15~20℃，昼夜温差13℃左右。3月中旬以后，气温明

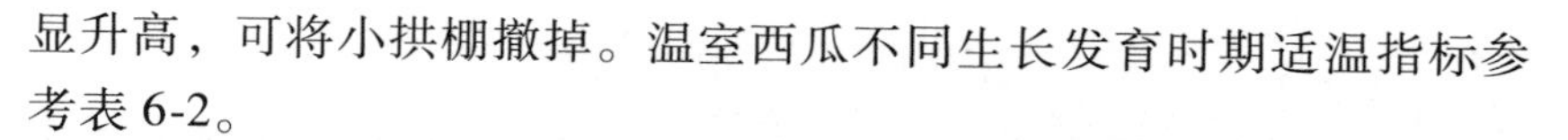

显升高，可将小拱棚撤掉。温室西瓜不同生长发育时期适温指标参考表 6-2。

① 温度调控主要通过揭盖保温被和通风进行，主要措施如下。

a. 上午阳光照射前屋面，揭苫后温度不下降时应及时揭苫换气、散湿。

b. 大风、雨雪、阴天等不良天气揭苫后温度明显下降可不揭苫，但应在中午前后短时揭盖草苫通风、降湿，并及时除雪。

c. 阴雨天连续 5~7 天骤然放晴，可采用揭晒“花苫”或“回头苫”方法防止植株失水萎蔫。

d. 应用卷帘机的温室，可先将草苫卷至温室棚膜中部，半小时后再逐渐将草苫卷至顶部。

② 极寒天气下应采用辅助设施增温和保温。主要措施有：

a. 在种植垄沟内添设远红外电热膜进行人工增温，可有效提升地温，防止西瓜沤根。

b. 盖草苫或保温被后在其上再覆盖 1 层废旧“浮薄膜”，防雨保温（图 7-5）。

图 7-5　覆盖废旧“浮薄膜”

c. 在缓苗期和伸蔓早期，在定植垄上加设小拱棚，拱棚内铺设地膜，操作行采用稻秸、稻壳或玉米秸秆覆盖（图 7-6），也可采用地膜全覆盖。

图 7-6　操作行覆盖秸秆或稻壳

【提示】

越冬茬棚内地温升温困难，因此不宜采用黑地膜覆盖以免影响地温造成根系发育不良。同时，为减少棚内湿度，生产上提倡在温室内走道覆盖稻草或玉米秸秆。

d. 植株吊蔓后可在其上方适当位置加设薄农膜作为二层保温幕，通过多层覆盖方法进行保温。

2）湿度管理。日光温室空气相对湿度应保持在 60%～70%。西瓜开花坐果后，尤其膨果期对湿度要求严格，湿度过大易造成病害多发，品质下降。湿度调节一般结合温度调控和通风换气进行，主要的降湿措施如下。

① 采用无滴膜。

② 浇水后根据天气情况及时加大通气排湿量。

③ 进入膨果期应加大排气量。

④ 果实成熟期若气温适宜，可进行昼夜通风。

3）光照管理。日光温室在冬季光照条件较差，应采取措施增加室内光照强度和光照时间，主要措施如下。

① 采用无滴 PVC 膜或 EVA 膜作为透明覆盖材料，并经常保持膜面清洁。

② 在满足室内温度的情况下，草苫或保温被应尽量早揭晚盖，延长透光时间。必要时，可采用沼气灯、高压钠灯补光。

③ 保温条件好的温室还可在室内北墙增挂镀铝反光幕，以增加温室后部光照。

④ 采取室内全地面地膜覆盖、膜下暗灌、适时通风换气等措施降低室内湿度，减少光线衰减。

⑤ 及时打去老叶、不需要的侧蔓和落蔓等改善冠层光照。

（8）肥水管理

1）缓苗期。定植后 3～4 天，选择晴天上午浇缓苗水 1 次，使土壤相对含水量保持在 80%左右。

2）伸蔓期。植株 10 叶龄时暗沟浇水 1 次，每亩冲施磷酸二氢钾

20 千克或三元复合肥 20 千克，保持土壤见干见湿。

3）开花前期。开花前如果土壤湿度适宜可不浇水，若较干旱则可浇花前水 1 次，以浇小水保持土壤湿润为宜。

4）开花坐果期。此期应严控浇水，以防植株徒长，导致化瓜。

5）膨果期。当幼瓜长至鸡蛋大小时，浇透水 1 次，结合浇水每亩冲施复合微生物菌肥 25 千克或磷酸二氢钾、尿素各 20 千克。瓜定个后不宜再施用速效氮肥。

6）低温下浇水不当易导致地温降低，引发沤根或生理性干旱。温室冬春茬西瓜不同时期的浇水时间和方法见表 7-1。

表 7-1　温室冬春茬西瓜不同时期的浇水时间和方法

时期	浇水时间	浇水方法
2 月以前	晴天上午	浇小水，膜下暗灌，放小风
2 月以后	晴天上午	可浇大水，逐渐加大通风量
4 月后	晴天上午或傍晚	可浇大水，浇水后加大通风排湿

【注意】

西瓜低温季节水分管理应坚持小水勤浇的原则，膨果期土壤以见干见湿为宜，不可干旱后突浇大水引发裂瓜。

7）磁化水浇灌。水经磁化后产生生物磁学效应，可促进种子萌发和促长（图 7-7）。

图 7-7　磁化水浇灌

8）施用二氧化碳气肥。二氧化碳是作物进行光合作用的重要原料。大气中的二氧化碳含量约为 300 毫克/千克，但日光温室在栽培前期温度较低，通风换气时间较短，因此，除夜间外，棚室内二氧化碳常处于亏缺状态，影响了西瓜光合作用的正常进行和同化物的积累。人工施用二氧化碳气肥对西瓜

增产可起到一定作用。

当前，温室施用二氧化碳气肥技术主要有 4 种：①利用新鲜马粪发酵产生二氧化碳，一般每平方米堆放 5~6 千克。②燃烧甲烷产生二氧化碳，每 600 米^2 棚室面积燃烧 1.2~1.5 千克甲烷可使棚内二氧化碳含量升至 1300 毫克/千克，可根据棚室面积确定燃烧甲烷量。③利用焦炭二氧化碳发生器，焦炭充分燃烧时释放二氧化碳。④最常用的方法是在塑料容器中放置浓盐酸和石灰石（碳酸钙）或者稀硫酸和碳酸氢钠，通过化学反应产生二氧化碳。

二氧化碳气肥施用适期为西瓜发育盛期，尤其在果实发育期应用效果较佳。在上午 10:00 植株光合作用接近最高点时施用，施用最佳含量为 1000~1500 毫克/千克，通风前 30 分钟停止。如果遇阴雨天应停施二氧化碳气肥。

【注意】

①西瓜产量与叶片光合作用直接相关，叶片光合作用受棚室温度、光照、二氧化碳浓度等多种环境因素影响，单一因素改善未必能显著增产。因此，采用二氧化碳施肥技术应在本地棚室内先行试验，确有增产效果后推广。②在施用二氧化碳气肥的同时，应注意防止棚室内有害气体积累对植株生长造成损害。管理上应适时通风换气，保持棚内气体新鲜。

9）二茬瓜的肥水管理要点。第一茬瓜采收后，每亩在根侧 20 厘米处沟施饼肥或颗粒有机肥 100 千克、磷酸二铵 30 千克和硫酸钾 20 千克。垄沟及走道进行大水漫灌，并冲施复合微生物菌肥 25 千克/亩。之后的肥水管理同第一茬瓜。

（9）植株调整

1）采用吊蔓栽培方式。

2）第一茬瓜采用双蔓整枝，主、侧蔓均用吊绳吊起。主蔓第 2、第 3 朵雌花和侧蔓雌花均可授粉，优先选留主蔓第 2 朵雌花坐果，坐果后结果蔓在瓜前 7~8 片叶摘心，营养蔓根据植株长势可摘心或不摘心。晴天上午散粉后，辅助人工授粉，记录授粉日期。当瓜重达0.5千克时及时吊瓜。

【提示】

西瓜开花时间受夜温影响。夜温为18℃时西瓜多在早上6:00开花，夜温为15℃则在早上8:00开花，冬春茬花期夜温常低于15℃，故人工授粉宜在上午9:00以后进行。

3）后茬瓜的整枝。

① 第二茬瓜整枝。第一茬瓜采收后将主蔓剪掉，留侧蔓及顶端部分孙蔓。当侧蔓较长时，可打掉下部老叶，然后解吊绳落蔓或采用落蔓夹吊蔓落蔓。选择侧蔓发育较好的雌花授粉，每株留1个瓜。

② 第三茬瓜整枝。第二茬瓜采收后，将第二茬瓜蔓基部留20厘米后剪除，从萌发的3~4条孙蔓中选留2条健壮孙蔓，选择长势强的孙蔓，在其第15节位处留瓜1个。

3. 果实管理与病虫害防治

果实管理可参考第六章西瓜塑料大棚栽培技术。病虫害防治可参考第十一章西瓜病虫害诊断与防治技术。

第二节　西瓜日光温室秋冬茬栽培技术

秋冬茬西瓜一般在8月下旬~9月上旬播种，苗龄为30~35天，9月下旬~10月上旬定植，12月底~第2年1月上旬采收。提倡采用嫁接育苗。此茬口西瓜生长发育前期温光强烈，后期温度偏低，不利于西瓜的正常发育，生产管理难度较大。在实际生产中应着重突出前期降温减光和防病虫，后期则应突出保温增温。

1. 品种选择

应选择生长期短、光温适应性好、抗病、耐寒、坐果率高、符合市场消费需求的中小果型品种，如陇冠、黑美人、潍科1号、宝冠、黑玉、秀美、秀雅、蜜童等。

2. 培育壮苗

此茬口一般在塑料大棚或温室中穴盘育苗，管理上的关键措施有遮阴、降温、防雨和防病虫。具体方法参考第四章西瓜的育苗技术。

3. 定植

3 叶 1 心时即可定植。定植时可覆盖黑色地膜防草，以及后期保温，地膜覆盖时可先覆膜再定植，也可先定植后覆膜。以平畦为例，演示先定植后覆膜的过程（图 7-8）。

图 7-8 温室西瓜覆膜定植过程

4. 水肥管理

定植后3~4天浇缓苗水1次。伸蔓期结合浇水追施尿素7~10千克/亩。膨果初期结合浇水追施复合肥或磷酸二铵20千克/亩、硫酸钾20千克/亩、冲施宝冲施肥25千克/亩，之后每隔10~15天浇水1次，保持土壤湿润，切忌忽干忽湿。尤其生长发育后期浇水时应小水勤浇，忌大水漫灌，以免地温下降过快。膨果期根据植株长势，可酌情喷施叶面肥或0.2%磷酸二氢钾溶液2~3次。采收前7~10天停止浇水。

5. 温度、湿度和光照管理

此茬口栽培前期温度较高，除利用温室顶部通风口通风外，温室前沿裙膜应适当卷起增加通风量，卷起部位加装30目防虫网。9月中下旬当室外夜温降至15℃以下时，夜间应及时密闭棚膜。随天气转凉，温室内夜温低于15℃时，可间隔覆盖草帘，使夜间棚温不低于20℃。当棚内气温低于13℃时，全部覆盖草帘或保温被。进入11月，视低温情况可在草苫或保温被上方增覆“浮薄膜”。具体温度管理参照西瓜不同阶段生长发育适温进行。

栽培前期温室昼夜通风降低湿度，减少病害。9月中下旬夜间闭棚后，白天及时通风降湿，浇水后应通大风。进入10月下旬，在保证温度的条件下，尽量降低棚内湿度。

西瓜属于喜光作物，本茬口栽培前期尽管光照较强，但一般不必采用遮阳网遮阴。10月下旬以后，冷空气较多，天气变化剧烈，应注意增加光照。

6. 其他管理措施

参考第六章西瓜塑料大棚栽培技术。

第八章
无籽西瓜棚室栽培技术

我国自20世纪50年代开始推广无籽西瓜以来，无籽西瓜因其耐湿、抗病、味甜、无籽、食用方便等优点而深受消费者青睐。尤其在阴雨高湿、病虫害多发的南方地区发展迅速。目前，各地多以大中果型中晚熟露地覆膜栽培为主，随着小果型早熟无籽西瓜新品种的开发推广，棚室无籽西瓜因属早熟栽培，经济效益优于普通露地，近年来在北方地区发展较快。以下介绍小型无籽西瓜棚室栽培技术要点。

第一节　无籽西瓜的特征与育苗技术

无籽西瓜属于三倍体西瓜（图8-1），生长发育规律与普通西瓜基本相同，但有其独特的形态特征和生理特性，生产上须结合一般棚室栽培特点，有针对性地采取措施，方能取得良好的栽培效果。

图8-1　无籽西瓜

一、无籽西瓜的特征特性

1. 与二倍体西瓜的形态特征差异

1）与二倍体普通西瓜相比，无籽西瓜叶型较小，茎蔓粗壮，分枝力强。

2）花器官较大，雄花花粉败育，雌花孕性相对较低，须种植授粉品种刺激坐果。

3）果皮粗糙、较厚，瓜瓤中没有成熟种子，只有种子痕迹的白色种皮。

4）种皮较厚，脐部坚硬，种胚发育不完全。

2. 发芽率低，幼苗生长缓慢

1）无籽西瓜种皮厚且坚硬，吸水后易烂种，用常规方法催芽，发芽率较低。

2）发芽适温为33~35℃，高于普通西瓜。

3）出苗后，茎叶和根系生长缓慢。

3. 植株后期生长旺盛，不易坐果。

1）无籽西瓜伸蔓期后抗逆性增强，但易徒长，自然坐果率较低。

2）果实膨大第一高峰出现在开花后7~8天，第二高峰出现在开花后15天左右，开花后20天左右生长缓慢，25天后果实体积不再增大。

二、育苗技术

早春茬无籽西瓜育苗应选用电热温床、穴盘或营养钵结合嫁接育苗。主要的早春茬育苗技术要点如下。

无籽西瓜宜适当早播育苗，一般比普通西瓜早播3~5天。授粉品种比无籽西瓜晚播7天左右。播种时采用破壳、控湿、高温快速催芽法。

1. 浸种、破壳

1）将消毒好的种子放于55℃清水中搅拌10~15分钟，水温降至30℃左右时浸种8~10小时，反复搓洗后稍晾干。

2）用牙齿轻磕种子脐部，使其裂开小口。或用老虎钳、指甲刀将种脐轻轻夹开。

【提示】

①已做处理的种子可不用破壳，浸种时间缩短为30分钟左右，进行控湿以免种腔积水，导致烂种。②人工破壳动作宜轻，不可损伤种胚影响发芽。

2. 布卷催芽

1）将浸种、破壳的种子摆放于一层湿白布或棉纱上，包裹好卷成布卷放于恒温箱中催芽。

2）催芽采用高温、变温管理，防止下胚轴过长。当70%的种子发芽时，可挑选胚根长约0.5厘米的种芽播种，其他种子继续催芽。无籽西瓜催芽变温管理指标见表8-1。

表8-1 无籽西瓜催芽变温管理

阶段	温度/℃	持续时间/小时
种子入箱后	36~40	10~12
50%种子露白	32~33	24~36

3. 苗床管理

1）温、湿度管理。苗床温度管理应把握前期高温促催生芽，中期降温控生长，后期增温促壮苗的原则。无籽西瓜苗期温度管理指标见表8-2。

表8-2 无籽西瓜苗期温度管理指标

阶段	白天温度	夜间温度	技术措施
播种至出苗	30~35℃	18~35℃	夜间棚室外覆草苫或保温被保温，白天适当开闭苗床
出苗至第1片真叶出现	20~25℃	≥15℃	适当降温
第1片真叶展开至定植	25~30℃	15~18℃	适当提温壮苗
定植前7天	15~20℃	12~14℃	苗床逐渐降温炼苗

嫁接苗嫁接后须放入小拱棚内密闭遮光，温度保持在白天25~28℃、夜间15~18℃，相对湿度以90%为宜。10:00前、16:00后可照弱光。3天后苗床气温保持在白天28~30℃、夜间15~18℃，晒花

苫或早晚揭去遮盖物见光，并揭开薄膜两头换气 1~2 次。之后逐渐缩短遮光时间，加大通风量。7 天后不再遮光，可按一般苗床管理，35 天左右可定植。

2）水分管理。应在播种时浇足底水，之后少浇、浇透，选择晴天在棚室内浇温水。第 1 片真叶展开之前严格控制水分。之后根据墒情加大浇水量，并注意通风降湿。育苗后期减少浇水，控幼苗生长，定植前 5~6 天停止浇水。

3）光照管理。第 2 片真叶抽出后采取措施增加透光。

4）其他管理措施。参考第四章西瓜的育苗技术。

【提示】

无籽西瓜易“戴帽”出土，应在清晨种壳潮湿时，用手轻轻摘除，注意勿伤子叶和胚轴。

第二节　棚室无籽西瓜栽培管理技术

一、茬口安排和播种期

根据各地实际，小型无籽西瓜棚室栽培茬口安排一般为早春茬和秋延迟茬。早春茬可采用小拱棚双膜覆盖栽培或大拱棚多层覆盖栽培，两个茬口的农事时间安排见表 8-3。

表 8-3　无籽西瓜棚室栽培两个茬口的农事时间安排

茬口	播种期	定植期	采收期
早春茬	1 月中旬~2 月上旬	3 月上旬	5 月上旬
秋延迟茬	7 月上中旬	7 月下旬~8 月初	9 月下旬~10 月初

二、品种选择

小型无籽西瓜棚室栽培宜选用生长发育期短、坐果率高、适应性好、适于棚室栽培的小型品种，如蜜童、墨童、帅童、先甜童、京欣无籽 2 号、京欣无籽 3 号、小玉无籽等。授粉品种可选用早春红玉，播种量为无籽西瓜种量的 1/5～1/4。嫁接砧木可用好友 209 南瓜。

【提示】

① 授粉品种宜选择抗性强、小籽、皮色与无籽西瓜差异明显的当地主栽品种。

② 无籽西瓜与授粉品种的定植比例一般为 4∶1 或 5∶1，间隔种植。人工授粉条件下定植比例可增至 8∶1。

三、田间栽培管理

1. 定植

（1）适期定植 苗龄为 35～40 天，3～4 叶 1 心，棚内地温稳定在 13℃左右时即可定植。

（2）整地施肥 可根据设施特点，采用龟背畦、平畦覆膜、爬地栽培或大棚高垄覆膜、吊蔓栽培等方式。结合整地每亩施入农家肥 4000～5000 千克、饼肥 50 千克、三元复合肥 40～50 千克。爬地栽培双蔓整枝时，每亩定植 600～700 株，三蔓整枝时每亩定植 500～600 株。支架栽培双蔓整枝时，每亩定植 1100～1200 株。

2. 定植后的管理

（1）温、湿度管理 无籽西瓜生长发育不同阶段适温指标见表 8-4。缓苗期湿度稍高，其他各生长发育期棚内湿度以保持在 60%～70%为宜，不宜超过 80%。

表 8-4 无籽西瓜生长发育不同阶段适温指标

生长发育阶段	白天温度	夜间温度	技术措施
缓苗期	25～28℃	一般高于 15℃，不能低于 10℃	及时增加多层覆盖增温、保温
伸蔓期	25～30℃	>15℃	保温、降湿和增光兼顾
开花坐果期	28～32℃	>18℃	注意通风降温、降湿
膨果期	30～32℃	18～20℃	注意通风降温、降湿

（2）肥水管理

1）追肥。无籽西瓜的追肥原则为前期促苗，后期促果，中期控制速效氮肥的施用。

① 进入伸蔓期前后，结合浇水每亩追施尿素5~10千克、硫酸钾5千克，适当补充硅、钙等中微量元素。

② 伸蔓后至坐果前，严控肥水，轻整枝，防止植株徒长。

③ 当幼瓜长至鸡蛋大小时，结合浇水每亩冲施尿素15千克、硫酸钾15千克、复合生物菌肥25千克或每亩冲施三元复合肥25千克、复合生物菌肥25千克。7天左右进行第2次追肥，肥量酌减。

2）浇水。无籽西瓜整个生长发育期内一般浇水6~8次，早春茬前期气温较低，浇水量和次数应酌减。

① 定植后及时浇缓苗水，缓苗期土壤相对含水量以65%为宜。

② 进入伸蔓期前浇水1次，之后控制浇水，土壤相对含水量以60%~80%为宜。

③ 膨果期应及时浇水，经常保持土壤湿润，土壤相对含水量以75%~90%为宜。

④ 采收前5~7天停止浇水。

（3）整枝压蔓　无籽西瓜一般采用双蔓或三蔓整枝。整枝不宜过早，当主蔓长至1米左右开始整枝。坐果后一般不再整枝，如果茎叶有徒长趋势时可疏去部分子蔓（孙蔓）或对其摘心。

爬地栽培无籽西瓜长至主蔓50~60厘米，侧蔓20~30厘米时开始压蔓。根据植株长势，每隔4~5节压1次，主蔓压3次左右，侧蔓压2~3次。

【注意】

①嫁接苗要采用明压蔓，以免产生不定根。②压蔓宜在下午茎蔓变软时进行，坐果节前后2节内不压。

（4）人工授粉　早晨8:00~10:00进行人工授粉，第1个瓜达7成熟时，继续授粉坐第2个瓜。

（5）选瓜留瓜　一般选择主蔓第20~25节、侧蔓第15节左右的第 2 朵或第 3 朵雌花授粉坐果。可多雌花授粉，当幼瓜长至鸡蛋大小时疏瓜。

（6）适时采收 从雌花开放到果实成熟，一般早熟品种需 30~35 天，中熟品种需 35~40 天，晚熟品种需 40~45 天。

（7）二茬瓜的选留技术 二茬瓜的选留可采用割蔓再生法，即头茬瓜采收后，在主蔓基部距离嫁接口 30 厘米处剪去老蔓，利用基部叶腋潜伏芽萌发新蔓结瓜。一般从萌发的 3~4 个蔓中选留 2~3 个强蔓，二茬瓜蔓长势一般较头茬弱，因此生产上应注意加强肥水管理。

四、病虫害防治

病虫害防治可参考第十一章西瓜病虫害诊断与防治技术。

第九章
棚室有机西瓜栽培技术

第一节　有机蔬菜生产误区及正确认识

一、有机蔬菜生产误区

1. “神话”有机农产品，盲目发展导致损失

部分生产者和消费者不了解有机蔬菜的基本特征，认为有机蔬菜是比普通蔬菜营养更为丰富、安全的万能菜，在发展有机蔬菜时未能充分评估投入与产出比，未能充分考察市场需求，盲目生产导致产品销售难或优质难优价。

2. 概念区分不清，有机蔬菜名称滥用，名不副实

部分生产者和消费者对有机蔬菜、绿色蔬菜和无公害蔬菜的概念区分不清，不清楚有机蔬菜和绿色蔬菜需经相关部门、机构检测、认证、贴标后方可上市销售，而随意将未经检测认证的蔬菜宣传为有机蔬菜或绿色蔬菜。部分生产者和消费者不了解无公害蔬菜的概念，将无公害蔬菜理解或宣传成高品质、生产标准极高的安全蔬菜。认识上的误区经常导致蔬菜的非标准化生产和市场销售混乱，误导消费者的菜品选择，间接降低了有机蔬菜或绿色蔬菜的生产效益。

3. 生产技术不规范，产品达不到有机标准而冒充有机产品上市

部分生产者在优质不优价、难优价或销售困难的情况下，随意降低有机生产标准，从而增加产量，降低成本或者生产环境和生产技术不达标准，生产的产品冒充有机产品上市，消费者权益受到损害。

二、正确认识

1. 正确认识有机蔬菜，理性选择种植和消费有机菜品

生产者和消费者在思想上不应“神话”有机菜品，有机蔬菜更倾向于采用天然生态方法进行生产，无化学合成品投入，因此基本无化学合成农药、化肥残留，食用更加安全，但并不是营养成分较普通蔬菜更为丰富，更多时候有机蔬菜的产量、外观商品性反而不如普通蔬菜。因有机蔬菜的生产成本较高，故销售价格远高于普通蔬菜，消费者可根据个人经济状况和消费趋向理性选择有机产品，但应注意如果有机蔬菜价格与普通蔬菜价格接近或仅略高，则一般为假冒有机产品。

2. 正确区分无公害蔬菜、绿色蔬菜和有机蔬菜

根据蔬菜质量等级划分，市场上常见蔬菜可分为4类：普通蔬菜、无公害蔬菜、绿色蔬菜和有机蔬菜（图9-1），四种蔬菜的生产标准和产品质量要求存在明显差异。

图9-1 蔬菜质量等级划分

（1）普通蔬菜 在生长、采收、贮存、运输、加工过程中，不加任何限制管理，产品质量也没有任何标准要求。

（2）无公害蔬菜 要求蔬菜产品有害物质含量控制在国家规定的允许范围内，食用后不会对人体健康造成危害。基本要求：①农药残留不超标，禁用高毒、剧毒农药；②硝酸盐含量不超标；③工业三废和病原微生物等有害物质不超标。无公害是蔬菜生产的最基本要求，只要是能够上市销售的蔬菜均应至少达到无公害标准。

（3）绿色蔬菜 绿色蔬菜分为A级和AA级2种，均需符合绿色食品标准。其中A级绿色蔬菜生产中允许限量使用化学合成的生产资料，AA级绿色蔬菜则较为严格地要求在生产过程中不使用化学合

成的肥料、农药和其他有害于环境与健康的物质。绿色蔬菜须经监管部门认证、贴标签（图 9-2）后方可上市销售，是无公害蔬菜向有机蔬菜发展的一种过渡性产品。

（4）有机蔬菜　是指以有机方式生产加工、符合有关标准并通过专门认证机构认证的蔬菜及其加工品，产品外包装有专用标识（图 9-3）。

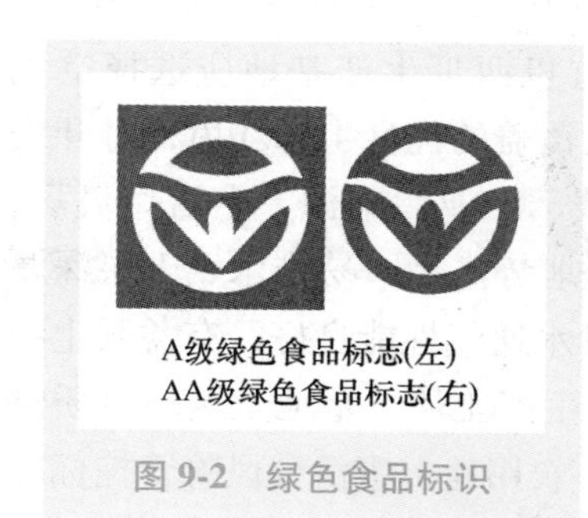

图 9-2　绿色食品标识

图 9-3　中国有机产品标识

3. 加强监管与生产者自律相结合，综合保障“纯正”有机生产

市场监管部门应根据有机蔬菜的生产标准，从产地环境、大气、地下水、种子、农资、生产过程等各个方面加强检测监管，确保生产全过程符合有机标准。生产者则应严格自律，杜绝弄虚作假，真正做到有机生产。

第二节　有机西瓜生产的定义和生产标准

随着生活水平的提高，人们对农产品质量安全和农业产区的生态环境健康问题日益关注。而有机农业经过几十年的发展和生产实践则顺应了改善农业生态环境、生产优质无污染有机食品的世界潮流而日益受到重视。有机农产品正在成为人们的消费时尚，发展有机农业是解决食品安全问题的有效途径之一，市场应用前景广阔。

一、定义

有机西瓜生产技术是指遵循可持续发展的原则，严格按照《欧共体有机农业条例2092/91》进行多次生产、采收、运输、销售，不使用化学农药、化肥、植物生长调节剂等，按照农业科学和生态学原理，维持稳定的农业生态体系。

二、生产基地环境要求和标准

1. 基地建立

1）基地选择标准。根据 GB/T 19630—2019《有机产品　生产、加工、标识与管理体系要求》标准，有机西瓜生产基地应选择空气清新、土壤有机质含量高、有良好植被覆盖的优良生态环境，避开疫病区，远离城区、工矿区、交通主干线、工业污染源、生活垃圾场、重金属及农药残留污染源等。要求选择地势高燥、易排水、土层深厚肥沃，有效土层达60厘米以上，土壤排水通气性能良好，有益微生物活性强，有机质含量大于15克/千克的生产土壤。基地土壤环境质量须符合GB 15618—2018《土壤环境质量 农用地土壤污染风险管控标准(试行)》，农田灌溉水质符合GB 5084—2021《农田灌溉水质标准》，环境空气质量要达到GB 3095—2012《环境空气质量标准》的要求。

2）确立转换期。有机西瓜生产转换期一般为3年。新开荒、撂荒或有充分数据说明多年未使用禁用物质的地块，也至少需1年转换期。转换期的开始时间从向认证机构申请认证之日起计算，转换期内必须完全按照有机生产要求操作，转换期结束后须经认证机构检测达标后方能转入有机西瓜生产。经1年有机转换后的田块中生长的西瓜，可以作为有机转换西瓜销售。有机西瓜生产基地须具备一定的规模，一般种植面积不小于150亩。生产基地土地应是完整地块，其间不能夹杂进行常规生产的地块，但允许夹有有机转换地块，且与常规生产地块交界处须界线明显，如交界处有河流、沟渠等。

【注意】

如果有机西瓜生产基地中，有的边缘地块有可能受到邻近常规地块污染的影响，则必须在有机和常规地块之间设置10米左右的缓冲带或物理障碍物，以保证有机地块不受污染。

3）合理轮作。棚室西瓜忌连作，其有机生产基地应避免与瓜类作物连作，宜与禾本科、豆科作物或绿肥等轮作换茬。

2. 设置缓冲带

有机西瓜生产基地与常规生产地块相邻时，需在基地周围种植8~10米宽的高秆作物、乔木或设置物理障碍物作为缓冲带，以保证有机西瓜种植区不受污染和防止临近常规地块施用的化学物质的漂移。

3. 棚室清洁与基地生态保护

棚室有机西瓜生产过程中，要求不造成环境污染和生态破坏。所以在每茬西瓜和作物采收后都要及时清理植株残体，彻底打扫、清洁基地，将病残体全部运出基地外销毁或深埋，以减少病虫害基数。将瓜蔓或秸秆收集后放入沼气池发酵处理，沼渣和沼液分别作为有机肥和冲施肥施用，使瓜蔓、秸秆等农业有机物100%循环利用。农膜等不能降解的废弃物要100%回收并加以利用。此外，在栽培过程中，要及时清除落花、落叶、落果、整枝剪下的瓜蔓，以及病虫株、病残株和杂草，消除病虫害的中间寄主和侵染源等。

三、品种（种子）选择

禁止使用转基因或含转基因成分的种子，禁止使用经有机禁用物质和方法处理的种苗，种子处理剂应符合 GB/T 19630—2019《有机产品　生产、加工、标识与管理体系要求》。应选择适应当地土壤和气候条件，抗病虫能力较强的西瓜品种。

【禁忌】

有机西瓜生产应选择经认证的有机种子、种苗或选用未经禁用物质处理的种苗。目前用包衣剂处理的种子不宜选用。

四、有机西瓜施肥与病虫草害防治技术原则

有机西瓜不论育苗还是田间生产期间的水肥管理均应按照有机蔬菜生产标准进行，基本要点如下。

1. 有机西瓜施肥技术原则

（1）肥料 禁用化肥。可施用有机肥料，如粪肥、饼肥、沼肥、沤制肥等；矿物肥，包括钾矿粉、磷矿粉等；有机认证机构认证的有机专用肥或部分微生物肥料，如具有固氮、解磷、解钾作用的根瘤菌、芽孢杆菌、光合细菌和溶磷菌等。

（2）施用方法

1）施肥量。一般每亩有机西瓜基肥可施用有机粪肥6000~8000千克，追施专用有机肥或饼肥100~200千克。动、植物肥料用量比例以1：1为宜。

2）重施基肥。结合整地施基肥，基肥用量占总肥量的80%。

3）巧施追肥。西瓜属浅根系作物，追肥时可将肥料撒施，掩埋于定植沟内，及时浇水或培土，也可进行冲施追肥。

【提示】

有机肥在施用前2个月需进行无害化处理，可将肥料泼水拌湿、堆积、覆盖塑料膜，使其充分发酵腐熟。发酵期堆内温度高达60℃以上，可有效地杀灭农家肥中的病虫，且处理后的肥料易被西瓜吸收利用。

2. 有机西瓜病虫草害防治技术原则

应坚持“预防为主，综合防治”的植保原则，通过选用抗（耐）病品种，合理轮作，嫁接育苗，合理调控棚室温度、光照、湿度和土壤肥料、水分等农艺措施，以及物理防治和天敌生物防治等技术方法进行棚室有机西瓜病虫草害防治。生产过程中禁用化学合成农药、除草剂、生长调节剂和基因工程技术产品等。有机西瓜病虫草害防治技术原则如下。

（1）病害防治

1）可用药剂有石灰、硫黄、波尔多液、石硫合剂、高锰酸钾等，可防治多种病害。

2）限制施用药剂主要为铜制剂，如氢氧化铜、氧化亚铜、硫酸铜等，可用于真菌、细菌性病害防治。

3）允许选用软皂、植保 101、植保 103 等植物制剂、醋等物质抑制真菌病害。

4）允许选用微生物及其发酵产品防治西瓜病害。

（2）虫害防治

1）提倡通过释放捕食性天敌，如七星瓢虫、捕食螨、赤眼蜂、丽蚜小蜂等防治虫害。

2）允许使用苦参碱、绿帝乳油等植物源杀虫剂和鱼腥草、薄荷、艾菊、大蒜、苦楝等植物提取剂防虫。如用苦楝油 2000~3000 倍液防治潜叶蝇，艾菊 30 克/升防治蚜虫和螨虫，葱蒜混合液和大蒜浸出液预防病虫害的发生等。

3）可以在诱捕器、散发皿中使用性诱剂，允许使用视觉性（如黄板、蓝板）和物理性捕虫设施（如黑光灯、防虫网等）。

4）可以限制性使用鱼藤酮、植物源除虫菊酯、乳化植物油和硅藻土杀虫。

5）有限制地使用微生物制剂，如杀螟杆菌、Bt 制剂等。

（3）杂草防除　禁止使用基因工程技术产品或化学除草剂除草；提倡地膜覆盖、秸秆覆盖防草和人工、机械除草。

第三节　棚室有机西瓜栽培管理技术

根据当地的实际情况制定可行的有机西瓜生产操作规程，强化栽培管理，建立详细的栽培技术档案，对整个生产过程进行详细记载，并妥善保存，以备查阅。建立完整的质量跟踪审查体系，并严格按照生态环境部颁布的 HJ/T 80—2001《有机食品技术规范》组织生产。

一、茬口安排

棚室有机西瓜茬口一般可采取早春茬、冬春茬、秋延迟茬等高效茬口，各地可根据实际设施条件确定播种期。

二、培育壮苗

有机西瓜育苗时需着重注意以下几个问题。

(1) 土壤和种子处理 选用有机认证种子或未经禁用物质处理的常规种子。有机西瓜种子播种前应进行土壤（基质）、棚室和种子消毒。

选用物理方法或天然物质进行土壤和棚室消毒。土壤消毒方法：地面喷施或撒施3~5波美度石硫合剂、晶体石硫合剂100倍液、生石灰2.5千克/亩、高锰酸钾100倍液或木（竹）醋液50倍液。苗床消毒可在播前3~5天地面喷施木（竹）醋液50倍液或用硫黄（0.5千克/米^2）与基质、土壤混合，然后覆盖农膜密封。棚室则可提前采用灌水、闷棚等物理方法结合硫黄熏烟等药剂方法进行消毒，防治病虫。

【禁忌】

西瓜苗床覆盖农膜禁用含氯农膜，应予以注意。

种子消毒技术主要有晒种、温汤浸种、干热消毒和药剂消毒。药剂消毒方法为：采用天然物质消毒，可用高锰酸钾200倍液浸种2小时、木醋液200倍液浸种3小时、石灰水100倍液浸种1小时或硫酸铜100倍液浸种1小时。药剂消毒后用55℃温汤浸种4小时。

(2) 连作棚室 宜采用嫁接育苗。

(3) 其他苗床管理 可参考第四章西瓜的育苗技术。

三、田间管理

(1) 棚室有机西瓜肥水管理技术 定植前施足基肥，可结合整地每亩施入经有机认证的有机肥5000~8000千克，矿物磷肥30~50千克，矿物钾肥50~70千克。缓苗后浇小水1次。伸蔓期随水追施专用有机肥100~150千克/亩、沼液200~400千克/亩或饼肥50~100千克/亩、沼渣200~400千克/亩（沼肥生产设施如图9-4、图9-5所示）。膨果期随水追施生物菌肥50千克/亩、沼液400~500千克/亩和矿物钾肥20~25千克/亩。膨果后期可每7~10天叶面喷施光合微量元素肥，防止植株早衰。

图 9-4　沼液过滤装置

图 9-5　沼渣发酵池

【注意】

目前沼液肥生产厂家往往向沼液中添加氮磷钾肥后出售，有机西瓜施用沼液前需严加确认后施用。

（2）棚室有机西瓜病虫害防治技术　有机西瓜病虫害防治应以农业措施、物理防治、生物防治为主，化学防治为辅，实行无害化综合防治措施。药剂防治必须符合 GB/T 19630—2019《有机产品　生产、加工、标识与管理体系要求》，杜绝使用禁用农药，严格控制农药用量和安全间隔期。

棚室有机西瓜常见病虫害防治方法如下。

1）猝倒病。进行种子、土壤消毒。发病初期用大蒜汁 250 倍液、25%络氨铜水剂 500 倍液或 5%井冈霉素水剂 1000 倍液防治，兑水喷雾，每 7 天左右防治 1 次。

2）灰霉病。发病初期叶面喷施 2%春雷霉素水剂 500 倍液、1/10000 硅酸钾溶液、80%碱式硫酸铜可湿性粉剂 800 倍液或 25%络氨铜水剂 500 倍液，每 10 天左右防治 1 次。

3）疫病。发病初期叶面喷施大蒜汁 250 倍液、25%络氨铜水剂 500 倍液、5%井冈霉素水剂 1000 倍液、80%碱式硫酸铜可湿粉剂 800 倍液或 77%氢氧化铜可湿性粉剂 800 倍液，每 7~10 天防治 1 次，连续 2~3 次。

4）霜霉病、白粉病。发病初期叶面喷施 2%武夷菌素水剂 200 倍液、0.5%大黄素甲醚水剂 1000 倍液、有效活菌为 10 亿孢子/克枯草芽孢杆菌可湿性粉剂 500~800 倍液等生物农药或叶面喷施 47%春雷·王铜 WP 可湿性粉剂 800 倍液、46.1%氢氧化铜可湿性粉剂 1000 倍液等矿物农药防治，每 7~10 天防治 1 次。

5）软腐病。发病初期可用 46.1%氢氧化铜可湿性粉剂 1500 倍液或 72%农用链霉素可湿性粉剂 4000 倍液、3%中生菌素可湿性粉剂 1000~1200 倍液喷雾、灌根。

6）蚜虫、蓟马、白粉虱、叶螨及夜蛾类害虫。棚室栽培可加装防虫网。其他物理和生物措施：设置黄色、蓝色粘虫板；黑光灯或频振式杀虫灯诱杀成虫；田间释放白粉虱天敌丽蚜小蜂、叶螨天敌捕食螨、蚜虫天敌瓢虫或草蛉等进行防治（图 9-6~图 9-9）。

图 9-6　利用捕食螨控制叶螨

图 9-7　用蓝板防治蓟马

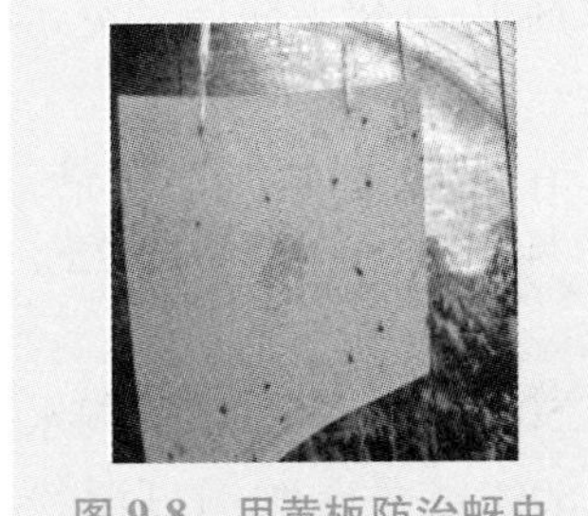

图 9-8　用黄板防治蚜虫

图 9-9　用丽蚜小蜂防治白粉虱

【药剂防治】　危害初期可喷施苦参碱乳油 1000~1500 倍液、5%天然除虫菊素乳油 800~1000 倍液、生物肥皂 1000 倍液、0.5%印楝素乳油 1000~1500 倍液等防治。

【提示】

有机西瓜病虫害防治允许使用的生物农药主要包括：①抗生素类杀虫剂，如阿维菌素类。②细菌类杀虫剂，如苏云金杆菌、Bt 制剂类。③植物源杀虫剂，如苦参碱、鱼藤酮及银杏叶、黄杜鹃花、苦楝素、辣蓼草等植物提取物等。

第十章
西瓜特种栽培技术

第一节　西瓜特种栽培生产误区及解决方法

一、西瓜特种栽培生产误区

1. 简易滴灌设备质量较差，高端设备投资过高制约水肥一体化技术应用

简易西瓜水肥一体化滴灌系统设计安装不合理，滴灌不均匀，滴灌带易爆裂，引进的以色列等高端滴灌系统一次性投资较大等因素，不仅影响了设备的使用效果和寿命，而且成本较高，降低了生产效益。

2. 生产缺乏专用滴灌肥，水肥管理缺乏精准性，影响滴灌效果

种植者对滴灌技术未完全掌握，灌溉施肥随意性大，缺乏专用滴灌肥或肥料杂质较多，易堵塞滴孔，影响了正常的施肥灌溉效果。上述 2 个因素在一定程度上制约了该项技术的推广应用。

3. 盲目跟风无土栽培，基质选择不合理，生产成本增加

部分地区未结合本地生产实际，盲目选择椰糠、沙培、砾培、岩棉培等基质栽培。生产中有机基质未经消毒重复使用，部分有机基质本身能够提供的养分较少，而无机基质则不能提供任何养分，因此增加了肥料等农资投入成本。

4. 水肥一体化配套栽培技术缺失

生产中病虫害依旧多发，部分地区无土栽培的蔬菜产量和品质甚至低于有土栽培，达不到预期生产目的（图 10-1）。

图 10-1　蔬菜无土栽培生产中的问题

二、解决方法

1. 不宜盲目引进高端水肥一体化设备，尽量降低一次性生产投入

目前我国生产中的蔬菜水肥管理多根据经验进行，尚不能做到完全精准管理，为降低成本可选择相对简易但质量可靠的国产水肥一体化设备（图 10-2），也可达到生产目标。

图 10-2　国产水肥一体化设备

2. 研发、推广针对不同作物的专用滴灌肥或滴灌方案

注意加强不同类型蔬菜专用滴灌肥的研发应用，以及蔬菜水肥一体化生产技术培训，逐步提高水肥管理精准化水平。

3. 根据具体生产目的选择无土栽培和栽培基质

一般而言，连作障碍严重地块、高盐碱地区，旅游、观光、休闲、科普体验农业园区等可考虑选择无土栽培，一般生产者不宜盲目选择无土栽培。基质选择应以基质本身可提供部分养分为宜，不宜跟风选择无机基质。

【注意】

选择椰糠基质时，如产品EC值（含盐量）较高时，则需用水浸泡脱盐后方可使用。夏季生产宜采用颗粒较细的椰糠，冬季可采用颗粒较粗的椰糠，有利于水分蒸发。一般情况下，椰糠粗细颗粒比以7∶3较为适用。

4. 加强水肥一体化配套栽培技术研究和应用

生产中应提倡地膜覆盖、袋培等生产模式，尽量减少根系、基质与外界接触面，并应及时补充水肥，减少病虫害发生。

第二节　西瓜水肥一体化滴灌技术

1. 水肥一体化的概念

水肥一体化滴灌技术又称为“水肥耦合”“随水施肥”“灌溉施肥”等，是将水溶性肥料配成肥液注入低压灌水管路，并通过地膜下铺设的微喷带均匀、准确地输送到作物根际，肥、水可均匀地浸润地表25厘米左右或更深，保证了根系对水分、养分的快速吸收，能针对蔬菜的生长发育进程和需肥特性施用配方肥料，是一种科学灌溉施肥模式。

2. 水肥一体化的特点

水肥一体化滴灌技术实现了水肥的耦合，有利于提高水分、肥料利用效率，通过灌溉进行精准施肥，可避免肥料淋失对地下水造成的污染。棚室西瓜滴灌还可降低大棚内的相对湿度，从而起到降低病虫害发生率，提高冬春茬地温0.5~2℃的栽培效果，从而在很大程度上实现节水节肥、省时省工、增产增收的生产目标，因此近年来尤其在设施蔬菜产区得到了广泛推广。

但目前水肥一体化技术在实际生产中存在一些问题，限制了其推广应用进程。主要问题有滴灌系统设计安装不合理不配套、灌水施肥随意性大、滴灌不均匀、滴灌带爆裂、滴孔易堵塞、一次性投资较大等，不仅会影响正常的施肥灌水效果，而且还会影响设备的使用寿

命，导致成本的增加，在一定程度上也制约了该项技术的推广应用。

3. 滴灌设备的选择与安装

生产中常用的简易软管滴灌系统是成本较低的一种滴灌系统，由供水肥装置、供水管和滴水软壁管组成（图 10-3）。

图 10-3　简易软管滴灌系统

（1）供水肥装置　包括 1.5 千瓦水泵、化肥池、控制仪表等，可保持 0.12~0.15 兆帕的入棚压力。取水泵口用 1~2 层防虫网包裹过滤，滤去大于 25 目（孔径约为 710 微米）的泥沙颗粒及纤维物等。该装置的作用是抽水、施肥、过滤，将一定数量的水送入干管。

（2）供水管　包括干管、支管及必要的调节设备（如压力表、闸阀、流量调节器等）。供水管为黑色，干管直径为 7 厘米，要求有 0.2 兆帕以上的工作压力，支管直径为 3~4 厘米。在供水管处连接肥料稀释池，结合供水补充肥料，用水须经过滤以防堵塞。

（3）滴水软管及其铺设方法　目前适合于大棚西瓜种植的滴水软管主要有以下 2 种。

1）双上孔聚氯乙烯塑料软管。该型软管抗堵塞性能强，滴水时间短，运行水压低，适应范围广，安装容易，投资低廉，应用较广。采用直径为 25~32 毫米的聚氯乙烯塑料滴灌带作为滴灌毛管，配以直径为 38~51 毫米的硬质或同质塑料软管为输水支管，辅以接头、施肥器及配件。滴水软管上有 2 行小孔，孔间距为 33 厘米，软管一端接于供水管上，另一端用堵头塞住，供水管连接有过滤网的水源，打开阀门，水便沿软管流向畦面，喷出后从地膜下滴入畦面，供西瓜根系吸收利用。

具体铺设方法：将滴灌毛管顺畦向铺于小高畦上，出水孔朝上，将支管与畦向垂直方向铺于棚中间或棚头，在支管上安装施肥器。为控制运行水压，在支管上垂直于地面处连接1根透明塑料管，用于观察水位，以水柱高度为80~120厘米的压力运行，防止滴灌带运行压力过大。若种植行距小于50厘米，可采用双行单管带布置法，即将双孔滴灌管布置于每畦两行植株中间；若种植行距大于50厘米，则宜单行安装单根单孔滴灌管，管带长度与畦长相同。安装完毕后，打开水龙头试运行，查看各出水孔流水情况，若有出水孔堵住，用手指轻弹一下，即可使堵住的出水孔正常出水。另外，根据地势平整度及离出水口远近，各畦出水量会有微小差异。用单独控制灌水时间的方法调节灌水量。检查完毕，开始铺设地膜。滴灌软管是在管壁上打孔输水灌溉的，是一种利用滴灌毛管的方式。因其无滴头，必须在滴灌软管上覆盖地膜。软管连接及铺设方法见图10-4、图10-5。

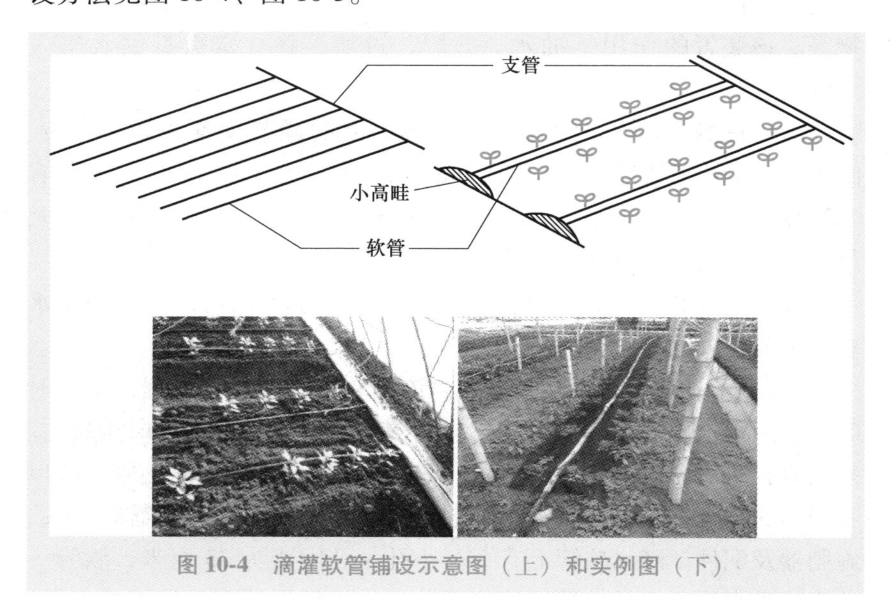

图10-4 滴灌软管铺设示意图（上）和实例图（下）

图 10-5 支管连接滴灌软管（左图）和软管堵头（右图）

2）内镶式滴灌管。该滴灌由于采用的是先进注塑成型滴头，然后再将滴头放入管道内的成型工艺，因此能够保证滴头流通均匀一致，各滴头出水量均匀。内镶式滴灌管管径为10毫米或16毫米，滴头间距为30厘米，工作压力为0.1兆帕，流量为每小时2.5~3升。铺设方法同双上孔滴灌管。

如果滴灌管滴头或出水孔间距与西瓜定植间距不符时可采用滴箭供水方法解决（图10-6）。

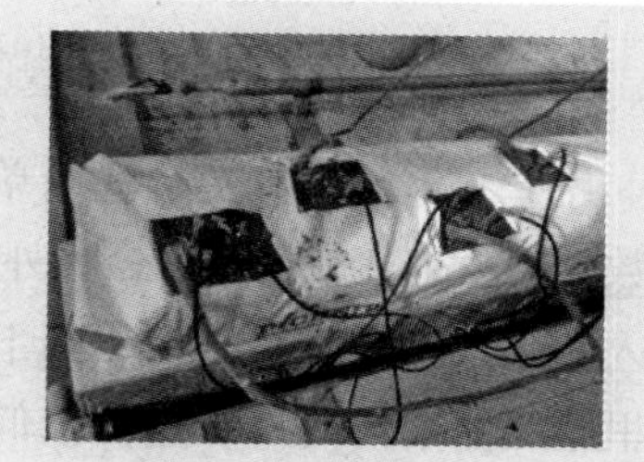

图 10-6 滴箭供水

（4）滴水软管铺设时应注意的问题

1）种植畦应整平，以免地面落差大造成滴灌不匀。

2）畦面和种植行应纵向排布，田间微喷带宜采用双行单根管带布置法，即将双孔滴灌管布置于每畦两行植株中间，若种植行距大于50厘米，则宜单行安装单根单孔滴灌管，管带长度与畦长相同。

3）单根管带滴灌长度不宜超过60米，以免造成首尾压差大，灌水不均。

4）当纵向距离过长时，应在畦两头或从中间安装输水管，让滴灌管自两头向中间或自中间向两头送水，以降低压差，提高滴灌均匀度。

5）在布放滴灌管时，滴灌管上的孔口朝上，以使水中的少量杂质沉淀在管的底部，也可避免根系因向水性生长而堵塞滴孔。每根滴灌管前边都要安装1个开关，以根据系统提供压力的大小，现场调整

滴灌管数量，方便操作管理。

6）滴灌管安装完成后，还要覆盖地膜，以使水流在地膜的遮挡下形成滴灌效果，并减少地表水分蒸发。

4. 施肥设备

目前的灌溉施肥设备除了简易水泥化肥池外，还包括成型设备，如压差式施肥罐、文丘里施肥器、比例施肥泵和由计算机控制的智能施肥机（图 10-7）。

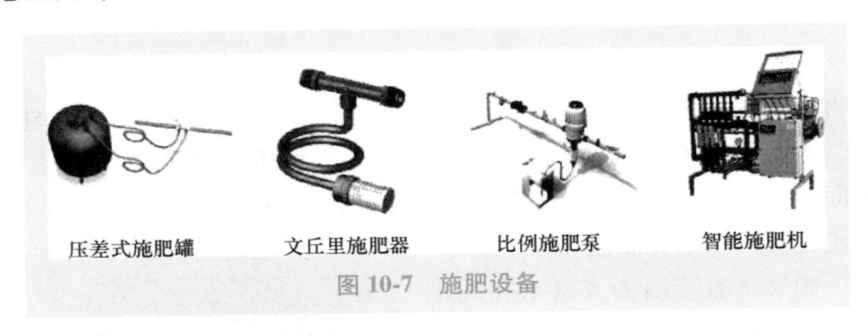

图 10-7　施肥设备

压差式施肥罐制造比较简单，造价低，但是容积有限，添加肥料次数频繁且工序较为繁杂；另外，由于施肥罐中的肥料不断被水稀释，进入灌溉系统的肥料浓度不断下降，从而导致施肥浓度不易掌握。文丘里施肥器结构简单，造价较低，但是很难精调施肥量，且水压和水的流速对文丘里施肥器的影响非常大，因此使用过程中施肥浓度易产生波动，从而导致施肥浓度不均匀。比例施肥泵是一种靠水力驱动的施肥装置，能够按照设定的比例将肥料均匀地添加到水中，不受系统压力和流量的影响，因此能够基本满足用户对于施肥浓度的控制，且造价相对适中。智能施肥机作为精准施肥的智能装置，其配置较为复杂，功能强大，可以满足多种作物不同施肥浓度的要求，但是造价高。

5. 棚室西瓜水肥管理

（1）施足基肥　滴灌栽培条件下西瓜种植密度增加，生产上应施足基肥方能丰产丰收。根据地力结合整地，施入腐熟稻壳鸡粪 5000~6000 千克/亩、三元复合肥 100 千克/亩、过磷酸钙 30~50 千克/亩、钾肥 20~30 千克/亩和饼肥 75~100 千克/亩。

（2）根据西瓜不同生长发育阶段需水规律确定灌水量 西瓜幼苗期要求土壤相对含水量为65%，伸蔓期为70%，开花坐果期为65%，膨果期为75%。

（3）滴灌施肥方案

1）水分管理。滴灌管理简便易行，只需打开水龙头即可灌水。双上孔软管滴灌运行压力一般保持水头高80~120厘米即可，切忌压力过大，否则会破坏管壁形成畦面积水。可在支管上连通1根透明细管，用以观察水柱高度。土壤湿度控制的方法是观测灌水指标，即在土壤中安装1组15~30厘米不同土层深度的土壤水分张力计，观察各个时期的土壤水分张力值。灌水指标一般以灌水开始点pF（土壤水吸力）表示，即土壤水分张力的对数，在张力计上可直接读出（图10-8）。根据灌水开始点，结合天气状况、植株长势等因素决定是否灌水。结合实际观测，西瓜适宜的灌水指标：营养生长期pF为1.8~2.0，开花授粉期pF为2.0~2.2，结果期pF为1.5~2.0，采收期pF为2.2~2.5。灌水量可用灌水时间控制，并结合天气、植株长势等因素决定灌水时间的长短。定植水以土壤湿润为度。双上孔软管滴灌定植水一般灌5~6小时，平时灌水时间为每次2~2.5小时。内镶式滴灌管灌水时间应适当延长。采收前7~10天停止灌水。棚室西瓜生长发育期灌水量见表10-1。

图10-8 土壤水分张力计

表10-1 棚室西瓜滴灌水肥管理方案

生长发育时期	灌溉次数	每次滴水量/[米^3/(亩·次)]	每次灌溉加入的纯养分含量/(千克/亩)				备注
			氮(N)	磷(P_2O_5)	钾(K_2O)	合计	
定植前	1	18	1.8	3.2	1.8	6.8	沟灌或滴灌
幼苗期	1	10	1.6	1.6	1.2	4.4	滴灌
伸蔓期	1~2	12	2.8	1.4	2.2	6.4	滴灌

（续）

生长发育时期	灌溉次数	每次滴水量/[米^3/(亩·次)]	每次灌溉加入的纯养分含量/(千克/亩)				备注
			氮(N)	磷(P_2O_5)	钾(K_2O)	合计	
膨果期	2~4	14	1.9	0.9~10.3	3.4~17.6	6.2	滴灌
合计	5~8	54~94	8.1~14.7	7.1~10.3	8.6~17.6	23.8~42.6	

2）追肥。西瓜滴灌追肥结合滴水进行。苗期和开花期随水滴施西瓜营养生长滴灌肥 5 千克/亩。坐果后随水滴施西瓜生殖生长滴灌肥 3~4 次，每次 4 千克/亩。滴灌肥料宜选择西瓜滴灌专用肥，营养生长滴灌肥的氮：磷：钾：微量元素比为 28：8：12：0.2，生殖生长滴灌肥的氮：磷：钾：微量元素比为 20：6：22：0.2。没有西瓜专用滴灌肥时也可使用合理配方施肥，其水肥管理方案参见表 10-1。

3）滴灌方法。打开滴灌系统，滴清水 20 分钟后打开施肥器，开始供肥。灌溉结束前半小时停止滴肥，以清水冲洗管道，防止堵塞。

【提示】

①盐碱化土壤应先滴灌清水，将土壤中可移动离子淋洗到下层土壤，然后滴灌全价营养液。②阴雨天可适当减少滴灌量或者不滴灌。

4）滴灌肥料选择。应选择常温下能完全溶解且混合后不产生沉淀的肥料。目前市场上常用溶解性好的普通大量元素固体肥料：氮肥，包括尿素、碳酸氢铵、硝酸铵、硝酸钾；磷肥，包括磷酸二铵，磷酸二氢钾；钾肥，包括硫酸钾、硝酸钾等。也可采用专用水溶肥。

【提示】

①选用颗粒复合肥作滴灌肥时应观察肥膜（黏土、硅藻土和含水硅土）是否易溶或堵塞滴孔。②滴灌追施微量元素肥料时，应注意不与磷肥同时混合使用，以免形成不溶性磷酸盐沉淀而堵塞滴孔。③除沼液外，多数有机肥因其难溶性而不宜作滴灌肥追施。

6. 其他管理措施

可参考西瓜不同茬口棚室栽培技术。

第三节 棚室西瓜无土栽培技术

蔬菜无土栽培具有可充分利用土地资源，省肥、省水、省工，减少病虫危害，实现蔬菜无公害生产，提高蔬菜产量和品质等优点，缺点是一次性投资巨大，因而近年来只在部分农业园区或示范基地得到了大面积推广。蔬菜无土栽培可分为营养液栽培和有机无土栽培，其主要分类如图 10-9 所示。

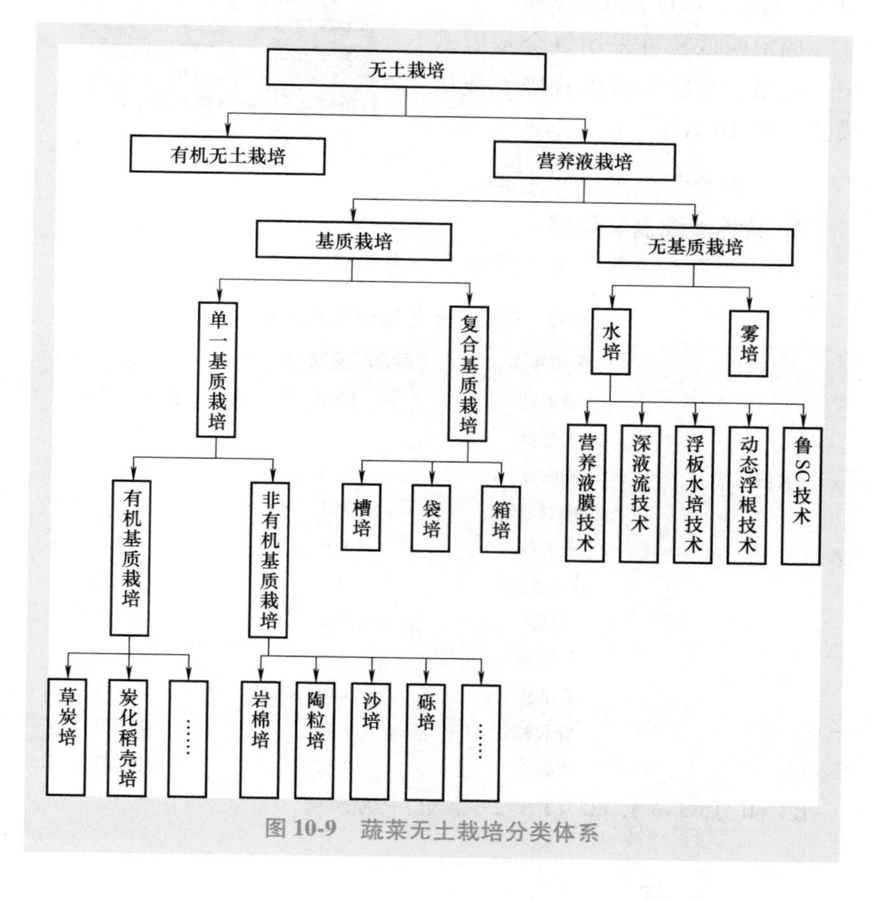

图 10-9 蔬菜无土栽培分类体系

棚室西瓜采用简易无土栽培设施进行生产，可在充分利用普通大棚或温室的基础上有效克服重茬病害，获得较好的经济效益。现着重将其设施结构和营养液配制与管理简介如下。

一、栽培基质的选择和配制

无土栽培常用基质可分为无机基质、有机基质和复合基质。无机基质主要包括蛭石、珍珠岩、岩棉、炉渣、沙子等；有机基质主要包括草炭、椰糠、菇渣、蔗渣、锯末、酒糟、玉米芯等；复合基质由两种及以上基质按一定体积比混合而成，如常见的草炭、蛭石、珍珠岩混合基质。

棚室西瓜常可采用复合基质槽培、袋培、箱培和岩棉栽培等栽培模式（图 10-10）。

图 10-10　西瓜无土栽培

二、无土栽培的技术要点

1. 营养液配制和管理

（1）西瓜无土栽培营养液配方　参见表 10-2。

表 10-2　西瓜无土栽培营养液配方

项目	肥料名称	用量/(毫克/升)	纯度
大量元素	硝酸钙	1000	农用，>90%
	硝酸钾	250	工业用，>98%
	硫酸镁	250	工业用，>98%
	磷酸二氢钾	250	农用
	硫酸钾	120	农用
微量元素	硫酸亚铁	15	化学纯
	硼砂	4.5	化学纯
	硫酸锰	2.0	化学纯
	硫酸铜	0.05	化学纯
	硫酸锌	0.22	化学纯
	钼酸锌	0.02	化学纯

注：pH 为 5.5~6.5，EC 为 1.8~2.5 毫西门子/厘米。

【提示】

生产用西瓜营养液配方较多，在实际生产中可先进行比较试验。但营养液须保持 pH 为 5.5~6.5，溶液偏酸用氢氧化钠调整，偏碱用磷酸或硝酸调整。

（2）营养液的管理　灌溉营养液的管理因西瓜无土栽培的方式和品种不同存在差异。营养液浓度可根据 EC 值判断，西瓜在整个生长发育期内的 EC 值一般为 1.2~2.8 毫西门子/厘米，适宜 EC 值因不同生长发育时期而有差异。一般而言，西瓜移栽定植后 EC 值为 1.2~1.8 毫西门子/厘米，开花坐果期 EC 值为 2.2 毫西门子/厘米左右，坐果后至采收前营养液的 EC 值为 2.5~2.8 毫西门子/厘米，EC 值不可高于 3.2 毫西门子/厘米，否则易烂根死亡。每 2 天进行 1 次营养液浓度测定。西瓜不同生长发育时期营养液参考灌溉时间及次数见表 10-3。

表 10-3　西瓜不同生长发育时期营养液参考灌溉时间及次数

生长发育时期	定植 1 周内	开花前	开花坐果期	结果初期	结果后期
时间/分钟	18	26	68	36	56
次数（次）	7	10	16	12	20

注：营养液灌溉量确定的依据原则：①废液流出量为灌溉量的 15%~30%；②灌溉液与废液 EC 值相差不超过 0.4~0.5 毫西门子/厘米；③废液的 pH 为 5.5~6.5；④灌溉原则为少量多次，固定灌溉时间。

【注意】

用电导率仪检测营养液浓度（EC 值），EC 值单位为毫西门子/厘米，1.0 毫西门子/厘米相当于 1 千克肥料完全溶解于 1000 千克纯水后的浓度，即 0.1%的百分比浓度。

2. 西瓜复合基质槽培

（1）槽培设施结构

1）储液池。复合基质槽培多采用开放式供液系统。储液池设计容量一般为 4~5 米^3，可为砖混结构，池底和内壁贴油毡防水层。池底砌凹槽用于安放潜水泵，池口加盖板。

2）栽培槽。可用红砖、木板、聚苯乙烯薄膜塑料等制作槽体。一般槽长 10~20 米，内径为 48 厘米，基质厚度为 15~20 厘米，槽与槽之间距离为 70 厘米。槽内铺 1 层聚乙烯薄膜，以隔离土壤并防止营养液渗漏。

3）栽培基质配比。栽培基质的配比采用混合基质加有机肥的方法。混合基质配比：蘑菇渣：秸秆：河沙：炉渣为 4：2：1：0.25，蘑菇渣：河沙：炉渣为 4：1：0.25，草炭：蛭石：珍珠岩为 1：1：1 等均可。在每立方米混合基质中加入 10~20 千克有机肥作为基肥，另加氮、磷、钾（15：15：15）复合肥 1~2 千克、过磷酸钙 0.5 千克、硫酸钾 0.5 千克、磷酸二氢钾 0.5 千克，充分混匀后装入栽培槽中。栽培基质的盐浓度应适宜西瓜植株的正常生长，pH 以 6~6.5 为宜，偏酸或偏碱都不利于植株对养分的吸收。

4）供液系统。营养液不循环利用，经西瓜和基质吸收后剩余部分流入渗液层，经排液沟排出室外。如果需循环利用则须供液均匀，管道畅通。

采用滴灌供液。每 300 米^2 选用 1 台口径为 40 毫米、流量为 25 米^3/小时，扬程为 35 米，电压为 380 伏的潜水泵。供液主管采用直径为 30~50 毫米的铁管、聚乙烯管或聚氯乙烯管，首端安装过滤器、水表、阀门等。每条槽铺设 1~2 条滴灌带，滴灌带末端扎牢，避免漏液。基质表面覆盖农膜，水通过水压从孔中喷射到薄膜上后滴落到栽培槽基质中，让根系从基质中吸收水分和养分。主管道上还可以安装文丘里施肥器。槽培滴灌管如图 10-11 所示。

图 10-11　槽培滴灌管

（2）日光温室西瓜槽培管理技术要点　西瓜槽培如图 10-12 所示。

图 10-12　西瓜槽培

1）基质准备。定植前一天将填入基质槽中的基质用营养液完全浸透，于定植前排水并检查灌溉设备是否正常。

2）环境管理。西瓜生长发育期温、光、气、热参考指标见表 10-4。

表 10-4　西瓜各生长发育时期设置温光气热参考指标

生长发育时期	白天温度	夜间温度	基质湿度	光照强度/勒	二氧化碳气体含量/（毫克/千克）
定植初期	28~32℃	15℃左右	60%~65%	20000~50000	1000~1500
发棵期	22~25℃	15℃左右	60%~65%		
伸蔓期	25~28℃	15℃以上	60%~65%		
开花坐果期	30℃	15~20℃	70%~80%		
膨果期	≤35℃	≤18℃	70%~80%		

棚室西瓜无土栽培在冬季有时需要进行二氧化碳施肥，具体方法：温室中适宜二氧化碳含量为 1000~1500 毫克/千克。当二氧化碳含量偏低时，可采用硫酸与碳酸氢铵反应产生二氧化碳，温室每天每亩约需 2.2 千克浓硫酸（使用时加 3 倍水稀释）和 3.6 千克碳酸氢铵，在日出半小时后开始施用，持续 2 小时左右。

3）肥水管理。

① 定植后及时用营养液灌溉 20~30 分钟，遮阴 3~4 小时后转入正常灌溉。

② 复合基质本身含有丰富的营养元素，因此营养液配方可做适当调整，如栽培前期可少加微量元素，并可用铵态氮或酰胺态氮代替

硝态氮配制溶液以降低成本等。

③ 草炭类基质具有较强的缓冲性，基质装槽前可预混基肥。如每立方米可添加硝酸钾 1000 克、硫酸锰 14.2 克、过磷酸钙 600 克、硫酸锌 14.2 克、石灰或白云石粉 3000 克（北方硬水地区灌溉水含钙量高，可不加石灰）、钼酸钠 2.4 克、硫酸铜 14.2 克、螯合铁 23.4 克、硼砂 0.4 克、硫酸亚铁 42.5 克。

④ 生长期间及时均匀供液，每天供液 1~2 次，高温季节和蔬菜生长盛期每天供液 2~4 次。

⑤ 经常检查出水口，防止管道堵塞。预防基质积盐，如果基质电导率超过 3 毫西门子/厘米，则应停止供液，改滴清水洗盐。基质可重复使用，但在下茬定植前要用太阳能法或蒸汽法进行彻底消毒。

3. 西瓜复合基质袋培

用尼龙布或抗紫外线的黑白双色聚乙烯薄膜制成的袋状容器，装入基质后栽培的无土栽培方式称为袋培。

（1）设施结构 可分为卧式袋培和立式袋培 2 种。

1）栽培袋。通常用 0.1 毫米防紫外线聚乙烯薄膜制作。

① 卧式袋培。将桶膜剪成 70 厘米一段，一端封口，装入 20~30 升基质后封严另一端，按预定株距依次放于地面。定植前，在袋上开 2 个直径为 8~10 厘米的定植孔，两孔间距为 40 厘米。每孔定植 1 株幼苗，安装 1 个滴箭。

② 立式袋培。栽培袋呈桶状，先将直径为 30~35 厘米的桶膜剪成 35 厘米长，一端用封口机或电熨斗封严，装入 10~15 升基质后直立放置，每袋种植 1 株幼苗。袋的底部或两侧扎 2~3 个直径为 0.5~1 厘米的小孔，以便多余营养液渗出，防止沤根。

摆放方法：每 2 行栽培袋为 1 组，相邻摆放，袋下铺水泥砖，两砖间留 5~10 厘米距离作为排液沟，两行砖向排液沟方向倾斜。而后在整个地面铺乳白色或白色朝外的黑白双色塑料薄膜。

2）供液系统。采用滴灌方法供液，营养液无须循环。供液装置可用水位差式自流灌溉系统，储液罐可架设在离地 1~2 米高处。供液主管道和支管道可分别用直径为 50 毫米和 40 毫米的聚乙烯塑料软管，沿栽培袋摆放方向铺设的二级支管道可用直径为16毫米的聚乙烯塑料软管，各级软管底端均应堵严。每个栽培袋设2个滴箭头，以备一个堵塞时另一个正常供液。每次供液均应将整袋基质浇透。

（2）管理技术 营养液管理技术参照槽培技术。

4. 岩棉栽培

岩棉栽培是指以长方形的塑料薄膜包裹的岩棉种植垫为基质，种植时在其表面塑料膜上开孔，安放栽有幼苗的定植块，并向岩棉种植垫中滴加营养液的无土栽培技术。可将其分为开放式岩棉栽培和循环式岩棉栽培。这里主要介绍开放式岩棉栽培（图10-13）。

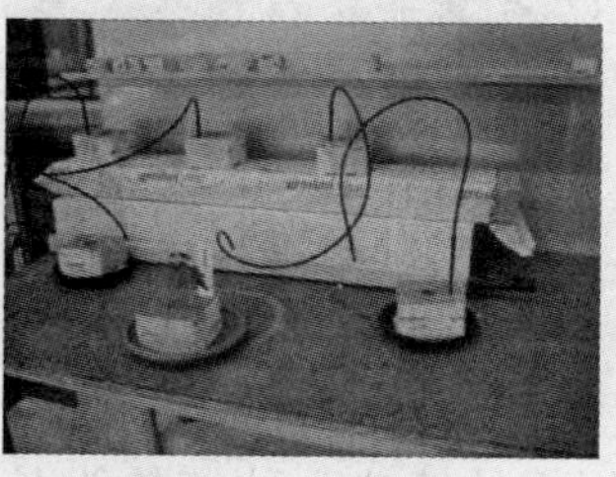

图10-13 开放式岩棉栽培

开放式岩棉栽培是指营养液不循环利用，多余营养液流入土壤或专用收集容器中的一种无土栽培技术。该栽培模式目前应用最多，其设施结构简单、安装容易、造价较低、营养液易于管理，但通常有15%~20%营养液排出浪费。

（1）设施结构

1）栽培畦。整平地面，做龟背形高畦。瓜类栽培畦宽150厘米、高10~15厘米，每畦放置2行岩棉种植垫，行距为80厘米。夯实土壤，畦两边平缓倾斜，形成畦沟，坡降为1：100，畦长30~50米。畦上铺一层厚0.2~0.3毫米的白色或黑白双色塑料薄膜，薄膜紧贴地面，将岩棉与土壤隔开，薄膜接口不要安排在畦沟中。畦上两行岩棉种植垫间距较大，可作为工作通道，畦沟可用于摆放供液管及排液。温室一端设置排液沟，及时排除废液。

冬季栽培时可在种植垫下安放加温管道。可先在摆放种植垫位置处放置一块中央有凹槽的泡沫板隔热。畦上铺一层黑白双色薄膜，膜宽应能盖住畦沟及两侧2行种植垫。放上种植垫后把两侧薄膜向上翻起，露出黑色底面，并盖住种植垫。

也可采用小垄双行形式，并行起2条小垄，夯实后铺一层薄膜，在每条小垄上摆放岩棉种植垫。2条小垄间低洼处可作为排液沟，还可铺设加热管道兼作田间操作车轨道。

此外，高档栽培还可采用支架式岩棉床栽培等（图10-14）。

图10-14 支架式岩棉床栽培

2）岩棉种植垫。种植垫为长方体，厚75~100毫米，宽150~300毫米，长800~1330毫米。每条种植垫可定植2~3株幼苗。

3）供液系统。可在离地1米处建1个储液池，利用重力水压差通过各级管道系统流到各滴头进行供液。以每100米^{2}设施面积设置0.6~1米^{3}的储液池为标准。也可不设储液池，只设A、B浓缩液储液罐，供液时启动活塞式定量注入泵，分别将两种浓缩液注入供水主管道，按比例与水一起进入肥水混合器（营养液混合器）混成栽培液。供液主管上安装过滤器，防止堵塞滴头。

供液管道分为主管、支管和水阻管等多级。栽培行内的供液管（支管或二极管）管径应在16毫米以上。滴灌最末一级管道称为水阻管，每株1~2根。水阻管与供液管之间可用专用连接件连接。也可先用剪刀将水阻管一端剪尖，再用打孔器在供液管上钻出1个比水阻管稍小的孔，用力将水阻管插入。水阻管流量一般为每小时2升以上。应定期检查滴头，及时清理过滤器，并每隔3~5天用清水彻底清理1次滴灌系统。

水阻管的出液端用一段小塑料插杆架住，称为滴箭，出液口距基质表面2~3厘米，以免水泵停机时供液管营养液回流吸入岩棉中小颗粒，造成堵塞。

营养液供液可通过定时器和电磁阀配合进行自动控制，也可通过感应探头感应岩棉块中营养液成分含量变化，低于设定值时启动电磁阀开始供液。

4）排液系统。在每块岩棉块侧面距地面1/3处切开2~3个5~7厘米长的口，多余营养液由切口处排出至废液收集池，可用于叶菜深液流无土栽培或直接浇灌土壤栽培的蔬菜。

【注意】

废液集液池可设置于温室外的空地上，需防渗水设计。面积为2000~2667米^{2}的连栋温室，废液集液池内径尺寸为1.5米（长）×1.5米（宽）×1.7（深）米。池底设置废液、杂质收集穴，池口设置盖板。

（2）管理技术

1）育苗。西瓜可采用岩棉育苗。方法如下：先在槽盘中用清水浸透岩棉块，将催芽种子放入岩棉块中央孔隙处，深1厘米左右。空隙较大时可覆盖1层蛭石或复合基质。之后覆盖地膜保湿，出苗后揭除。出苗后用喷壶从上方喷淋EC值为1.5毫西门子/厘米、pH为5.5~6.5的营养液。

2）定植。注意，定植前3天先将岩棉垫上部定植位置的薄膜划开，形成方洞或圆洞，然后用EC值为2.5~3.0毫西门子/厘米的营养液彻底湿透，定植时只需把定植块摆放在方洞或圆洞的位置即可，将滴箭插到定植块上开始供液（图10-15）。幼苗长出真叶后，先用清水将定植块浸透，然后将育苗岩棉块塞入定植块中央小孔中。几天后，根系即可下扎入定植块中。瓜类幼苗展开3片真叶前可用EC值为2.5~3.0毫西门子/厘米的营养液浇灌。

3）营养液管理。根据张力计法测定基质的含水量，确定供液量。可在温室中选择5~7个点，在每个点的岩棉垫的上、中、下三层中安装 3 支张力计。根据每株西瓜所占岩棉基质体积和不同阶段适宜田间持水量，计算出每株西瓜需要的营养液量。一旦张力计显示基质水分下降 10%时即开始供液，并可计算出供液量和供液时间。如果岩棉电导率较高（EC 值大于 3.5 毫西门子/厘米），则需洗盐。方法：膨果期之前，增加供液时间或供应较低浓度的营养液（EC 值为 1.0 毫西门子/厘米）；膨果期之后，增加供液时间。

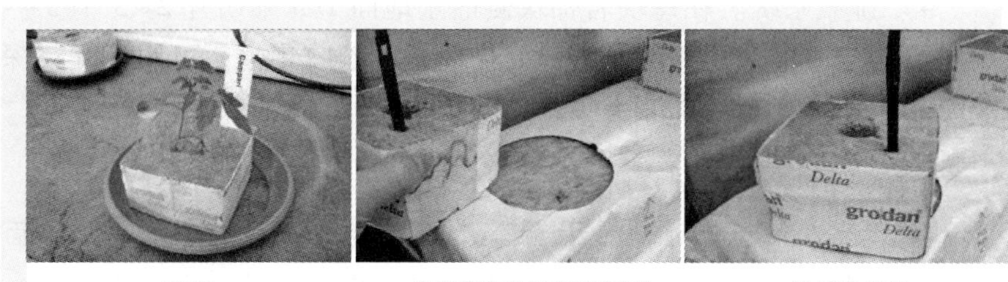

育苗　　将岩棉垫处的薄膜划开　　放置定植块

图 10-15　岩棉育苗、定植

供液次数和时间。一般每天滴灌 3~5 次，每次 20~25 分钟，每天的滴量为 60~90 毫升/株。天气炎热、空气干燥、阳光充足时须多供液。阴天、多雨、空气湿度大时，供液次数适当减少。每次供液时间取决于岩棉块电导率，一般情况下岩棉块电导率应为 1.0 毫西门子/厘米，每次排出的营养液应为供液总量的 15%~20%。

供液浓度应根据西瓜不同生长发育阶段确定。但需注意：从果实成熟前半个月开始至采收期，营养液浓度应逐步提高，以增加果实糖度，提高品质。EC 值上调后不能降低，否则易导致裂瓜。从果实成熟前半个月开始至采收期，可在每 1000 千克营养液中添加 0.05 千克磷酸二氢钾，可提高西瓜品质。

4）pH 管理。采用 pH 计测定，pH 应保持在 5.5~6.5，与 EC 值的测定同时进行。

第十一章
西瓜病虫害诊断与防治技术

第一节　西瓜病虫害诊断与防治误区及综合防治技术要点

一、西瓜病虫害诊断与防治误区

1. 症状诊断不清

对西瓜真菌、细菌、病毒等侵染性病害或生理性病害症状诊断不清，防治方法与用药单一，用药不精准或不对症，降低了农药使用效率。

2. 农药施用不当

对农药理化性质了解较少，用药过多过频，随意混配多种农药，施药器械和技术落后，农药残留超标严重。

3. 违规施用禁用农药

为追求高防效，施用剧毒、高毒、高残留禁用农药，有的甚至施用所谓的“黑药”（溴丙烷等）或施用含有隐性成分的农药，经常造成农残检测不合格，对人体健康产生危害。

4. 化学防控技术不规范

不能准确把握无公害蔬菜、绿色蔬菜、有机蔬菜病虫害防治技术标准，检查监管不到位，违规或过量施用农药现象仍然存在。

5. 绿色植保技术推广应用不足

目前，多数西瓜产区病虫害防控仍以化学防控为主，绿色防控主要用于少量有机、绿色蔬菜生产，总体应用仍处于较低水平。

二、西瓜病虫害综合防治技术要点

1. 病害的分类

从分类上看，西瓜病害主要包括侵染性病害和生理性病害。侵染性病害又可分为真菌性病害、细菌性病害和病毒病。从病原微生物的营养类型来看，可分为活体营养型（如病毒病、白粉病、锈病、散黑粉菌等）、腐生（死体）营养型（如灰霉病、菌核病等）、半活体营养型（如霜霉菌、疫霉菌等）和偶遇性病原菌（如枯萎病、猝倒病、丝核菌等），可以根据西瓜营养体发病表现排除或确定某种病害。

2. 各类病害的主要特征

（1）真菌性病害 可产生不同形状病斑，病斑处产生不同颜色霉状物或粉状物，无臭味。

（2）细菌性病害 发病部位无粉状物或霉状物，病斑薄而易裂或穿孔；发病部位腐烂，有臭味；果实表面有疮痂或小凸起；根部尖端维管束易变成褐色。将发病茎叶放于盛清水玻璃杯内挤捏可看到有白色菌脓溢出。

（3）病毒病 主要侵染嫩叶，虫害发生严重时易发病。因生理小种不同，症状表现不一，有条斑、花叶、蕨叶、黄化、斑驳、果实褐变畸形等多种症状。

（4）生理性病害 病斑为无菌性病变，为非生物胁迫，不具有传染性，多因温度、湿度、光照、缺素等环境因素引发。

3. 侵染性病害与生理性病害的区别

侵染性病害往往具有局部、点突发性特点，经传染后成片发生，发病后有不同病症；而生理性病害往往有症状，没有病症，发病具有普遍性。

4. 西瓜病虫害防治的基本原则和方法

西瓜病虫害的发生与西瓜品种自身抗性、病原微生物的致病力和栽培环境是否适于其发生流行密切相关（图 11-1），因此病虫害的防治应从品种、环境调控和综合防治措施 3 个方面着手。第一，选择应用综合抗病性强的品种；第二，调控生产环境，根据不同病虫害发生流行规律，营造不利于其发生流行的温度、湿度、土壤环境，突出生态防控；第三，根据不同生产目的，采用农业措施、生态防控、物理防控、化学防控、生物防控等综合防控措施，积极推进绿色生产。

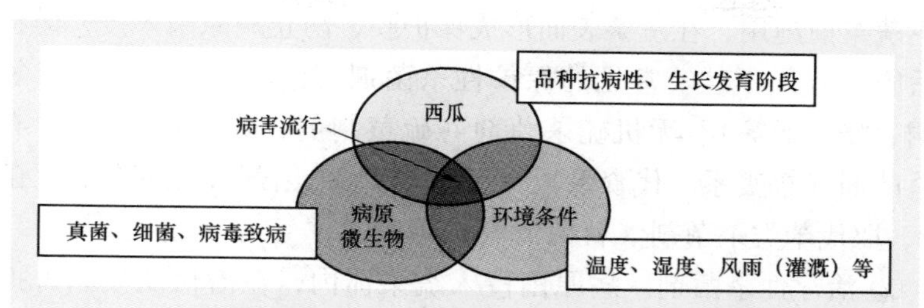

图 11-1　影响病害发生流行的因素

（1）农业防治　主要通过抗病虫品种选择、培育壮苗、选择种植地块，以及按规程进行整地、做畦、浇水、施肥、高温闷棚、嫁接、轮作换茬、收拾残茬等技术操作，使西瓜不易侵染病虫害。

（2）生态防治　主要通过调控温度、水分、湿度、土壤等环境因子，创造不利于病虫害发生的环境条件，从而减少病虫危害。

（3）物理防治　通过物理方法保护西瓜，减少病虫侵袭。如瓜类避雨栽培、加装防虫网、采用有色功能农膜驱避（图 11-2）、色板（图 11-3）和杀虫灯（图 11-4）诱杀、施放性诱剂等。

图 11-2　有色功能农膜

图 11-3　色板

（4）化学防治　通过化学药剂防治病虫害。化学防治需注意以下问题。

1）化学农药分类。大体可分为杀虫剂和杀菌剂，杀菌剂又可分为保护性杀菌剂、治疗性杀菌剂、杀病毒剂和铲除性杀菌剂。其特点和种类如下。

① 保护性杀菌剂。一般在病原菌侵入

图 11-4　杀虫灯

寄主蔬菜前施用，在蔬菜表面形成保护膜，防止病原菌入侵，但在侵染后施用效果不佳。常见的保护性杀菌剂：铜制剂（硫酸铜、氢氧化铜、喹啉铜等）、无机硫杀菌剂（硫黄制剂、石硫合剂等）、有机硫杀菌剂（福美系、代森系）、三氯甲硫基杀菌剂（克菌丹、灭菌丹等）、取代苯类杀菌剂（百菌清等）等。

② 治疗性杀菌剂。病原菌侵入蔬菜体内，在潜伏期喷洒可抑制其扩展和危害。常见的治疗性杀菌剂：有机磷杀菌剂（乙膦铝等）、苯并咪唑类（多菌灵、苯莱特等）、硫脲基甲酸酯类（甲基硫菌灵等）、麦角甾醇类（三唑酮等）、苯基酰胺类（甲霜灵、噁霜灵等）、农用抗生素（农抗 120、多抗霉素等）等。

③ 杀病毒剂。常见的有盐酸吗啉胍、嘧肽霉素、宁南霉素等。

④ 铲除性杀菌剂。对病原微生物有直接强烈的杀伤作用，蔬菜多不能忍受，因此一般用于环境灭菌或播前土壤处理，如福美砷、福尔马林等。

2）农药的通用名和商品名。杀菌剂和杀虫剂种类名称繁多，但一般只有 1 个通用名，根据登记公司不同有多个商品名，购买时需注意鉴别。

3）施药适期。在病虫害发生初期用药防治效果较佳。一般宜在气温为 20～30℃ 的晴天早晚或阴天无风（微风）时喷药，不宜在晴天高温、刮大风、阴雨天用药；保护地则宜在晴天上午用药。蔬菜采收前一段时间（安全采收间隔期）停止施药。

4）合理的用药剂型、浓度、药量和施药次数。应根据说明书施用农药，不可任意增减用量、浓度和次数。阴雨天气时为降低棚室内湿度，防治药剂可采用粉尘剂（弥雾剂）或烟熏剂于傍晚施药。

5）轮换用药。长期施用同一种或同一类型药剂会提高病虫抗药性，应轮换施用不同作用机制类型的农药。

6）混合用药。

① 安全混合用药，以混合后不同农药间不产生物理和化学反应为基本原则。

② 尽可能选用具有相同剂型的农药，尽量避免乳剂与可湿性粉

剂或悬浮剂混用。多种剂型农药和微量元素混用时，可按照微量元素肥-可湿性粉剂-悬浮剂-水剂-乳油的顺序兑入混匀，以减少沉淀等化学反应的可能。农药兑入前可进行2次稀释，每加入一种充分搅拌混匀后再加入下一种。叶面微量元素肥与农药混配时应随配随用。

③ 多数农药为弱酸性，不宜与碱性农药混配。常见的碱性农药：波尔多液、络氨铜、石硫合剂、硫悬浮剂、五氯酚钠、松碱合剂等。

④ 化学用药小经验。病害发生前喷施保护性杀菌剂预防，病害症状发生后可喷施保护性杀菌剂和治疗性杀菌剂，防效较好。

7）禁、限用农药。中华人民共和国《农药管理条例》规定，剧毒、高毒农药不得用于蔬菜、瓜果、茶叶、菌类、中草药的生产，不得用于水生植物的病虫害防治。其中，禁止（停止）使用和部分范围内禁止使用的农药见表11-1。

表11-1 禁止（停止）使用和部分范围内禁止使用的农药

禁用范围	药剂
禁止（停止）使用农药（46种）	甲胺磷、对硫磷、甲基对硫磷、久效磷、磷胺、氟乙酰胺、二溴氯丙烷、六六六、滴滴涕、毒杀芬、二溴乙烷、杀虫脒、除草醚、艾氏剂、狄氏剂、汞制剂、砷类、铅类、敌枯双、甘氟、毒鼠强、氟乙酸钠、鼠毒硅、苯线磷、地虫硫磷、甲基硫环磷、磷化钙、磷化镁、磷化锌、硫线磷、蝇毒磷、治螟磷、特丁硫磷、氯磺隆、胺苯磺隆、甲磺隆、福美胂、福美甲胂、三氯杀螨醇、林丹、硫丹、溴甲烷、氟虫胺、杀扑磷、百草枯、2,4-滴丁酯
禁止在蔬菜、瓜果上使用农药（17种）	甲拌磷、甲基异柳磷、克百威、水胺硫磷、氧乐果、灭多威、涕灭威、灭线磷、内吸磷、硫环磷、氯唑磷、乙酰甲胺磷、丁硫克百威、乐果、毒死蜱、三唑磷、氟虫腈

注：甲拌磷、甲基异柳磷、水胺硫磷、灭线磷自2024年9月1日起禁止销售和使用。氧乐果、克百威、灭多威、涕灭威制剂产品自2024年6月1日起撤销登记，禁止生产，自2026年6月1日起禁止销售和使用。溴甲烷可用于“检疫熏蒸处理”。杀扑磷已无制剂登记。

8）安全采收期。一般而言，夏季施药后安全间隔期为5~7天，春、秋季为7~10天，冬季为15天以上。

（5）生物防治 这是利用生物及其代谢产物防治植物病原菌、害虫和杂草的一种方法，通俗讲，就是以虫治虫、以菌治虫、以菌治菌，甚至以虫治菌、以病毒防虫等，从而达到减少农药用量，推进绿色生产的目的。

部分可用于生产的天敌昆虫见表11-2、图11-5。生产上可用天敌昆虫的卵制成卵卡（图11-6）悬挂于蔬菜之间，待卵孵化出幼虫后捕食相应害虫。例如，赤眼蜂可防治菜青虫、小菜蛾、斜纹夜蛾、菜螟、棉铃虫等鳞翅目害虫；草蛉、丽蚜小蜂可捕食蚜虫、粉虱、叶螨及多种鳞翅目害虫的卵和初孵幼虫；小茧蜂、瓢虫、食蚜蝇可防治蚜虫；丽蚜小蜂、捕食螨可防治螨类等。

图11-5 部分天敌昆虫

表 11-2　常见天敌昆虫

天敌类型	代表性天敌
捕食性昆虫	螳螂、瓢虫、步甲、虎甲、瓢虫、叉角厉蝽、益蝽、蠋蝽、小花蝽、齿蛉、褐蛉、草蛉、捕食螨等
寄生性昆虫	赤眼蜂、寄蝇、麻寄蜂、姬蜂、茧蜂、平腹小蜂等

图 11-6　卵卡

常见的生物源农药见表 11-3。

表 11-3　常见的生物源农药

类型	来源	代表性药剂
生物源杀菌剂	植物源杀菌剂	大蒜素
	真菌杀菌剂	木霉菌、健根宝
	抗生素类	井冈霉素、春雷霉素、多氧霉素、链霉素、武夷菌素、中生菌素、农抗 120、新生霉素等
生物源杀虫剂	植物源杀虫剂	除虫菊素、烟碱、鱼藤酮、茴蒿素、苦参碱、苦皮藤素、闹羊花毒素、印楝素
	动物源杀虫剂	性诱剂
	微生物源杀虫剂	苏云金杆菌、杀螟杆菌、白僵菌
	抗生素杀虫剂	阿维菌素、多杀菌素、杀螨素

近年来，随着蔬菜绿色生产理念深入人心，中医农业的理念和技术在部分蔬菜生产上得到了应用，但仍需要不断完善其应用标准和技术。比如，采用丁香、黄连、甘草的乙醇浸提物或小茴香、苦参、白

茇、仙鹤草浸提物预防瓜类枯萎病；龙葵、枇杷叶、槟榔提取物预防瓜类炭疽病；地肤子、丹皮水提物预防黄瓜黑星病等。

（6）药害及其补救措施

1）产生原因。药理不明、浓度过大、用量过多、农药混配不当、施药时间不恰当等均可导致蔬菜药害。如在蔬菜生长发育敏感时期或高温高湿、光照强的环境下用药，除草剂飘移或混用喷除草剂药筒等。

2）药害症状。

① 斑点。叶片、茎秆或果实上产生小褐斑、黄斑、网状斑，植株上分布不均匀，整块地有轻有重，但有别于生理性病害。生理性病斑通常发生普遍，植株出现症状的部位基本一致。与病理性病斑相比，药害引发的斑点大、形状变化大，没有发病中心。

② 黄化。蔬菜的茎、叶，甚至整株发生黄化。

③ 畸形。植株器官发生畸形，如卷叶、丛生、肿根、果实畸形等。与病毒病引发的畸形相比，药害导致畸形发生普遍，植株表现为局部症状，而病毒病导致叶片花叶、皱缩、枯萎等多集中于嫩叶，果实也可产生畸形或坏死斑，往往零星发生，表现为系统症状。

④ 枯萎。除草剂药害可造成植株整株枯萎，但与枯萎病症状不同，前者无发病中心，且发生过程较迟缓，先黄化后死苗，维管束无褐变；而后者多为根茎输导组织堵塞，当阳光照射、植株水分蒸发量大时，先萎蔫后失绿、死苗，根茎导管常发生褐变。

⑤ 生长停滞。由药害造成的植株生长缓慢症状与由生理性病害造成的僵苗、小老苗或缺素症不同，前者往往伴有斑点或其他药害症状，新叶抽出后一般恢复正常且不再继续表现症状；后者根系和地上部均持续症状，直到环境正常或采取措施以后方可恢复正常生长。

⑥ 落叶、落花、落果。药害引发脱落与天气或栽培因素导致的脱落不同，前者多伴有斑点、黄化、枯焦等症状；后者多与大风、暴雨、高温等环境因素或由水肥管理不当导致的干旱、水涝、植株徒长有关。

3）补救措施。

① 用清水或弱碱性水喷淋。发生药害后尽量尽早发现和及时作出判断，趁药液未完全渗透或吸收前，迅速在叶面和植株上喷洒大量清水 2~3 次，以冲刷残存药液。引发药害农药为酸性时，可喷施 0.1%生石灰水或 0.2%碳酸氢钠溶液，以加快农药分解失效，减轻药害。极少情况下引发药害的农药为碱性时，可在水中加适量食醋中和。并注意棚室通风散湿，及时排出有害气体。

② 摘除受害枝叶。确定药害发生后应及时摘除褪绿变色、失去功能的枝叶，防止药剂继续渗透或传导。

③ 及时浇水，追施速效肥料。可结合浇水追施尿素、磷酸二氢钾等速效肥，促进根系和地上部快速生长。药害严重植株可叶面喷施芸薹素内酯、复硝酸钠等生长调节剂，促进植株尽快恢复生长。

④ 施用解毒剂或植物生长调节剂。根据引发药害的农药性质，喷施相应药剂加以中和。如氧化乐果引发药害，可以叶面喷施 0.2%硼砂缓解；叶面喷施 0.5%生石灰水可缓解铜制剂药害；0.5%石灰水、0.2%肥皂水或 0.2%碳酸氢钠溶液可缓解有机磷类、菊酯类、氨基甲酸类药害；多效唑、矮壮素、助壮素等生长延缓剂药害可喷施 0.05%赤霉素溶液加以缓解；草甘膦、2，4-D、胺苯磺隆、农美利、丁草胺等除草剂药害，可叶面喷施芸薹素内酯加以缓解。

第二节　西瓜侵染性病害诊断与防治技术

1. 猝倒病

【病原】 瓜果腐霉菌，属鞭毛菌亚门真菌。

【症状】 猝倒病主要在西瓜苗期发病。幼苗感病后茎基部呈水浸状，随病情发展感病部位迅速绕茎扩展，缢缩，后变成黄褐色干枯呈线状（彩图 7）。

【发生规律】 病原菌以卵孢子在土壤表土层中越冬，条件适宜时萌发产生孢子囊释放游动孢子或直接长出芽管侵染幼苗。借助雨水、灌溉水传播。病原菌生长适温为 15~16℃，适宜发病地温为

10℃，温度高于30℃时受到抑制。苗期遇低温高湿、光照不足环境易于发病。猝倒病多在幼苗长出1~2片真叶时发生，长出3片真叶后发病较少。

【防治方法】

1）农业措施。育苗床应地势较高、排水良好，施用的有机肥应充分腐熟。选择晴天浇水，不宜大水漫灌。加强苗期温度、湿度管理，及时通风降湿，防止出现10℃以下低温高湿环境。

2）床土处理。每平方米床土用50%福美双可湿性粉剂、25%甲霜灵可湿性粉剂、40%五氯硝基苯粉剂或50%多菌灵可湿性粉剂8~10克拌入10~15千克细土中配成药土，播种前撒施于苗床营养土中。出苗前应保持床土湿润，以防药害。发现病株应及时拔除。

3）药剂防治。发病初期用以下药剂防治：72.2%霜霉威盐酸盐水剂800~1000倍液、15%噁霉灵水剂1000倍液、84.51%霜霉威·乙膦酸盐可湿性水剂800~1000倍液、687.5克/升氟吡菌胺·霜霉威悬浮剂800~1200倍液、69%烯酰吗啉可湿性粉剂600倍液、64%噁霜·锰锌可湿性粉剂500倍液、2.1%丁子·香芹酚水剂600倍液等，兑水喷淋苗床，视病情每7~10天防治1次。

2. 霜霉病

【病原】 古巴假霜霉菌，属鞭毛菌亚门真菌。

【症状】 幼苗期和成株期均可发病，主要危害叶片。幼苗发病，子叶正面出现黄化褪绿斑，后变成不规则的浅褐色枯萎斑。湿度大时叶片背面长出紫灰色霉层。成株多从下部老叶开始发病，初期叶片正面长出浅绿色水渍状斑点，逐渐变成黄褐色，沿叶脉扩展成为多角形病斑，湿度大时叶片背面出现黑色霉层。病势由下而上逐渐蔓延。高湿条件下，病斑迅速扩展融合成大斑块，全叶为黄褐色，干枯卷缩，下部叶片死亡（彩图8）。

【发生规律】 以卵孢子在土壤中或以菌丝体和孢子囊在棚室病株上越冬，第2年条件适宜时病原菌借气流、雨水和灌溉水传播。病害温度适应范围较宽，在田间发生的气温为16℃，适宜流行的气温为20~24℃。高于30℃或低于15℃发病受到抑制。温度条件满足时，高湿和降雨是病害流行的决定因素，尤其日平均气温在18~24℃、相对湿度大于80%时，病害迅速扩展。

【防治方法】

1）农业措施。选用抗病品种；合理轮作和施肥，及时排除田间积水；保护地栽培应合理密植，及时整蔓和棚室适时通风降湿等。

2）药剂防治。发病初期采用以下药剂防治：50%烯酰吗啉可湿性粉剂1000~1500倍液、72.2%霜霉威盐酸盐水剂800倍液、72%霜脲·锰锌可湿性粉剂800倍液、64%噁霜·锰锌可湿性粉剂400~500倍液、20%氟吗啉可湿性粉剂600~800倍液、687.5克/升霜霉威盐酸盐·氟吡菌胺悬浮剂800~1200倍液、84.51克/升霜霉威·乙磷酸盐水剂600~1000倍液、560克/升嘧菌·百菌清悬浮剂2000~3000倍液、25%甲霜灵可湿性粉剂800倍液、25%苯霜灵乳油350倍液、250克/升吡唑醚菌酯乳油1500~3000倍液、25%烯肟菌酯乳油2000~3000倍液、60%唑醚·代森联水分散粒剂1000~2000倍液、2.5%咯菌腈悬浮剂1200倍液等，兑水喷雾，视病情每5~7天防治1次。

棚室栽培西瓜也可用45%百菌清烟剂250克/亩、15%百菌清·甲霜灵烟剂200克/亩熏烟防治或于早晚用7%百菌清·甲霜灵粉尘剂1千克/亩喷粉防治。

3. 灰霉病

【病原】 灰葡萄孢菌，属半知菌亚门真菌。

【症状】 主要危害幼瓜、叶片、花、茎蔓。苗期发病，心叶烂头枯死，病部产生灰色霉层。叶片感病，病原菌先从叶片边缘侵染形成水渍状病斑，病斑略呈V形、半圆形或不规则形，并向叶片深度扩展，颜色变为红褐色或灰褐色，表面有浅灰色霉层。花瓣受害，形成水渍状腐烂，受害部位上着生灰色霉层，后花器官枯萎脱落。果实受害，多从果蒂部开始发病，初为水渍状软腐，病部产生灰色霉层，后变为黄褐色干缩或脱落（彩图9）。

【发生规律】 病原菌以菌核、菌丝体或分生孢子在土壤和病残体上越冬。从植株伤口、花器官或衰老器官侵入，花期是染病高峰。借气流、灌溉或农事操作传播。病原菌生长适宜温度为18~23℃，最高30~32℃、最低4℃，空气相对湿度为90%以上、棚室滴水、植株表面结露易诱发此病，属低温高湿型病害。

【防治方法】

1）农业措施。棚室西瓜提倡高垄覆膜、膜下暗灌或滴灌的栽培模式。适时通风换气，降低湿度。及时进行整枝、打杈、打老叶等植株调整，摘（清）除病果、病花、病叶或病残体。氮磷钾平衡施肥促植株健壮。

【提示】

棚室西瓜脱落的烂花或卷须落在叶片上易引发灰霉病，因此植株下部败花、茎须等应装在随身塑料袋中及时带出棚室并集中销毁。

2）药剂防治。棚室西瓜拉秧后或定植前采用30%百菌清烟剂0.5千克/亩、20%腐霉利烟剂1千克/亩或20%噻菌灵烟剂1千克/亩熏闷棚12~24小时灭菌。或采用40%嘧霉胺悬浮剂600倍液、50%敌菌灵可湿性粉剂400倍液、45%噻菌灵可湿性粉剂800倍液等进行地表和环境灭菌。

发病初期采用以下药剂防治：50%腐霉利可湿性粉剂1500~3000倍液、40%嘧霉胺可湿性粉剂800~1200倍液、50%嘧菌环胺可湿性粉剂1200倍液、30%福·嘧霉可湿性粉剂800~1000倍液、45%噻菌灵可湿性粉剂800倍液、25%啶菌噁唑乳油1000~2000倍液、2%丙烷脒水剂800~1200倍液、30%异菌脲·环己锌乳油800~1000倍液、16%腐霉·己唑醇悬浮剂800倍液等，兑水喷雾，每5~7天防治1次。

4. 白粉病

【病原】 瓜类单丝壳白粉菌，属子囊菌亚门真菌。

【症状】 整个生长发育期内均可发病，主要危害叶片，叶柄、茎蔓也可受害。发病初期叶片正面或背面产生近圆形小白色粉状斑，逐渐扩大成边缘不明显的连片粉斑。后期病斑上产生黄褐色小点，后变为黑褐色（彩图 10）。

【发生规律】 病原菌以菌丝体或菌囊壳随寄主植物或病残体越冬，第 2 年春季产生子囊孢子或分生孢子侵染植株。当田间温度为 16~24℃、湿度为 90%~95%时，白粉病容易发生流行。高温干旱条件下，病情受到抑制。由于白粉病发生的温度范围较宽，因此已发病连作地块一般均可发生。

【防治方法】

1）农业措施。适当增施生物菌肥和磷钾肥，避免过量施用氮肥。加强田间管理，及时通风换气，降低湿度。采收后及时清除病残体，并进行土壤消毒。

2）药剂防治。发病初期用以下药剂防治：30%氟硅唑可湿性粉剂 2500~3000 倍液、25%嘧菌酯悬浮剂 1500 倍液、10%苯醚甲环唑水分散粒剂 2500~3000 倍液、62.25%腈菌唑·代森锰锌可湿性粉剂 600 倍液、12%腈菌唑乳油 2000~3000 倍液、25%乙嘧酚乳油 1500~2000 倍液、32.5%苯醚甲环唑·嘧菌酯悬浮剂 3000 倍液、10%苯醚菌酯悬浮剂 1000~2000 倍液、70%甲基硫菌灵可湿性粉剂 600~800 倍液、300 克/升醚菌·啶酰菌悬浮剂 2000~3000 倍液、75%肟唑·戊唑醇水分散粒剂 2500~3000 倍液等，兑水喷雾，视病情每 5~7 天防治 1 次。

【禁忌】

西瓜白粉病防治不宜选用三唑酮类杀菌剂，否则易产生药害，导致西瓜节间变短，叶片簇生畸形（彩图 11）。

5. 蔓枯病

【病原】 瓜类球腔菌，属半知菌亚门真菌。

【症状】 又称褐斑病，全生长发育期均可发病，主要危害茎蔓、叶片或叶柄。叶片发病初期，从叶缘开始长有褐色病斑，呈圆形或半圆形，病斑边缘与健康组织界限分明。后病斑扩大并融合成不规则形，病斑中心为浅褐色，边缘为深褐色，有同心轮纹，并产生黑色小点。湿度大时迅速扩展至全叶，整个叶片枯死。叶柄受害初期基部出现水渍状小斑，后变成褐色梭形或不规则坏死斑，病部缢缩，着生小黑点，其上部叶片枯死。茎蔓发病初期，节间部位出现浅黄色油渍状斑，病部分泌赤褐色胶状物。后期病斑干枯，凹陷，呈白色，其上着生黑色小粒点。果实染病，初期也呈油渍状，不久变为暗褐色坏死斑，后病斑呈星状开裂，内部木栓化干腐（彩图 12）。

【发生规律】 病原菌以分生孢子或子囊壳随病残体在土壤或棚室内越冬，借气流、雨水、灌溉水等传播和再侵染。从茎蔓节间、叶片等气孔或伤口侵入。种子也可带菌 18 个月以上。适宜发病温度为 20~30℃，最高生长温度为 35℃，最低生长温度为 5℃。适宜相对湿度为 80%~92%。棚室内高温高湿、土壤酸化（pH 为 4~6）、蔓叶郁闭、通风不良、排水不畅等均利于发病。

【防治方法】

1）农业措施。与非瓜类作物轮作。提倡高畦或起垄种植，避免大水漫灌。施用的有机肥充分腐熟，适当增施磷钾肥，防止后期脱肥。拉秧后及时清除病残体等。

2）药剂防治。发病初期用以下药剂防治：80%代森锰锌可湿性粉剂 600 倍液、43%戊唑醇悬浮剂 2000~3000 倍液、10%苯醚甲环唑水分散粒剂 1200 倍液、50%甲基硫菌灵可湿性粉剂 1000~1500 倍液、40%氟硅唑乳油 3000~4000 倍液、2.5%咯菌腈悬浮种衣剂 1000~1500 倍液、325 克/升苯甲·嘧菌酯悬浮剂 1500~2500 倍液、60%吡唑·代森联可湿性粉剂 1200 倍液、30%琥胶肥酸铜可湿性粉剂 500~800 倍液+70%代森联悬浮剂 700 倍液等，兑水喷雾，视病情每 5~7 天防治 1 次。

【提示】

蔓枯病发病严重时，可将药剂用量加倍后用毛刷涂刷病茎。

6. 叶枯病

【病原】 瓜交链孢菌，属半知菌亚门真菌。

【症状】 主要危害叶片。发病初期在叶缘或叶脉间出现水浸状褐色斑点，周围有黄绿色晕圈，后发展成为圆形或近圆形褐斑，遍布叶面，逐渐扩大融合为大斑，病部变薄，中心略凹陷，叶片大面积干枯呈深褐色，形成叶枯。茎蔓染病，表面产生梭形或椭圆形稍凹陷的褐斑。果实染病，果面产生褐色凹陷斑，可深入果肉，引起果实腐烂（彩图 13）。

【发生规律】 病原菌主要随病残体越冬或种子带菌。由气孔侵入，借气流、雨水传播，可发生多次重复再侵染。病原菌在 14~32℃、相对湿度高于 80%时均可发病，发病适温为 28~32℃，属高温高湿型病害。棚室湿度较大或多雨季节发病重，发病严重者在西瓜膨果期致大片叶片枯死，相对湿度低于 70%的环境较难发病。施用未腐熟有机肥、种植密度过大、偏施氮肥、田间积水等条件下易发病流行。连续晴天、日照时间长，对此病有抑制作用。

【防治方法】

1）农业措施。尽量实行轮作换茬。氮磷钾平衡施肥，及时通风降湿或排除田间积水。

2）药剂防治。发病初期用下列药剂进行防治：80%代森锰锌可湿性粉剂 800 倍液、50%异菌脲悬浮剂 1000~1500 倍液、50%腐霉利可湿性粉剂 1000~1500 倍液、30%嘧菌酯悬浮剂 2500~3000 倍液、70%甲基硫菌灵可湿性粉剂 500 倍液、20%嘧菌胺酯水分散粒剂 1000~2000 倍液、10%苯醚甲环唑水分散粒剂 1500 倍液、20%唑菌酯悬浮剂 900 倍液、50%福美双·异菌脲可湿性粉剂 800~1000 倍液、560 克/升嘧菌·百菌清悬浮剂 800~1000 倍液，兑水喷雾，视病情每 5~7 天防治 1 次。

7. 叶斑病

【病原】 瓜类明针尾孢霉菌，属半知菌亚门真菌。

【症状】 又称斑点病，多发生在西瓜生长发育中后期，主要危害叶片。初期在叶面出现暗绿色近圆形或不规则形病斑，病斑较小，略呈水渍状，逐渐发展成为黄褐色至灰白色坏死斑，病斑中间有一白色中心，周围可见黄色晕圈，潮湿时病斑产生灰褐色霉状物。当病情较重时，病斑遍布整个叶面，致使叶片坏死干枯（彩图 14）。

【发生规律】 病原菌以菌丝体随病残组织越冬或种子带菌。第2年条件适宜时产生分生孢子，借气流、雨水或农事操作传播。由气孔或直接穿透表皮侵入，经7~10天发病后产生新的分生孢子进行多次重复侵染。此病属高温高湿型病害，生长季节多阴雨、气温较高、棚室通风不良时病害加重。

【防治方法】

1）农业措施。提倡高垄覆膜、膜下暗灌栽培模式。棚室适时通风降湿、降温，避免田间积水。拉秧后及时清除病残体。

2）药剂防治。发病初期用下列药剂进行防治：80%代森锰锌可湿性粉剂800倍液、50%异菌脲悬浮剂1000~1500倍液、30%嘧菌酯悬浮剂2500~3000倍液、70%甲基硫菌灵可湿性粉剂500倍液、20%嘧菌胺酯水分散粒剂1000~2000倍液、10%苯醚甲环唑水分散粒剂1500倍液、50%福美双·异菌脲可湿性粉剂800~1000倍液、560克/升嘧菌·百菌清悬浮剂800~1000倍液、20%苯醚·咪鲜胺微乳剂2500~3000倍液、50%乙烯菌核利可湿性粉剂800倍液+75%百菌清可湿性粉剂600倍液等，兑水喷雾，视病情每5~7天防治1次。

8. 炭疽病

【病原】 瓜类葫芦科刺盘孢菌，属半知菌亚门真菌。

【症状】 全生长发育期均可发病，主要危害叶片、茎蔓、叶柄和果实。幼苗发病，子叶边缘出现圆形或半圆形稍凹陷的褐色病斑，外围常有黄褐色晕圈。严重时植株基部呈黑褐色，缢缩倒伏。成株发病，初为圆形或纺锤形水渍状斑，后干枯成黑色，有时出现同心轮纹和小黑点，干燥时病斑易穿孔，空气潮湿时表面产生粉红色小点。茎蔓和叶柄染病，病斑呈长圆形、浅黄色水渍斑，稍凹陷，后变黑，环绕茎蔓1周植株死亡。果实受害，初为褪绿水渍状褐色凹陷斑，凹陷处龟裂，湿度大时病斑中部产生粉红色黏稠物。幼瓜染病，果面出现水渍状浅绿色圆形斑，致幼瓜畸形或脱落（彩图15）。

【发生规律】 病原菌随病残体在土壤中越冬或种子带菌，从伤口或直接由表皮侵入，随雨水、灌溉水、昆虫和农事操作传播，形成初侵染，发病后病部产生分生孢子形成频繁再侵染。10~30℃均可发病，发病适温为20~24℃，适宜相对湿度为85%~95%。棚室湿度高，叶片吐水或结露、田间排水不良、行间郁闭、通风不畅、偏施氮肥均可诱发此病发生。

【防治方法】

1）农业措施。棚室西瓜提倡高垄覆膜、膜下暗灌或滴灌的栽培模式，避免田间积水。加强棚室温、湿度管理，及时通风降湿。避免阴雨天或露水未干前进行整枝、采收等农事操作，避免偏施氮肥。及时清除病果或病残体，采收后进行环境灭菌。

2）药剂防治。发病初期可采用以下药剂防治：80%代森锰锌可湿性粉剂800倍液、25%溴菌腈可湿性粉剂800倍液、70%甲基硫菌灵可湿性粉剂700倍液、38%噁霜嘧铜菌酯可湿性粉剂800倍液、10%苯醚甲环唑水分散粒剂1000~1500倍液、40%多·福·溴菌腈可湿性粉剂800~1000倍液、25%咪酰胺乳油1000~1500倍液、75%肟唑·戊唑醇水分散粒剂2500~3000倍液、20%唑菌胺酯水分散粒剂1000~1500倍液、60%唑醚·代森联水分散粒剂1500~2000倍液、42.8%氟吡菌酰胺·肟菌酯悬浮剂2500倍液等，兑水喷雾，每7~10天防治1次。棚室栽培西瓜也可采用45%百菌清烟剂250克/亩熏烟防治。

9. 绵疫病

【病原】 瓜果腐霉菌，属鞭毛菌亚门真菌。

【症状】 苗期染病，常引发猝倒，结果期染病主要危害果实。地面湿度大，贴地表的果面容易发病。首先果面出现水渍状病斑，后褐变、软腐。环境湿度大时，病部长出白色绒毛状菌丝。后期病瓜腐烂，发出臭味（彩图16）。

【发生规律】 病原菌以卵孢子在土壤中或以菌丝体在病残体上越冬。在表土层中越冬的，条件适宜时萌发产生孢子囊释放游动孢子或直接长出芽管侵染幼苗。借助雨水、灌溉水传播。病原菌生长适温为22~24℃，适宜相对湿度为95%。

【防治方法】

1）农业措施。育苗床应地势较高、排水良好，施用的有机肥应充分腐熟。选择晴天浇水，不宜大水漫灌。加强苗期温度、湿度管

理，及时通风降湿，防止出现10℃以下低温高湿环境。

2）药剂防治。发现病株应及时拔除。发病初期用以下药剂防治：72.2%霜霉威盐酸盐水剂800~1000倍液、15%噁霉灵水剂1000倍液、84.51%霜霉威·乙膦酸盐水剂800~1000倍液、687.5克/升氟吡菌胺·霜霉威悬浮剂800~1200倍液、69%烯酰吗啉可湿性粉剂600倍液、64%噁霜·锰锌可湿性粉剂500倍液、250克/升双炔酰菌胺悬浮剂1500~2000倍液等，兑水喷雾，视病情每5~7天防治1次。

10. 疫病

【病原】 疫霉菌，属鞭毛菌亚门真菌。

【症状】 全生长发育期均可发病，主要危害叶片、茎蔓和果实。苗期发病，子叶出现水渍状暗绿色圆形斑，逐渐变为红褐色。幼茎基部受害，病部呈开水烫状软腐，后缢缩，倒折。叶片发病，多从叶缘开始出现水渍状圆形或不规则大斑，呈暗绿色。随病情发展，在湿度较大情况下病斑腐烂或似开水烫过，干燥后变褐干枯，易破碎。茎蔓和叶柄发病，以幼嫩组织受害最重，先形成纺锤形水渍状暗绿斑，后病部缢缩，湿度大时呈软腐状，干燥时为灰褐色干腐。果实染病，果面形成暗绿色水浸状圆形凹陷斑，边缘不明显，湿度大时迅速扩展，致果实水烫状皱缩腐烂，病部表面长有白色霉状物（彩图17）。

【发生规律】 病原菌以卵孢子或菌丝体随病残组织在土壤或未腐熟的粪肥中越冬，种子也可带菌。第2年条件适宜时病原菌随雨水、灌溉水、气流或农事操作传播，从气孔或表皮直接侵入。此病属高温高湿型病害，发病适温为25~30℃，最高为38℃，最低为8℃。85%以上的相对湿度会大大加快病害流行。棚室湿度过大，通风不良，田间积水，施用未腐熟有机肥，多雨季节发病较重。

【防治方法】

1）农业措施。尽量与非瓜类作物轮作，重茬重病地块定植前消毒。棚室西瓜提倡高垄覆膜、膜下暗灌或滴灌的栽培模式，避免田间积水。加强棚室温、湿度管理，及时通风降湿。氮磷钾平衡施肥，避免偏施氮肥。及时清除病果或病残体，采收后进行环境灭菌。

2）药剂防治。发病初期选用以下药剂防治：72.2%霜霉威盐酸

盐可湿性粉剂800~1000倍液、72%霜脲·锰锌可湿性粉剂700倍液、20%氟吗啉可湿性粉剂600~800倍液、50%烯酰吗啉可湿性粉剂2500倍液、72%丙森·膦酸铝可湿性粉剂800~1000倍液、68.75%氟菌·霜霉威可湿性粉剂600倍液、60%吡唑·代森联可湿性粉剂1200倍液、58%甲霜·锰锌可湿性粉剂500倍液、66.8%丙森·异丙菌胺可湿性粉剂600~800倍液、687.5克/升霜霉威盐酸盐·氟吡菌胺悬浮剂800~1200倍液，兑水喷雾，视病情每5~7天防治1次。

【注意】

疫病流行性极强，生产中采用“上喷下灌”的防治效果较好，即除用上述药剂喷雾防治外，还可同时用药剂灌根。

11. 枯萎病

【病原】 尖镰孢菌西瓜专化型，属半知菌亚门真菌。

【症状】 西瓜枯萎病属于土传病害，全生长发育期均可发病。苗期染病，子叶萎蔫，茎基部褐变萎缩，猝倒，剖茎可见维管束变褐。成株发病初期，植株生长缓慢，根系变褐，叶片自下而上逐渐萎蔫，似缺水状，中午症状表现明显，早晚可恢复。随病情发展叶片枯萎下垂，植株枯死。同时，茎蔓基部缢缩褐变，病部出现纵裂，裂口处出现琥珀色流胶或水渍状条斑，潮湿环境下病部产生粉红色霉层。剖开根、蔓，维管束呈褐色。潮湿条件下病株根部发病初期呈水浸状褐色，严重时变褐腐烂，易拔起（彩图18）。

【提示】

应注意枯萎病与疫病的区别，疫病病株不流胶，常自叶柄基部发病，发病部位以上茎蔓枯死，病部明显缢缩。

【发生规律】 病原菌主要以厚垣孢子、菌丝体或菌核在土壤病残体或未腐熟肥料中越冬或种子带菌。病原菌在田间随雨水、灌溉水、未腐熟有机肥、地下害虫等传播，属积年流行病害。条件适宜时，病原菌通过根部伤口或根尖侵入。发病温度为4~34℃，最适温度为24~28℃，35℃以上病害受抑制，但苗期16~18℃最易发病。空气相对湿度达90%以上极易诱发此病。此外，根系发育不良或有伤口、排水不良、害虫较多、土壤酸化等均有利于发病。此病从结瓜至采收期间易发生，生产上应加以重视。

【防治方法】

1）农业措施。注意换茬轮作。施用充分腐熟的有机肥。提倡高垄覆膜栽培，小水灌溉，忌大水漫灌。适当增施生物菌肥，以及氮磷钾平衡施肥，提高植株抗性。适时通风降湿。采收后及时清除病残体和进行土壤消毒。

2）嫁接防病。用南瓜砧木进行嫁接栽培防病效果明显。

3）土壤处理。西瓜连作棚室可用石灰稻草法或石灰氮进行土壤消毒，并在定植前几天大水漫灌和高温闷棚。

4）药剂防治。发病前至发病初期用下列药剂防治：80%代森锰锌可湿性粉剂600倍液、70%噁霉灵可湿性粉剂2000倍液、3%噁霉·甲霜水剂600~800倍液、45%噻菌灵悬浮剂100倍液、50%甲基硫菌灵可湿性粉剂500倍液、50%多菌灵可湿性粉剂500倍液、50%苯菌灵可湿性粉剂500~1000倍液、60%甲硫·福美双可湿性粉剂600~800倍液等，兑水灌根，每株250毫升，视病情每5~7天防治1次。

12. 褐色腐败病

【病原】 辣椒疫霉菌，属鞭毛菌亚门真菌。

【症状】 主要危害叶片、茎蔓和果实，苗期和成株期均可发病。叶片染病，初生暗绿色水浸状病斑，后病叶软腐下垂，病斑变为暗褐色，干枯易脆裂。茎部染病，病部出现暗褐色纺锤状水浸斑，随病情发展，茎蔓变细产生白色霉层，后干枯。蔓先端染病后，侧枝发生增加。果实染病，果面初生圆形凹陷斑，病部呈水浸状暗绿色，后变为暗褐色或暗赤色。此病扩展较快，西瓜果实染病后很快腐败，造成损失较大（彩图19）。

【发生规律】 病原菌以卵孢子在土壤中越冬，第2年条件适宜时产生初侵染，产生分生孢子后造成重复侵染。借雨水、灌溉水传播。高湿条件下，土壤酸化、排水不畅地块及果实接触湿润地面时易

发病。

【防治方法】

1）农业措施。施用充分腐熟的有机肥，尽量减少氮素化肥用量。前茬采收后及时翻地，雨后及时排水，严禁田间积水。

2）药剂防治。发病初期，棚室栽培西瓜可用45%百菌清烟剂200~250克/亩熏烟防治。方法是每棚放置4~5处，暗火点燃，闭棚1夜，第2天早晨通风。也可采用下列药剂防治：687.5克/升霜霉威盐酸盐·氟吡菌胺悬浮剂800~1200倍液、57%烯酰·丙森锌水分散粒剂2000~3000倍液、76%丙森·霜脲氰可湿性粉剂1000~1500倍液、66.8%丙森·异丙菌胺可湿性粉剂600~800倍液、76%霜·代·乙膦铝可湿性粉剂800~1000倍液等，兑水喷雾，每5~7天防治1次。

13. 酸腐病

【病原】 卵形孢霉菌，属半知菌亚门真菌。

【症状】 主要危害半熟瓜，病瓜初呈水渍状，之后软腐，在病部表面产生一层紧密的白色霉层，逐渐呈颗粒状，有酸臭味。瓜皮受伤后更易受到侵染，严重时造成大批果实腐烂（彩图20）。

【发生规律】 以菌丝体在土壤中越冬，腐生性强，借气流、雨水或灌溉水传播。病原菌多从西瓜与地面接触处或伤口侵入，并传播蔓延和进行再侵染。此病属高温高湿型病害，一般结瓜期间高温多雨、田间湿度高时发病重。

【防治方法】

1）农业措施。提倡高垄或高畦栽培。注意加强结瓜期管理，减少生理裂口或生理伤口，雨后及时排除田间积水。避免大水漫灌，及时拔除发病植株。采收后及时清园，减少田间菌源。

2）药剂防治。发病初期，采用以下药剂防治：10%苯醚甲环唑水分散粒剂800倍液、33.5%喹啉酮悬浮剂800~1000倍液、70%甲基硫菌灵可湿性粉剂600倍液、250克/升醚菌酯悬浮剂1500~2000倍液、68.75%噁唑菌酮·锰锌水分散粒剂1000~1500倍液等，兑水喷雾，每7~10天防治1次。

14. 黏菌病

【病原】 西瓜灰绒泡菌，属黏菌门真菌。

【症状】 又称西瓜白点病。多发于生长前期近基部叶片，病斑初呈浅黄色近圆形或不规则小斑点，多位于沿叶脉处或叶缘处，病斑表面粗糙或略凸起，呈疮痂状，直径为1~3毫米，干燥环境下形成白色硬壳，剥开呈石灰粉状。

【发生规律】 发生规律尚不明确，潮湿、雨水多、有机肥未充分腐熟地块发病重。

【防治方法】

1）农业措施。施用充分腐熟有机肥，雨后及时排水降湿。

2）药剂防治。发病初期，可采用以下药剂防治：40%多菌灵悬浮剂500倍液、70%甲基硫菌灵可湿性粉剂600倍液、36%异菌脲可湿性粉剂800倍液等，兑水喷雾，每7~10天防治1次。

15. 细菌性叶斑病

【病原】 丁香假单孢菌黄瓜致病变种，属细菌。

【症状】 又称细菌性角斑病，全生长发育期均可发生，主要危害叶片，果实和茎蔓也可受害。苗期染病，子叶或真叶产生黄褐色至黑褐色圆形或多角形病斑，严重时叶片或植株坏死干枯。成株发病，发病初期，叶片正面长出水浸状半透明小点，后扩大为浅黄色斑，边缘具有黄色晕环，叶背面呈现浅绿色水渍状斑，逐渐变成褐色病斑或呈灰白色破裂穿孔，受叶面限制呈多角形，湿度大时叶背面溢出白色菌脓。茎蔓染病，呈油渍状暗绿色，后龟裂，溢出白色菌脓。果实染病，果面长出油渍状黄绿色斑点，渐变成红褐至暗褐色近圆形坏死斑，边缘为黄绿色，随病情发展病部凹陷龟裂呈灰褐色，空气潮湿时表面可见乳白色菌脓（彩图21）。

【发生规律】 病原细菌可在种子内或随病残体在土壤中越冬，从植株气孔、水孔、皮孔或伤口等侵入，借助棚膜滴水、叶片吐水、雨水、气流、昆虫或农事操作等进行传播。适宜发病温度为24~28℃，最高39℃，最低4℃，48~50℃条件下经10分钟病原菌死亡。病原菌扩散、传播和侵入均需90%~100%的相对湿度或水膜存在等

条件。生长发育期间多雨、重茬或过密种植均可加重病情。

【防治方法】

1）农业措施。提倡高垄覆膜、膜下暗灌栽培模式。棚室适时通风降湿，及时整枝吊蔓，及时摘除病叶或拔除病残体，病穴撒石灰消毒。

【注意】

棚室西瓜整枝、吊蔓等农事操作应尽量选择晴天或下午进行，阴天、上午露水较多，湿度较大时会加重病害发生。

2）药剂防治。细菌性叶斑病防治应以预防为主，发病初期用以下药剂防治：86.2%氧化亚铜水分散粒剂1000~1500倍液、46.1%氢氧化铜水分散粒剂1500倍液、14%络氨铜水剂300倍液、27.13%碱式硫酸铜悬浮剂800倍液、50%琥胶肥酸铜可湿性粉剂500倍液、20%噻菌铜悬浮剂1000~1500倍液、33%喹啉酮悬浮剂800~1000倍液、60%琥铜·乙膦铝可湿性粉剂500倍液、47%春雷·氯氧化铜（王铜）可湿性粉剂700倍液、72%农用链霉素可湿性粉剂3000~4000倍液、88%水合霉素可溶性粉剂1500~2000倍液、88%中生菌素可湿性粉剂1000~1200倍液、20%叶枯唑可湿性粉剂600~800倍液等，兑水喷雾，每5~7天防治1次。

16. 细菌性果腐病

【病原】类产碱假单胞菌西瓜亚种，属细菌。

【症状】主要危害幼苗和果实。幼苗发病，常沿叶片中脉出现不规则褐色病斑，可扩展至叶缘，叶背呈水浸状。果实染病，果面出现灰绿色至暗绿色水浸状斑点，后迅速扩展成大型不规则病斑，龟裂或变褐，果实腐烂，并分泌黏质琥珀色物质（彩图22）。

【发生规律】病原菌随病残体在土壤中或附着在种子上越冬，带菌种子是远距离传播的主要途径。病原菌在田间借气流、雨水、灌溉水及昆虫、农事操作等传播，由气孔或伤口侵入。在气温为24~28℃的潮湿环境下，病原菌经1小时即可侵入叶片，潜育期为3天。高湿、多雨、大水漫灌、田间积水时易发病。

【防治方法】

1）农业措施。提倡与禾本科、豆科等非瓜类蔬菜轮作。施用充分腐熟的有机肥。棚室栽培提倡膜下暗灌，及时通风降湿。爬地栽培膨果期注意垫瓜，防止烂瓜。

2）种子处理。播前种子用40%福尔马林150倍液浸种30分钟或90%新植霉素（土霉素·链霉素）可湿性粉剂2000倍液浸种1小时或72%农用链霉素可湿性粉剂1000~1500倍液浸种2小时，洗净后清水浸种6~8小时再催芽播种。

3）药剂防治。参考西瓜细菌性叶斑病防治方法。

17. 细菌性褐斑病

【病原】 油菜黄单胞菌黄瓜致病变种，属细菌。

【症状】 危害叶片、叶柄、幼茎和果实。发病初期，叶片正面和背面产生水渍状黄色至黄褐色小圆斑点，后扩展为近圆形或多角形褐色病斑，对光呈半透明状，叶缘也可产生坏死斑。叶柄、幼茎和果实染病，产生灰色斑点，病部中心产生黄色拟痂斑（干菌脓）。

【发生规律】 病原菌在病残体上越冬或种子带菌，由伤口、气孔侵入。夏季高温多雨、棚室内湿度过大、叶片结露等因素均易诱发病害。连作地块、地势低洼、过于密植、通风透光不良等情况下发病重。

【防治方法】 参考西瓜细菌性叶斑病防治方法。

18. 细菌性枯萎病

【病原】 西瓜萎蔫病欧文氏菌，属细菌。

【症状】 又称西瓜青枯病，主要危害茎蔓。茎蔓染病，初呈水渍状，病斑扩展较快，可绕茎1周，随后发病部位缢缩，两端仍可呈水渍状，整株出现萎蔫直至凋萎死亡，表现为青枯状。维管束一般不变褐，根部不腐烂，有别于真菌性枯萎病。

【提示】

取西瓜青枯病茎段放入盛清水玻璃杯内，用手挤捏一端，对光观察可发现有一股股白色菌脓溢出，可作为判断依据。

【发生规律】 远距离传播主要借助带菌种子和带菌有机肥，田间近距离传播主要借助灌溉水、流水、风雨、小昆虫及农事操作等，从伤口或不定根处侵入致病。发病适宜地温为20~23℃，低于15℃或高于35℃时病原菌受抑制，40℃以上的环境下，病原菌几天就可全部死亡。空气相对湿度在90%以上易感病，此病属于低温高湿型病害。连作、低洼潮湿、水分管理不当或连绵阴雨后转晴、浇水后遇大雨、土壤水分忽高忽低、幼苗老化、施用未充分腐熟的有机肥、蔬菜根结线虫皆易诱发此病并可以加剧细菌性枯萎病的发生。有机肥不腐熟、土壤过分干旱或质地黏重的酸性土是引起此病发生的主要条件。

【防治方法】 参考西瓜细菌性叶斑病防治方法。出现病株及时拔出，并用石灰对病穴进行土壤消毒，发病早期及时用相关药剂灌根。

19. 病毒病

【病原】 主要包括黄瓜花叶病毒、甜瓜花叶病毒、黄瓜绿斑驳花叶病毒、小西葫芦黄化花叶病毒等。

【症状】 主要表现为花叶型和蕨叶型。花叶型发病初期新叶出现明脉，随病情发展顶部叶片呈深、浅绿色或黄绿相间的花纹，叶片凸凹不平，皱缩变小或畸形，节间缩短，植株矮化，结果少而小，果实畸形，果面有褪绿斑驳。蕨叶型表现为新叶狭长，皱缩扭曲，植株矮化，顶端枝叶簇生，花器发育不良，难以坐果。上述2种类型均可产生畸形瓜或僵瓜，使西瓜失去商品利用价值（彩图23）。

【注意】

①实际生产中西瓜病毒病症状类型复杂多样，有花叶、皱缩、黄化、褪绿、线形叶、孢斑、卷叶、坏死等，因此应根据植株实际情况，综合判断。②在病毒病发生早期，取新鲜牛奶1份，加水6~8份，选晴天上午8:00~10:00喷雾，重病株每隔2~3天、轻病株每隔4~5天喷1次，连喷3次，可钝化病毒，减轻病害。

【发生规律】 病毒不能在病残体上越冬，借蚜虫或枝叶摩擦传毒，发病适温为20~25℃。高温、干旱条件下，蚜虫、白粉虱发生严重时发病较重。

【防治方法】

1）农业措施。培育无毒壮苗。施足有机肥，适当增施磷钾肥，提高植株抗病力。温室通风口安装防虫网，秋延迟茬棚室遮盖遮阳网降温，预防蚜、白粉虱和蓟马等。设置黄板诱蚜，并及时拔除病株。

2）药剂防治。蚜虫、白粉虱是病毒传播的主要媒介，可用以下杀虫剂进行喷雾防治：240克/升螺虫乙酯悬浮剂4000~5000倍液、10%吡虫啉可湿性粉剂1000倍液、3%啶虫脒乳油2000~3000倍液、25%噻虫嗪可湿性粉剂2500~5000倍液、2.5%高效氯氟氰菊酯乳油1500倍液、10%烯啶虫胺水剂3000~5000倍液。

发病前或初期用以下药剂防治：20%吗啉胍·乙铜可湿性粉剂500~800倍液、2%宁南霉素水剂300~500倍液、7.5%菌毒·吗啉胍水剂500~700倍液、1.5%硫铜·烷基·烷醇水乳剂300~500倍液、20%盐酸吗啉胍可湿性粉剂500倍液、25%吗胍·硫酸锌可溶性粉剂500~700倍液等，兑水喷雾，视病情每5~7天防治1次。发病重生长缓慢的植株，可叶面喷施6-BA粉剂（含量大于等于98%）600倍液+0.1%硫酸锌溶液+0.7%复硝酸钠1000倍液+0.2%磷酸二氢钾溶液，促其尽快恢复生长。

20. 根结线虫病

【病原】 南方根结线虫、爪哇根结线虫、花生根结线虫，属动物界线虫门。

【症状】 主要危害西瓜根系，在根上形成大小不一的球形或不规则形的根结，单生或串生，初期为白色，后变为浅褐色。地上部初期无明显症状，中后期中午温度升高时易萎蔫，发病重时植株矮化，地上部长势衰弱，叶片萎垂，植株由下向上变黄干枯，不结瓜或瓜小，严重时整株萎蔫死亡（彩图24）。

【发生规律】 根结线虫以2龄幼虫或卵随病根在土壤中越冬，第2年条件适宜时越冬卵孵化为幼虫，幼虫侵入西瓜幼根，刺激根部细胞增生成根结或根瘤。根结线虫虫瘿主要分布于20厘米表土层内，3~10厘米处最多。病原线虫具有好气性，活动性不强，主要通过病土、病苗、灌溉和农具等途径传播。温度为25~30℃、相对湿度为40%~70%条件下线虫易发生流行；高于40℃、低于5℃时活动较少；55℃经10分钟可致死。连作地块、砂质土壤、棚室等发生较重。

【防治方法】

1）农业措施。发病地块实行轮作，棚室西瓜夏季换茬时与禾本科作物，如糯玉米、甜玉米等轮作效果和生产效益良好。采用无病土育苗和深耕翻晒土壤可减少虫源。采收后及时彻底清除病残体。

2）物理防治。7~8月或定植前1周进行高温闷棚结合石灰氮土壤消毒、淹水等可降低病害发生。

3）生物防治。利用生防制剂，如沃益多微生物菌、坚强芽孢杆菌、嗜硫小红卵菌HNI-1、蜡质芽孢杆菌、淡紫拟青霉、厚孢轮枝菌等可减缓病虫危害。

4）药剂防治。可结合整地采用下列药剂进行土壤处理：5%阿维菌素颗粒剂3~5千克/亩、98%棉隆微粒剂3~5千克/亩、10%噻唑磷颗粒剂2~5千克/亩等。生长发育期间发病，可用1.8%阿维菌素乳油1000倍液、41.7%氟吡菌酰胺悬浮剂0.024~0.030毫升/株灌根（加水稀释至400毫升/株），每隔5~7天防治1次。此外，40%氟烯线砜乳油、阿维菌素B2等新登记或即将登记的抗线虫药剂也可对线虫防治发挥作用。

第三节 西瓜生理性病害诊断与防治技术

1. 化瓜

【症状】 幼瓜发育一定时间后停止生长，表皮褪绿变褐，幼瓜萎缩，直至干枯、脱落（彩图25）。

【病因】

1）雌花发育不良或未受精，尤其花期遇阴雨天气，棚室内湿度过大，花粉易吸湿破裂或昆虫活动较少，雌花未正常授粉，导致子房膨大终止。

2）肥水管理不当，花期肥水过多造成植株徒长引发化瓜或肥水不足，植株长势弱也易引发落花、落果。

3）花芽分化异常，造成雌花、雄花器官畸形。

4）光温环境不良，温度过高或过低，光照不足均可导致化瓜。

【防治方法】

1）育苗过程中预防低温或高温危害，以防花芽分化异常，降低畸形花率。

2）合理水肥运筹。应重施基肥，氮磷钾平衡追肥，尤其伸蔓期应酌减氮肥用量，并适当控制浇水，严防植株徒长。

3）放熊蜂授粉或人工辅助授粉，必要时向幼瓜喷施坐瓜灵保果。

【小窍门】

徒长瓜田，可在授粉后将瓜后茎蔓用手捏一下，以减少养分向顶端运输，促使养分集中供应幼瓜。

2. 裂瓜

【症状】 可分为生长发育期裂瓜和采收期裂瓜。多在膨果期从尾端纵向开裂，失去商品利用价值（彩图 26）。

【病因】

1）与品种有关，品种皮薄不韧，易造成生长发育期和采收期裂瓜。

2）雌蕊授粉不均匀，幼瓜果实发育不平衡，从果面不膨大部分开裂。

3）膨果期或采收前期土壤干旱，突然浇水或遇连续阴雨天气，果肉生长速度快于瓜皮，导致裂瓜。

4）果实前期发育温度较低，而后突遇升温，果实迅速膨大，造成裂瓜。

5）土壤硼、钙、钾等元素含量不足，果皮硬度和韧性不够，易裂瓜。

【防治方法】

1）选用耐裂品种。

2）加强水分管理，尤其开花坐果期浇水不宜忽大忽小。

3）采取合理的保温和通风降温、降湿措施，防止室内温度变化过快。

4）开花坐果期喷施硼、钙、硅等叶面微量元素肥。

5）傍晚采收可减少裂瓜。

3. 畸形瓜

【症状】 畸形瓜主要表现为偏头瓜、大肚瓜、尖嘴瓜等，是由花芽分化和果实发育过程中环境不良或栽培措施不当等因素造成的，失去商品利用价值（彩图27）。

【病因】

1）花芽分化期间，因低温等因素导致植株吸收钙、硼等中微量元素不足。

2）花芽分化阶段养分供应不均衡，前期肥水不足，后期水肥充足易形成宽肩厚皮瓜。

3）花期授粉不匀，果实发育不平衡易形成偏头瓜。

4）果实发育期养分、水分和光照不足，果实不能充分膨大而形成尖嘴瓜。

【防治方法】

1）加强苗期管理，注意温、湿度调控，避免低温影响花芽正常分化。

2）苗期注意养分均衡供应，尤其4~5叶期应叶面喷施钙、硼等中微量元素肥。

3）人工辅助授粉时应注意花粉均匀涂抹于柱头上，以提高授粉质量。

4）膨果期加强水肥管理。

4. 脐腐病

【症状】 一般膨果期易发此病，发病初期果实脐部呈水浸状暗绿色或深绿色，后变为暗褐色，病部瓜皮失水，病部中央扁平或呈凹陷状，有时出现同心轮纹，果肉一般不腐烂。病斑圆形或呈边缘平滑的不规则状，空气潮湿时病部因真菌滋生产生黑色霉层（彩图 28）。

【病因】 氮肥施用过多影响钙素吸收及膨果期突然干旱缺水，导致西瓜脐部大量失水均可诱发此病。植物生长调节剂施用不当也会出现脐腐病。

【防治方法】 选用抗病品种。瓜田重施有机肥。膨果期应加强水肥供应，促进正常膨果。易发病地块，可在开花坐果期叶面喷施0.3%~0.5%硝酸钙溶液或微补钙力 800 倍液、微补果力 600 倍液，及时补充钙素。

5. 日灼病

【症状】 夏季露地西瓜果实生长发育后期，因太阳强光灼伤，果面出现椭圆形或不规则形的大小不等的白斑，病部受伤害后常腐生杂菌。

【病因】 由太阳强光长时间直接照射果实所致。

【防治方法】 合理密植，栽植密度不宜过稀，以免果实无茎叶遮盖长时间接受曝晒。必要时可覆草遮盖或及时“翻瓜”。

6. 黄带果（粗筋果）

【症状】 膨果初期，果实中央或胎座部分维管束变为黄色带状纤维，并可发展成为黄色粗筋。黄带果实糖度较低，口感差（彩图 29）。

【病因】 黄带果的产生与温度、水肥和营养供应有关。植株前期生长过旺，果实成熟过程中遇低温或叶片受损导致茎叶向果实运输养分不足或受阻，而果实成熟时仍保留发达的维管束所致。土壤缺钙、高温干旱、低温、土层干燥、缺硼等均影响钙素吸收，从而使黄带果增加。另外，南瓜砧木嫁接西瓜也易产生黄带果。

【防治方法】 合理施用氮肥，防止西瓜营养生长过旺。在施足基肥的基础上，幼瓜期叶面喷施钙肥、硼肥等中微量元素肥。高温季节应加强肥水管理，增强根系吸收能力。

7. 空洞瓜

【症状】 西瓜成熟时果实内果肉开裂，出现横断或纵断缝隙空洞，商品品质下降（彩图30）。

【病因】 由低温或干旱条件下，瓜瓤不同部位生长发育不均衡引发。横断空洞瓜多发生于低节位瓜或低温、干旱环境下结瓜，前期因种子数量少，输送养分不足，心室未能充分膨大，后遇高温后果皮发育加快，形成空洞。纵断空洞瓜是由于果实膨大后期果皮附近果肉组织仍继续发育，造成瓜内部组织发育不均衡所致。

【防治方法】

1）选择主蔓第2~3朵雌花坐果。

2）注意氮磷钾平衡施肥和重施有机肥，膨果期追施叶面微量元素肥。

3）合理整枝理蔓，促进西瓜营养生长和生殖生长协调。

8. 晶瓜

【症状】 又称果肉“溃烂病”，分为太阳晶瓜和水晶瓜。外观与正常瓜相同，剖开可见种子周围果肉呈水渍状，红紫色或黄冻状，严重时种子周围细胞崩裂似渗血状，果肉变硬，半透明，有异味，失去食用价值（彩图31）。

【病因】 果实在高温、强光环境下，无叶片遮盖，易形成太阳晶瓜。棚室栽培西瓜膨大后期，土壤干湿变化较快、根系活力和吸收能力下降或植株脱肥、长势弱易造成水晶瓜。叶片损伤和高温环境，导致果肉乙烯增加，呼吸异常，肉质变劣。

【防治方法】 重施有机肥，促进土壤通透性提高。加强水分和整枝管理，促进根系发育和功能提升。高温强日下注意翻瓜或以草盖瓜。

9. 沤根

【症状】 幼苗、植株地上部分生长停滞，长时间无新叶抽生。已发叶片有黄化趋向，叶缘发黄皱缩，呈焦枯状，严重时植株萎蔫、干枯。发病植株根色由白变黄，不生或少生新根，严重时根呈铁锈色、腐烂，引发死苗。

【病因】 苗期或定植初期，遇低温阴雨天气，造成土壤湿冷缺氧引发此病。尤其低洼地、黏土地透水不良，雨（水）后未及时通风降湿会加重病情。另外，定植伤根、分苗时浇水过多均可诱发沤根。

【防治方法】

1）选择排水良好、通透性好的壤土地块育苗或种植。

2）苗期低温下水分管理提倡小水勤浇，忌大水漫灌，雨后注意排水。浇水宜在早晚进行，忌晴天中午或阴天浇水。

3）选择冷尾暖头的晴天适时定植。

4）发生沤根棚室，应加强通风，降低棚内湿度，同时可叶面喷施0.2%磷酸二氢钾溶液、赛德生根壮苗700倍液或叶面微量元素肥补充养分，并可结合浇水冲施。

10. 无头封顶苗

【症状】 西瓜幼苗生长点退化，不能正常抽生新叶，只有2片子叶，有时虽能形成1~2片真叶，但无生长点，叶片萎缩（彩图32）。

【病因】 苗期长时间遇低温、阴雨天气，根系吸收不良，幼苗营养生长较弱或苗期突遇寒流侵袭，幼苗生长点分化受抑均可引发此病。另外，陈种子生活力低、肥害烧根、药害、病虫害等均可导致无头苗的出现。

【防治方法】 选用发芽势强的种子播种育苗。加强苗床管理，增加保温增温设施，及时通风降湿，对已受害的僵化苗可适当追施叶面肥促新叶萌发。注意防止肥害，尤其有挥发性的肥料施用后及时通风。按照规程说明，合理使用农药防治病虫害。

11. 冷害

【症状】 早春苗床或棚室均可发生。西瓜5℃以下即发生冷害，轻者叶片边缘呈黄白色，造成生长停顿或大缓苗；稍重者叶缘卷曲，干枯，生长点停止生长，形成僵苗。严重时，植株发生生理失水，变褐枯死（彩图33）。

【病因】 育苗期或定植后棚室设施性能不佳或未炼苗、炼苗不足等，遇低温幼苗易发生冷害。

【防治方法】

1）改善育苗环境，保障苗期光温需求，促壮苗培育。

2）注意天气变化，简易棚室应及时增设小拱棚、保温幕帘等多层覆盖，以提温保温。

3）发生冷害后，勿使棚温迅速上升，以免根系吸水不足，蒸腾加大致生理失水。在管理上，棚室可适当通风使室温缓慢回升，避免短时间内升温过快。同时，可叶面喷施植物细胞膜稳态剂天达 2116 防冷害发生。

12. 高脚苗

【症状】 多发生于苗期，主要表现为下胚轴细长、纤弱，易感病害（彩图 34）。

【病因】 早春育苗苗床湿度过大，光照不足，播种密度过大，幼苗拥挤等均可形成高脚苗。另外，夏、秋季高温下育苗，光照不足也可引发高脚苗。

【防治方法】

1）苗期应加强管理，使播种密度合理，适时通风降温、降湿，注意增加光照。

2）苗期合理肥水运筹、平衡施肥、追施叶面微量元素肥等促根系发育，培育壮苗。

13. 西瓜缺素

（1）缺氮症

【症状】 西瓜缺氮表现为叶片小，上位叶更小；从下向上逐渐顺序变黄，后期植株易早衰；叶脉间黄化，叶脉突出，后扩展至全叶（彩图 35），果实膨大速度慢。

【病因】 主要原因是前作施入有机肥少，土壤含氮量低或降雨多导致氮被淋失；生产上沙土、沙壤土、阴离子交换少的土壤易缺氮。此外，作物收获量大，从土壤中吸收氮肥多，且追肥不及时易出现氮素缺乏症。

【防治方法】

1）根据西瓜对氮磷钾三要素和微量元素肥的需要，施用酵素菌沤制的堆肥或充分腐熟的新鲜有机肥，采用配方施肥技术，防止氮素缺乏。

2）低温条件下可施用硝态氮。

3）田间出现缺氮症状时，应立即埋施充分腐熟发酵好的人粪肥，也可把碳酸氢铵、尿素混入 10~15 倍有机肥料中，施在植株两旁后覆土，浇水或随水冲施尿素、磷酸二铵等。

4）也可后期叶面喷施 0.2%尿素+0.2%磷酸二氢钾溶液。

（2）缺磷症

【症状】 缺磷首先表现为下部叶片小、硬化，叶色呈绿紫色；定植后，根系发育不良，果实僵住不长，成熟晚，下部叶枯死或脱落（彩图 36）。

【病因】 有机肥施用量少，地温低影响对磷的吸收。此外，利用大田土育苗，施用磷肥不够或未施磷，易出现磷素缺乏症。

【防治方法】 基肥施用三元复合肥，必要时可叶面喷洒 0.2%~0.3%磷酸二氢钾溶液 2~3 次。

（3）缺钾症

【症状】 下部叶片叶缘现轻微黄化，后扩展到叶脉间（彩图 37）；生长发育中后期，中位叶附近出现上述症状，后叶缘枯死，叶向外侧卷曲，叶片稍硬化，呈深绿色；果实膨大不良，品质下降。

【病因】 沙质土或含钾量低的土壤，施用有机肥料中钾肥少或含钾量供不应求；地温低、日照不足、湿度过大妨碍钾的吸收或施用氮肥过多，对钾吸收产生拮抗作用。

【防治方法】 土壤中缺钾时可基施硫酸钾 3~4.5 千克/亩，必要时叶面喷洒 0.2%~0.3%磷酸二氢钾溶液或 1%草木灰浸出液。

（4）缺硼症

【症状】 从伸蔓期开始，生长点发育受抑，叶片变小，叶面皱缩，凹凸不平。不开花或开花少，花器官发育不良或畸形。难坐果，畸形瓜或空心瓜率增加。果皮组织龟裂，硬化或木栓化（彩图 38）。

【病因】 酸性或沙性土壤易缺硼，广东、海南、江西等南方地区瓜田易发缺硼症。偏碱性的石灰质土壤可以固定硼素，引发缺硼症。施用钾肥过量影响西瓜对硼肥的吸收。土壤干旱缺水，根系吸收硼素不足，也可引发缺硼症。

【防治方法】

1）缺硼地块施用基肥时，可结合有机肥每亩施入11%的硼砂1千克或持力硼200~400克。

2）西瓜长至4~5节花芽分化期间，可叶面喷施硼砂50~100克/亩或速乐硼1500倍液，每7天1次，连喷2次。

3）发生症状时，可用糖醇硼1000~1200倍液灌根或叶面喷施。

【注意】

硼肥不宜与过磷酸钙或尿素混施，以免硼被固定失效。

(5) 缺钙症

【症状】 幼叶叶缘黄化，叶片卷曲，老叶绿色不表现症状。生长点发育受抑，茎蔓顶端变褐枯死。植株矮小，节间变短，顶芽、侧芽、根尖易枯萎或焦枯死亡（彩图39）。果实发病即为脐腐病。果实发育期缺钙可导致裂瓜、空心瓜、黄带果、晶瓜等多种生理病害。

【病因】 西瓜早春低温沤根，根系发育不良，吸收功能下降易引发缺钙症。西瓜种植于酸性土壤易发缺钙症。土壤干旱或钾肥施用过多，硼素缺乏均阻碍西瓜对钙素的吸收。

【防治方法】

1）重施有机肥，增强土壤养分全面均衡供应能力。

2）酸性土壤应进行土壤改良，施用石灰质肥料调节土壤pH至中性，可缓解缺钙症状。

3）易缺钙地块及时叶面喷施0.3%~0.5%硝酸钙溶液或EDTA螯合钙、氨基酸钙、糖醇钙800~1000倍液等，及时补充钙素。

(6) 缺镁症

【症状】 从中下部老叶开始发病，叶脉间叶肉褪绿黄化或白化，形成斑驳花叶，并逐渐扩展连片，但叶缘、叶脉保持绿色。有时除叶脉外，叶片通体黄化，无明显坏死斑。严重时向上部叶片发展，叶片黄化，枯萎，植株死亡（彩图40）。

【注意】

叶片缺镁和缺钾均从老叶开始发病，但缺镁叶片叶缘不发生褪绿或枯焦，此为二者主要判断区别。

【病因】 氮肥施用量过大引发土壤酸化或碱性土壤均可阻碍镁吸收。低温、干旱条件下根系吸收不良也可导致缺镁症。

【防治方法】

1）注意土壤改良，保持土壤酸碱平衡。

2）增施有机肥，促进土壤养分平衡。

3）合理温度、水分管理，促根系功能提升。

4）缺素症发时叶面喷施1%～2%硫酸镁或螯合镁溶液2～3次。补镁时注意适当增施钾肥、锌肥。

（7）缺铁症

【症状】 植株新叶除叶脉外全部黄化，严重时叶脉失绿，继而腋芽也呈黄化状；因铁在植株体内不易移动，故黄化始于生长点近处叶，若及时补铁则可于黄化叶上方长出绿叶；此黄化较为鲜亮，且叶缘正常，整株不停止生长发育（彩图41）。

【病因】 碱性土壤、磷肥过量、土壤过干过湿、低温均易引发西瓜缺铁症。此外，土壤中铜、锰等元素含量过高可阻碍西瓜吸收铁素引发缺铁症。

【防治方法】

1）保持土壤pH为6～6.5，防止碱化。

2）加强水分管理，防止土壤过干过湿。

3）发生缺铁症时可叶面喷施0.1%～0.5%硫酸亚铁溶液或糖醇铁1000～1500倍液。

（8）缺锌症

【症状】 又称小叶病，西瓜枝条纤细，节间变短，叶片向叶背翻卷，叶尖和叶缘变褐并逐渐焦枯，叶片发育不良。

【病因】 碱性或中性土壤有效锌含量低于0.5毫克/千克，酸性土壤有效锌含量低于1.5毫克/千克时易缺锌。土壤碱性，大量施用氮肥，含磷量高，以及有机质含量低或土壤缺水均易诱发缺锌。土壤中铜、镍不平衡也是缺锌的原因之一。

【防治方法】 加强田间管理，增施有机肥，必要时叶面喷施0.1%硫酸锌溶液。

（9）缺铜症

【症状】 幼叶失绿变黄，易干枯脱落。

【病因】 土壤缺素。

【防治方法】 结合施肥，根外冲施适量硫酸铜。

【注意】

根据植株长势确定追肥是西瓜肥水管理的一项重要依据，如新生叶片长成后叶面积明显减少，叶片变薄则为脱肥叶相，应及时补充水肥。

第四节 西瓜虫害诊断与防治技术

1. 瓜蚜

【危害分布】 瓜蚜又称棉蚜，属同翅目蚜科。全国各地均有分布，是病毒病等多种病害的传播媒介，对西瓜生产危害较大。

【危害与诊断】 成虫和若虫主要在叶片背面或幼嫩茎蔓、花蕾和嫩梢上以刺吸式口器吸食汁液。嫩叶和生长点受害后，叶片卷缩，生长停滞。功能叶片受害后提前枯黄，叶片功能期缩短，导致减产（彩图42）。

无翅孤雌蚜体长1.5~1.9毫米，夏季多为黄色，春、秋季为墨绿色至蓝黑色。有翅孤雌蚜体长1.2~1.9毫米，头、胸黑色。无翅胎生蚜体长1.5~1.9毫米，夏季黄色、黄绿色，春、秋季墨绿色。有翅胎生蚜体黄色、浅绿色或深绿色。若蚜黄绿色至黄色，也有蓝灰色。

【发生规律】 华北地区每年发生10多代，长江流域每年发生20~30代。以卵越冬或以成虫、若虫在保护地内越冬繁殖。第2年春季6℃以上时开始活动，北方地区于4月底有翅蚜迁飞到露地蔬菜等植物上繁殖，秋末冬初又产生有翅蚜迁入保护地。春、秋季和夏季分别10天左右和4~5天繁殖1代。繁殖适温为16~20℃，北方地区气温超过25℃、南方超过27℃、相对湿度75%以上不利于其繁殖。

【防治方法】

1）农业措施。棚室通风口处加装防虫网，及时拔除杂草、残株等。积极推行物理防治和生物防治方法。

2）物理防治。在棚室西瓜上方张挂30厘米×50厘米粘虫黄板（每亩20~30张），高度以与植株顶端平齐或略高为宜，悬挂方向以板面东西向为佳。或采用银灰色地膜覆盖驱避蚜虫。

3）生物防治。可在棚室内放养丽蚜小蜂等天敌治蚜。具体方法是西瓜定植后1周左右，初期可按照3头/米^{2}的标准，撕开悬挂钩将卵卡悬挂于植株下部，根据虫害发生情况，每7天释放1次，持续释放3~4次直至虫害得以控制为止。具体方法参照卵卡说明书进行。

4）药剂防治。适时进行药剂防治，棚室可采用10%敌敌畏烟熏剂、10%灭蚜烟熏剂、10%氰戊菊酯烟熏剂等防治，每次用量为0.3~0.5千克/亩。采用10%吡虫啉可湿性粉剂1500~2000倍液、3%啶虫脒乳油2000~3000倍液、240克/升螺虫乙酯悬浮剂4000~5000倍液、50%丁醚脲悬浮剂1200倍液、25%噻虫嗪水分散粒剂6000~8000倍液、50%抗蚜威可湿性粉剂2000~3000倍液、10%氯噻啉可湿性粉剂2000~3000倍液、20%氰戊菊酯乳油2000倍液、2.5%氟氯氰菊酯乳油3000~4000倍液、3.2%烟碱川楝素水剂200~300倍液、1%苦参素水剂800~1000倍液等，兑水喷雾，视虫情每7~10天防治1次。

2. 白粉虱

【危害分布】 白粉虱属同翅目，粉虱科，是北方棚室蔬菜栽培过程中普遍发生的虫害，可危害几乎所有蔬菜类型，也是病毒病等多种病害的传播媒介。

【危害与诊断】 白粉虱成虫或若虫群集以锉吸式口器在西瓜叶背面吸食汁液，致使叶片褪绿变黄、萎蔫。其分泌的大量蜜露可污染

叶片和果实，诱发煤污病，造成西瓜减产或商品利用价值下降（彩图 43）。

成虫体长 1.0~1.5 毫米，浅黄色，翅面覆盖白色蜡粉。卵为长椭圆形，长约 0.2 毫米，基部有卵柄，柄长 0.02 毫米，从叶背气孔插入叶片组织中取食。初产时浅绿色，覆有蜡粉，而后渐变为褐色，孵化前呈黑色。若虫体长 0.29~0.8 毫米，长椭圆形，浅绿色或黄绿色，足和触角退化，紧贴在叶片上营固着生活。4 龄若虫又称伪蛹，体长 0.7~0.8 毫米，椭圆形，初期体扁平，逐渐加厚，中央略高，黄褐色，体背有长短不齐的蜡丝，体侧有刺。

【发生规律】 白粉虱在北方温室内 1 年发生 10 余代，周年发生，无滞育和休眠现象，冬天在室外不能越冬。成虫羽化后 1~3 天可交配产卵，也可进行孤雌生殖，其后代为雄性。成虫有趋嫩性，在植株打顶以前，成虫总是随着植株的生长不断追逐顶部嫩叶产卵，虱卵以卵柄从气孔插入叶片组织中，与寄主植物保持水分平衡，极不易脱落。若虫孵化后 3 天内在叶背可做短距离游走，当口器插入叶组织后即失去爬行机能，开始营固着生活。白粉虱繁殖适温为 18~21℃，温室条件下约 1 个月完成 1 代。冬季结束后由温室通风口或种苗移栽迁飞至露地，因此人为因素可促进白粉虱的传播蔓延。其种群数量由春至秋持续发展，夏季高温多雨对其抑制作用不明显，秋季数量达高峰，集中危害瓜类、豆类和茄果类蔬菜。北方棚室栽培区 7~8 月露地密度较大，8~9 月危害严重，10 月下旬后随气温下降逐渐向棚室内迁飞或越冬。

【防治方法】

1）农业措施。棚室通风口处加装防虫网，及时拔除杂草、残株等。积极推行物理防治和生物防治方法。

2）物理防治。在棚室西瓜上方张挂 30 厘米×50 厘米粘虫黄板（每亩 20~30 张），高度以与植株顶端平齐或略高为宜，悬挂方向以板面东西向为佳。

3）生物防治。可在棚室内放养丽蚜小蜂等天敌加以防治。具体方法参照西瓜蚜虫生物防治方法。

4）药剂防治。虫害发生初期用下列药剂防治：烟熏法防治参考本节瓜蚜防治方法。或采用10%吡虫啉可湿性粉剂1500~2000倍液、25%噻嗪酮可湿性粉剂1000~2000倍液、240克/升螺虫乙酯悬浮剂4000~5000倍液、25%噻虫嗪水分散粒剂6000~8000倍液、2.5%联苯菊酯乳油2000~2500倍液、3%啶虫脒乳油2000~3000倍液、10%氯氰菊酯乳油2500~3000倍液等，兑水喷雾，视虫情每7天左右防治1次，连续防治2~3次。

3. 黄蓟马

【危害分布】 黄蓟马属缨翅目，蓟马科。目前在我国大部分地区均有分布，主要危害瓜类、茄果类和豆类蔬菜等。

【危害与诊断】 黄蓟马以锉吸式口器吸食西瓜嫩梢、嫩叶、花及果实的汁液。叶片受害易褪绿变黄，扭曲上卷，心叶不能正常展开。嫩梢等幼嫩组织受害，常枝叶僵缩、生长缓慢或老化坏死、幼瓜畸形等（彩图44）。

成虫体长1.0毫米，金黄色。头近方形，复眼稍突出。单眼3只，红色，排成三角形。单眼间鬃间距较小，位于单眼三角形连线外缘。触角7节，翅2对，腹部扁长。卵长椭圆形，白色透明，长约0.02毫米。若虫3龄，黄白色。

【发生规律】 黄蓟马在南方地区每年发生11~20代，北方地区可发生8~10代。保护地内可周年发生，世代重叠。以成虫潜伏在土块、土缝下或枯枝落叶间越冬，少数以若虫越冬。温度和土壤湿度对黄蓟马发育影响显著，其正常发育的温度范围为15~32℃，土壤含水量以8%~18%最为适宜，较耐高温，夏、秋两季发生严重。该虫具有迁飞性、趋蓝性和趋嫩性，活跃、善飞、怕光，多在结瓜嫩梢或幼瓜的毛丛中取食，少数在叶背取食。雌成虫有孤雌生殖能力，卵散产于植物叶肉组织内。若虫怕光，到3龄末期停止取食，落土化蛹。

【防治方法】

1）农业措施。清除田间杂草、残株，消灭虫源。提倡地膜覆盖栽培，减少成虫出土或若虫落土化蛹。

2）物理防治。发生初期采用粘虫蓝板诱杀。在棚室西瓜上方张

挂30厘米×40厘米粘虫蓝板（每亩20张），高度以与植株顶端平齐或略高为宜，悬挂方向以板面东西向为佳。

3）生物防治。棚室栽培可考虑人工放养小花蝽、草蛉等天敌进行生物防治。

4）药剂防治。参考本节瓜蚜防治方法。

4. 美洲斑潜蝇

【危害分布】 美洲斑潜蝇属双翅目，潜蝇科。在我国大部分地区均有分布，可危害130多种蔬菜，其中瓜类、茄果类、豆类蔬菜受害较重。

【危害与诊断】 主要以幼虫钻叶危害。幼虫在叶片上下表皮间蛀食，造成由细变宽的蛇形弯曲隧道，多为白色，隧道相互交叉，逐渐连接成片，严重影响叶片光合作用。成虫刺吸叶片汁液，形成近圆形白色小点（彩图45）。

成虫体长1.3~2.3毫米，浅灰黑色，胸背板亮黑色，体腹面黄色。卵呈米色，半透明，较小。幼虫蛆状，乳白色至金黄色，长3毫米。蛹长2毫米，椭圆形，橙黄色至金黄色，腹面稍扁平。成虫具有趋光性、趋绿性、趋化性和趋黄性，有一定飞翔能力。

【发生规律】 美洲斑潜蝇在北方地区每年发生8~9代，冬季露地不能越冬，南方每年可发生14~17代。发生期多为4~11月，5~6月和9月~10月中旬是两个发生高峰期。

【防治方法】

1）农业措施。及时清除田间杂草、残株、减少虫源。定植前深翻土地，将地表蛹埋入地下。发生盛期增加中耕和浇水，破坏化蛹，减少成虫羽化。田间悬挂30厘米×50厘米粘虫黄板诱杀成虫。

2）药剂防治。发生盛期棚室内可采用10%敌敌畏烟熏剂、10%灭蚜烟熏剂、10%氰戊菊酯烟熏剂等防治，每次用量为0.3~0.5千克/亩。或选用0.5%甲氨基阿维菌素苯甲酸盐微乳剂2000~3000倍液、1.8%阿维菌素乳油2000~3000倍液、1.8%阿维·啶虫脒微乳剂3000~4000倍液、50%环丙氨嗪可湿性粉剂2000~3000倍液、5%氟虫脲乳油1000~1500倍液、0.5%楝素杀虫乳油800倍液等，兑水喷雾，视虫情每隔 7 天防治 1 次，连续防治 2~3 次。

【注意】

防治斑潜蝇幼虫应在其低龄时用药，即多数虫道长度在 2 厘米以下时效果较好。防治成虫，宜在早晨或傍晚等其大量出现时用药。

5. 朱砂叶螨

【危害分布】 朱砂叶螨属真螨目，叶螨科，主要危害瓜类、茄果类、葱蒜类蔬菜。在我国各地均有发生，是西瓜生产上的一种重要虫害。

【危害与诊断】 危害西瓜叶片，以成螨或若螨在叶背刺吸汁液，叶面出现灰白色或浅黄色小点，叶片扭曲畸形或皱缩，严重时呈沙状失绿，干枯脱落（彩图 46）。

雌成螨体长 0.4~0.5 毫米，椭圆形，锈红色或深红色。体背两侧有暗斑，背上有 13 对针状刚毛。雄成螨体长 0.4 毫米，长圆形，绿色或橙黄色，较雌螨略小，腹末略尖。卵圆形，橙黄色，产于丝网之上。

【发生规律】 北方地区每年发生 12~15 代，长江流域每年发生 15~18 代。以雌成螨和其他虫态在落叶下、杂草根部、土缝里越冬。第 2 年 4~5 月迁入菜田危害，6~9 月陆续发生，其中 6~7 月发生严重。成螨在叶背吐丝结网，栖于网内刺吸汁液、产卵。朱砂叶螨有孤雌生殖习性，成、若螨靠爬行或吐丝下垂近距离扩散，借风和农事操作远距离传播。有趋嫩习性，一般由植株下部向上危害。温度 25~30℃、相对湿度 35%~55%最有利于虫害发生流行。

【防治方法】

1）农业措施。及时清除棚室内外杂草、枯枝落叶，减少虫源。有条件的地区可人工放养天敌捕食螨进行生物防治。

2）药剂防治。发现朱砂叶螨在田间危害时采用下列药剂防治：5%噻螨酮乳油 1500~2000 倍液、20%双甲脒乳油 2000~3000 倍液、1.8%阿维菌素乳油 2000~3000 倍液、40%联苯菊酯乳油 2000~3000

倍液、15%哒螨灵乳油 2000~3000 倍液、30%嘧螨酯悬浮剂 2000~4000 倍液、73%炔螨特乳油 2000~3000 倍液等，兑水喷雾，视虫情每 7~10 天防治 1 次。

【提示】

嘧螨酮无杀成虫作用，因此应在朱砂叶螨发生初期使用，并与其他杀螨剂配合使用。

6. 瓜绢螟

【危害分布】 瓜绢螟属鳞翅目，螟蛾科。我国各地均有分布，主要危害瓜类、茄果类和豆类蔬菜。

【危害与诊断】 主要危害叶片和果实。低龄幼虫在叶背啃食叶肉，受害部位呈灰白色。3 龄后吐丝将叶或嫩梢缀合，居其中取食，呈现灰白斑，使叶片穿孔或缺刻，严重者仅留叶脉。幼虫常蛀入瓜内，影响产量和质量。

成虫体长 11 毫米左右，头、胸黑色，腹部白色，第 1、7、8 节末端有黄褐色毛丛。前翅白色略透明，前翅前缘和外缘、后翅外缘呈黑色宽带。末龄幼虫体长 23~26 毫米，头部、前胸背板浅褐色，胸腹部草绿色，亚背线呈两条较宽的乳白色纵带，气门黑色。卵扁平，椭圆形，浅黄色，表面有网纹。蛹长约 14 毫米，深褐色，外被薄茧（彩图 47）。

【发生规律】 北方地区每年发生 3~6 代，长江以南地区每年发生 4~6 代，两广地区每年发生 5~6 代，以老熟幼虫或蛹在枯叶或表土中越冬。北方地区一般每年 5 月田间出现幼虫危害，7~9 月逐渐进入盛发期，危害严重，11 月后进入越冬期。成虫夜间活动，稍有趋光性，雌蛾在叶背产卵。幼虫 3 龄后卷叶取食，蛹化于卷叶或落叶中。

【防治方法】

1）农业措施。结合田间管理，人工摘除卵块和初孵幼虫危害的叶片，集中处理。注意铲除田边杂草等滋生场所，晚秋或初春及时翻地灭蛹。有条件的地区可人工繁殖放养拟澳洲赤眼蜂进行生物防治。

2）药剂防治。可于1~3龄卷叶前，采用以下药剂或配方防治：1.8%阿维菌素微乳剂2000~3000倍液、0.5%甲氨基阿维菌素苯甲酸盐微乳剂2000~3000倍液、5%丁烯氟虫腈乳油2000~3000倍液、2.5%氟氯氰菊酯乳油4000~5000倍液、40%菊·马乳油2000~3000倍液等，兑水喷雾时加入有机硅展着剂，视虫情每隔7~10天防治1次。

第十二章
西瓜生产经济效益分析及市场营销

西瓜适应性强，栽培周期较短，市场需求量大，生产效益较高，是我国重要的高效园艺作物之一，在果蔬生产中占据重要位置。2013—2022年，我国西瓜年均播种面积基本稳定在150万公顷以上，总产量保持在6000万吨以上，年均单产基本保持增长态势（表12-1）。2018年国内市场销售西瓜7000万吨，在水果销量排行榜中位列第一。近年来，随着观光、休闲农业、“互联网+农业”、网络电商等农业新业态不断出现，西瓜生产效益不断提升，为丰富和满足市场需求，促进产区农民增收致富发挥了重要作用。

表12-1　2013—2022年我国西瓜生产变化情况

年份	播种面积/万公顷	单产/(千克/公顷)	总产量/万吨
2013	164. 16	38992. 60	6401. 00
2014	163. 39	39617. 11	6473. 04
2015	163. 09	40465. 06	6599. 42
2016	151. 51	41058. 77	6220. 65
2017	151. 97	41551. 86	6314. 72
2018	151. 79	40539. 92	6153. 69
2019	153. 94	41082. 04	6324. 06
2020	152. 82	40796. 69	6234. 36
2021	147. 56	41770. 09	6163. 40
2022	148. 48	42444. 94	6302. 31

注：数据来源于国家统计局。

一、西瓜种植效益分析

西瓜种植效益分析应主要从生产成本、茬口安排、生产方式、品种类型、人工成本和产出效益等几方面着手。其中，生产成本包括设施成本和物质成本。设施成本包含设施租金/折旧费、水电费、棚膜、保温被、滴灌设施、绳子、铁丝、吊线、管理费用等，如采用自建设施，则计算建造费用/折旧费。物质成本包含种子、肥料、农药、熊蜂、地膜、机械等物质投入。此外，还有包装、运输、贮藏、品牌宣传等投入。产出效益可根据不同种植模式、品种，统计商品产量和每茬平均售价，并计算单位面积或单位质量产出效益。经济效益计算方法：总收益=不同模式各自的西瓜品种商品产量×平均商品单价；纯收益=总收益（产值）-总成本；总成本=设施成本+物质成本（农民自家生产时人工成本一般不计入）；成本收益率=单位面积收益/单位面积成本。

从茬口来看，西瓜春夏茬绝对收益和成本收益率均高于秋冬茬，但生产成本低于后者。不同生产方式间相比，露地和小拱棚的生产成本远低于大中拱棚和日光温室，但单位面积绝对收益以日光温室栽培为最高，其次为大中拱棚。成本收益率则以日光温室和露地生产为最高。不同熟性品种相比，中早熟品种多用于设施生产，故生产成本较高，但单位面积绝对收益高于中晚熟品种，成本收益率则低于后者。从品种类型来看，小果型西瓜的生产成本和绝对收益均高于无籽西瓜，但成本收益率低于后者（表 12-2）。

表 12-2　不同茬口、生产方式、品种熟性及类型对西瓜生产平均成本收益率的影响

成本收益	茬口		生产方式				品种熟性		品种类型	
	春夏茬	秋冬茬	露地	小拱棚	大中拱棚	日光温室	中早熟	中晚熟	小果型西瓜	无籽西瓜
生产成本/（万元/公顷）	2.15	2.56	1.35	2.11	4.23	4.70	2.67	1.48	4.00	1.27
绝对收益/（万元/公顷）	6.54	6.39	4.51	6.71	11.39	23.25	7.70	5.19	12.13	5.21

（续）

成本收益	茬口		生产方式				品种熟性		品种类型	
	春夏茬	秋冬茬	露地	小拱棚	大中拱棚	日光温室	中早熟	中晚熟	小果型西瓜	无籽西瓜
成本收益率（%）	3.06	2.52	3.39	3.18	2.71	4.94	2.90	3.57	3.02	4.19

注：数据来源于国家西甜瓜产业技术体系后台管理系统数据库，其中生产成本中未包含人工成本。下表同。

从西瓜不同生产类型单位面积绝对收益与成本收益率排序来看，二者不完全对应（表12-3）。因此，种植者持有生产资金尚不充裕时，可考虑简化设施，降低生产管理难度，减少投入，以提高成本收益率，稳步做好资金积累。在生产资金充裕时，可考虑适当加大设施投入，开展生产成本高、管理难度较大但绝对收益高的生产类型。同时，还应充分尊重西瓜的自然生长发育规律，产品上市应符合消费时令兼顾考虑其性寒食性，优化调整种植结构，以进一步提高生产效益。

表12-3　不同西瓜生产类型绝对收益和成本收益率排序

生产类型	单位面积绝对收益位次	成本收益率位次
日光温室	1	1
小果型西瓜	2	6
大中拱棚	3	9
中早熟	4	8
小拱棚	5	7
春夏茬	6	5
秋冬茬	7	10
无籽西瓜	8	2
中晚熟	9	3
露地	10	4

二、西瓜生产和销售管理中存在的问题

1. 西瓜生产组织化程度普遍较低，生产销售存在脱节，营销观念滞后，缺乏市场营销策略规划

我国西瓜产区多为一家一户的个体种植模式，缺乏必要的种植和销售信息指导，“重生产轻营销或只管生产撞大运”的现象普遍存在，缺乏科学生产和营销管理。种植者往往根据上一年的价格、效益盲目扩大规模，跟风种植，经常造成阶段性产能过剩，引发产品积压或滞销，“瓜贱伤农”时有发生。

2. 市场体系培育不足，生产和销售环节信息化水平低，销售手段单一，生产效益不稳定

部分地区在发展西瓜产业时，往往只注重大棚、温室等硬件建设，忽视市场体系培育和物流运输等软环境，加之种植者对各地西瓜生产和需求信息知之甚少，造成西瓜产品多在本地销售，且销售手段单一，注重线下交易，农村电商和物流运输不能满足销售需求。

3. 专业化营销缺失，销售主体培育不足，销售渠道不畅通，产品流通环节成本较高，综合制约销售效益

多数西瓜产区缺乏专业的营销体系，销售主体和渠道主要靠农民单打独斗，在田间地头坐等客商上门收购或就近到产地的小收购点、集市销售，价格较低且不稳定。成规模产区个体农民经纪人在联系外销方面发挥了较大作用，但在蔬菜总体买方市场已经形成的大前提下，销售难、销售不定价、延迟支付菜款等现象时有发生，瓜农利益难以保障。另外，居高不下的燃料、人工、市场管理、损耗等产品流通成本也会挤压利润空间，间接降低生产效益。

4. 品牌意识差，产品质量参差不齐或者优质不优价，进一步拉低生产效益

部分西瓜产区专注于普通大宗产品生产，盲目追求早采收、早上市，果实成熟度不够引发食用品质下降，有的产区则质量监管不严，产品安全性得不到保障，上述问题均可导致消费者对本地区西瓜产品口碑评价下降和不信任，从而增加了销售难度。

5. 采后贮藏、加工水平较低，国际贸易量较少，无力化解过剩产能

我国多数西瓜产区缺乏采后贮藏及冷链运输设施，集中采摘后必须在较短时间内销售，否则只能滞销溃烂。西瓜深加工产品开发较少，同时由于知名高端西瓜品牌培育不足、出口量较少等因素均对西瓜生产效益造成不利影响。

三、坚持以市场和效益为中心的西瓜生产经营管理

1. 应树立效益优先的生产理念，加强供求关系信息搜集和预测，尊重市场供求规律，促进西瓜生产效益提升

通过各地农业大数据平台、大型专业市场等信息发布渠道，生产者应尽可能搜集和了解西瓜生产及供需趋势，并根据市场需求趋势决定生产规模。应积极转变观念，从盲目追求高产转向高效生产，普通大宗产品与特色小宗产品生产相结合，努力做到人无我有，人有我优，供销两旺。

2. 加强西瓜优质安全生产，确保产品质量，突出地方特色是获得高生产效益的重要保障

产区应一以贯之，持之以恒加强西瓜生产质量管控，在确保优质安全的基础上，生产具有地方特色的富硒西瓜、礼品西瓜、采摘小西瓜、西瓜深加工产品，满足市场大众化和差异化需求。

3. 加强市场体系培育，积极培育销售主体，拓宽销售渠道，增建区域性分销中心，降低流通成本

各地应因地制宜加大投入推进专业批发市场、小微市场、电商、微商平台，以及物流运输、冷链运输和保鲜体系建设，为产品销售提供硬件基础。应积极培育蔬菜购销经纪人、蔬菜营销合作社、销售公司、大型电商平台等市场主体，努力推进农超对接、农校对接、农企对接、终端配送或直销、社区连锁销售、打包外销、订单生产等销售渠道，建立渠道准入制度，派驻办事机构，巩固客户群等。有条件的地区可考虑建设区域性分销中心，多管齐下降低流通成本。

4. 加强西瓜品牌培育和管理，提升品牌附加值

应以效益为引领积极打造特色西瓜品牌，讲好品牌好故事，提升

品牌附加值。同时，通过品牌打造倒逼生产理念、生产方式的转变，保障产地环境健康，主动加强产品质量监管，确保产品质量，并通过品牌包装、推介，积极开发高端及国际市场，通过西瓜高端生产满足不同需求，并可根据客户需求进行差异化定制（订单）生产、加工等。

5. 应妥善制定预案，积极应对农产品安全舆情，防止不当或虚假舆情对本地西瓜生产造成不利影响和危害

积极做好科普工作和舆论解释工作，用权威发布帮助消费者及时了解事实真相，防止部分自媒体因不了解情况而发布“毒西瓜”“生蛆樱桃”等农业负面舆情对产业造成打击，努力做好应对预案，做好正面宣传和辟谣工作。

四、制订西瓜种植计划，做好效益预测

生产者不论生产规模大小，均应努力了解近年西瓜生产的基本情况和发展趋势，并在此基础上科学制定设施类型、茬口安排、播种面积、品种类型等生产计划，并根据预期产量及时制定销售方案，提前对接市场，争取订单，避免产品集中上市造成阶段性产能过剩。

应科学地进行年度、茬口生产效益分析，为及时调整、完善种植方案提供依据。因为蔬菜生产具有周期性特点，除极端情况外，每年气候变化、病虫害发生流行、自然灾害、产品上市时间等生产要素都有其一定的规律性和重复性，因此生产中应养成写“种菜日记”的习惯，参考上一年的生产日记及时预防本年度相近时间段或时间节点可能发生的生产问题，提前预防，防患于未然，把握生产主动，有效保障西瓜高效生产。

第十三章
棚室西瓜高效栽培实例

实例一　山东昌乐西瓜栽培

山东省昌乐县尧沟镇是著名的棚室西瓜种植之乡。西瓜种植是该镇的农业支柱产业，从业人员较多，西瓜产、供、销均已形成规模，并已成功培育了知名品牌“尧沟西瓜”。本实例总结了昌乐西瓜栽培的主要经验要点，以为我国华北地区棚室西瓜栽培和产业发展提供借鉴。

1. 好的设施配套好的技术是获得好收益的基础

（1）建好、管好设施，促西瓜早上市　早春茬西瓜栽培管理难度较大，最大的问题是低温和光照不足，因此西瓜前期发育缓慢、品质较差，但上市越早价格越高。为此，就必须改良棚室设施，增强大棚保温效果。首先，建造塑料大棚时，可在搭建完主要拱架后于大棚内距离外拱架20厘米左右处再搭建简易竹拱架，用于早春覆盖二层保温薄膜。西瓜定植时覆盖农膜，之后在西瓜行上再搭建小拱棚，必要时在小拱棚上方与第二层保温薄膜之间用细铁丝临时拉设第三层保温薄膜，再加上棚膜上加盖草苫，这样塑料大棚最多可实行6层覆盖，完全可以满足西瓜早春栽培的温度要求。大棚西瓜定植期也相应提前至2月中下旬，4月下旬~5月上旬即可采收上市。大棚保温性能改善后，还要解决透光不足问题。我国的塑料大棚一般不采取人工补光，生产上需要精心管理，每天关注天气预报，及时揭盖草苫、拉盖膜通风，以及不定期清洁棚膜等。通过上述措施，西瓜可比普通栽培早上市一周以上，极为畅销。价格也比集中上市时提高1元左右，

每亩增收近 5000 多元。

（2）综合配套的栽培技术体系是西瓜高效生产的保障 西瓜的精细管理技术体系包括品种选择、育苗、整地施肥、田间管理等环节，其关键管理技术措施如下。

1）理性选择种植品种。品种主要根据市场来定，因此种植西瓜前应先行考察市场需求和品种发展趋势，不要盲目跟风或随大流，也不可特立独行，以免产品采收后没有客商收购，造成损失。选择的品种必须为当地示范、推广品种。

2）采取措施培育壮苗。西瓜早春育苗恰处一年中最冷季节，因此必须采取增温、保温和补光技术，合理灌溉和通风管理，努力争取培育优质苗是西瓜高产优质的基础。可采取的增温、保温技术主要有苗床铺设电热线或远红外电热膜、育苗棚室添加电热器等加温设施，以及苗床搭建小拱棚等多层覆盖保温设施等。主要的补光措施是采用高压钠灯、LED 灯或沼气灯等在阴雨天及夜间适当增加光照时间和光照强度。此外，还应合理灌溉，避免低温下浇水过多，诱发西瓜沤根和产生无头苗。加强通风管理，适时通风降湿，必要时补施二氧化碳气肥。

3）精细整地，合理施肥。西瓜产区多采用旋耕机整地，耕深较浅，应选用深耕机械使耕深达到 30 厘米左右，同时使用免深耕等药剂彻底打破土壤板结，促进土壤修复。在常规施肥的基础上，重施有机肥和生物菌肥，每亩可施用优质土杂肥 10000 千克或稻壳鸡粪、鸭粪 5000~6000 千克、生物菌肥 100 千克。坐果后，增施钾肥和微量元素肥。在这种施肥模式下，西瓜品质更优，口感更好，深受市场欢迎。

4）精心管理，克服西瓜连作障碍。西瓜忌重茬，常年连作常导致枯萎病、根结线虫等病虫害多发。定植前必须进行土壤消毒，尽量减少土传病害发生。根据西瓜整个生长发育期不同阶段常发病虫害，以预防为主。采取措施重点预防根结线虫的发生，主要措施包括禁用剧毒农药（老百姓称之为“黑药”），以免降低食用和安全品质；有条件的种植者应采用自家专用整地机械，禁用发病区农机；已发病地块可采用水淹、高温闷棚等物理防治方法，施用放线菌等生物菌剂

等。发病加重地块，可采用化学药剂防治，从整地时开始处理土壤，如采用石灰氮、阿维菌素颗粒等灭杀土中线虫。发病植株采用阿维菌素乳油等杀线虫剂灌根。

5）重视授粉和果实管理。主要技术措施有：第一，宜采用熊蜂授粉。产区实践经验表明，熊蜂授粉效率显著高于人工和蜜蜂，果实口感好、品质优，极少产生畸形瓜。如果采用人工授粉，遇阴雨天气则需重新授粉，否则常因湿度大致花粉粒破裂，导致授粉不良而化瓜。第二，慎用坐瓜灵（吡效隆），尤其果实近定个时不宜涂抹坐瓜灵，以免引发裂瓜。第三，合理灌溉，从坐果至膨果期应供应充足肥水，忌土壤忽干忽湿，引发裂瓜。第四，及时吊瓜，以免果实坠落。并进行荫瓜、翻瓜等操作，以保障西瓜的商品性。

2. 合理轮作，做好后茬管理，提高产出效益

西瓜种植宜合理轮作，可根据当地市场情况灵活确定种植作物和播种期。塑料大棚西瓜后茬一般可种植辣椒或樱桃番茄。后茬作物也应尽量早播种、早上市，而秋季则采取保温措施尽量晚拉秧，这样整个后茬作物的采收期可大大延长，效益也随之增加。当然后茬作物经历夏、秋两季，由高温到低温，生产仍需要很好的栽培技术和精细管理。

3. 注重采用生物模式克服西瓜连作障碍，走可持续高效之路

瓜类作物常年连作对资源环境的影响较大，具有一定的不可持续性。昌乐克服西瓜连作障碍经验：大棚实行菜—花、菜—经济作物轮作；重视生物菌肥的推广应用和土壤调理；开发海南、新疆等新的无污染基地发展绿色西瓜、富硒功能西瓜、有机西瓜生产等，为本地西瓜产业升级做出了贡献，西瓜的生产效益也越来越好。

实例二　北京大兴西瓜栽培

北京市大兴区是北京著名的蔬菜瓜果之乡，西瓜种植历史悠久。近年来，大兴借助毗邻大都市的地理优势，大力发展西瓜观光采摘栽培模式，取得了良好的经济和社会效益。本实例摘录了北京市大兴区农业技术推广站关于西瓜观光采摘栽培技术的要点，以期为我国都市农业发展提供参考。

1. 都市型西瓜栽培技术模式

（1）栽培设施类型、生产模式 大兴区西瓜、甜瓜栽培基本上分为设施栽培、露地栽培两大类型。其中，温室西瓜占种植面积的20%，大棚约占60%，观光采摘主要以设施西瓜、甜瓜为主，1年可安排2茬，分别为春季和秋季，以春季栽培为主。其中，春季设施栽培劳动节前后上市，露地栽培在6月中旬~7月底上市，秋季栽培一般在国庆节期间上市。

（2）适宜观光采摘的西瓜、甜瓜新优品种及特点 目前，大兴区观光采摘主要种植的小果型西瓜品种为挂果期长、耐裂性好的航兴天秀2号、超越梦想、京颖、全美2K、京玲无籽等。一般成熟后挂果期可达10天以上，适合市民观光采摘的中果型高品质西瓜品种包括京欣3号、天骄2号、日本777和沙蜜佳等。特色西瓜品种有苹果西瓜京雅，其皮薄、大小如苹果，可削皮食用。功能性西瓜包括富含高番茄红素品种中兴红1号，富含高瓜氨酸品种金兰，富含高维生素C品种黄玫瑰。适宜采摘的甜瓜品种有久红瑞、117、185、京密11和久青蜜等。

2. 西瓜甜瓜综合配套简约化栽培技术

（1）选用优良砧木嫁接育苗 目前，大兴西瓜种植采用嫁接育苗的比例达到98%以上，优良的砧木主要有京欣砧3号、京欣砧4号、勇砧等，并通过贴接式嫁接技术提高了嫁接效率及成苗率。

（2）机械化开沟、一次性施足基肥、地膜全覆盖 机械化开沟、一次性施足基肥是省工栽培的主要技术措施，地膜全覆盖可有效提高地温，早春采用地膜全覆盖受阳光照射后，0~10厘米土层温度可提高4~6℃，同时，还能明显减少土壤水分蒸发，抗旱保墒作用显著。

（3）小果型西瓜立架栽培 小果型西瓜行双行立架栽培，每亩定植1400株，每株留2个瓜或采用密植栽培，单行种植，单蔓整枝，应用2蔓1绳技术，每亩定植3000株，西瓜每亩产量可达5000千克。

（4）中果型西瓜蜜蜂授粉　蜜蜂授粉是中果型西瓜简约化栽培技术之一。在设施西瓜开花坐果期每亩棚室放 1 箱 3000 只健壮的意大利蜜蜂，可使西瓜坐果率达到 100%，减少畸形瓜，提高商品率和产量、品质，并可每亩节约劳动力成本 300 元以上。

（5）西瓜、甜瓜早春大棚双层天幕覆盖、二氧化碳施肥　采用双层天幕覆盖技术，即在距离棚架 30 厘米处，选用流滴膜覆盖层，可将棚温提高 3~5℃，使大棚西瓜定植期由原来的 3 月 15 日以后提前到 3 月 5 日左右。大棚西瓜由于前期气温较低，早春刚定植时棚膜密闭，造成棚室内二氧化碳含量下降，影响产量。推广应用二氧化碳吊袋肥可提高二氧化碳含量，前期每亩棚使用 10 袋左右，坐果后使用 15~20 袋，可提高西瓜产量 10%左右。

（6）膜下灌溉、微喷灌、水肥一体化　为了提高水肥利用率，在西瓜、甜瓜生产中应用了滴灌、微喷灌、膜下灌溉、水肥一体化技术。该技术较瓜农习惯性灌溉每亩节水 105 米^3，节水率 45%，节肥 8~10 千克，提高肥料利用率 20%，并可提高产量 30%左右。

3. 观光采摘的经济效益及社会效益

观光采摘区棚室西瓜每亩效益均值超过 1 万元。都市型大兴西瓜种植模式的推广，不仅为瓜农带来显著的经济效益，同时也产生了显著的社会效益。首先，大兴西瓜为首都市民提供了假日休闲、观光采摘的场所，其次，为首都中小学生提供了生活体验的平台。都市型大兴西瓜正在为首都市民的绿色假日生活和生态旅游环境的打造发挥着引领和推动作用。

实例三　新疆哈密地区西瓜栽培

新疆属内陆干旱气候，光热资源丰富，昼夜温差大，是我国西瓜的优势产区。近年来新疆棚室西瓜栽培发展较快，尤其引进了以色列滴灌技术及采用熊蜂授粉等技术有力地促进了该地区瓜菜种植效益的提升。本实例摘录了哈密地区农业技术推广中心关于当地早春温室西瓜栽培管理技术要点，以为西北地区棚室西瓜栽培提供经验。

1. 品种选择

早春栽培西瓜宜选用成熟早、产量高、品质优、适销对路的优良品种。哈密地区主栽品种选择火洲一号，搭配品种选择京欣、早佳等。

2. 茬口安排

日光温室冬春茬栽培一般在1月初播种育苗，2月10日左右定植，3月底~4月初成熟。塑料大棚早春茬栽培于2月初播种，3月5~10日定植，5月底成熟。

3. 育苗

（1）营养土配制 用5份肥沃熟土、4份充分腐熟有机肥过筛，加1份干净沙子，每立方米营养土中加入1.5千克磷酸二铵混合，然后每千克营养土中再加70%五氯硝基苯可湿性粉剂和50%福美双可湿性粉剂各0.5克，混合拌匀后，装入8厘米×8厘米的营养钵内待用。

（2）苗床建造 做成1.2米宽、5~6米长的小畦，畦与畦之间留25厘米宽、15厘米高的畦埂，将装好土的营养钵整齐摆放在畦内，在畦内与营养钵内均浇入适量水待用。

（3）种子处理 每亩用种50克，先用1%高锰酸钾溶液浸种15分钟，之后冲洗干净，再用55~60℃温水浸种至恒温，再浸泡6~8小时，捞出沥水后催芽。

（4）催芽 将处理好的种子用干净纱布包好，放入小盆中，种子厚度不超过1厘米，覆盖干净湿毛巾后放入28~30℃处催芽，经48小时种子露白后即可播种。

（5）播种 每个营养钵中央平放1粒出芽种子，覆盖潮湿药土1.5~2.0厘米，然后覆盖地膜保温。

（6）播后管理 播种后苗床气温保持在28~30℃，地温18~20℃。种子开始顶土后揭去地膜降温至25~28℃。种子出土后子叶平展，将气温降低至22~25℃，叶面喷洒500倍液磷酸二氢钾和1500倍液阿维菌素乳油，防止潜叶蝇危害。当幼苗长至3叶1心时开始定植，定植前5~7天低温炼苗，白天气温降至16~25℃，夜间13~15℃。

4. 定植技术

（1）施肥　每亩施腐熟有机农家肥4~5吨、尿素20千克、磷酸二铵50千克、硫酸钾15千克、硫酸镁3~5千克，硼、铁、锌等微量元素肥1千克。将2/3的有机肥漫撒深翻，再将1/3的有机肥和2/3的化肥开沟集中施入，其余化肥以后追施。开沟施肥南北沟向，每2.5米开2条宽0.5米的施肥沟，沟深30厘米，将以上肥料施入沟内与土拌匀，并做标记后整平。

（2）开沟起垄　在2条施肥沟中间开沟，沟上口宽50厘米、深30厘米、底宽25厘米。若是滴灌，沟深10厘米即可。

（3）浇水　浇足底墒水，水量以将沟灌满为标准。

（4）铺膜　底墒水稍干能下地时，修整瓜沟，整平畦面，进行铺膜。用幅宽1.8米、厚0.07毫米的地膜连同畦面沟底全部覆盖，将地膜拉紧铺平，紧贴地面，埋土压实，注意膜面整洁。

（5）定植　当10厘米地温稳定在12~13℃时即可定植，选晴天上午进行。株距为30~35厘米，平均行距为1.5米，定植1100株左右。在距沟沿10厘米处打孔，规格为10厘米×10厘米。将健壮瓜苗放入孔内覆土，根坨低于地面2厘米，用百菌清或多菌灵可湿性粉剂500倍液灌根，每株灌200毫升药液。若底墒不足，可再补浇少量定植水，浇水采取膜下暗灌。直播时深度为1.5~2.0厘米，每穴放2粒经催芽的种子后覆盖潮土。定植或播种后及时压严膜孔，以利于保墒。

5. 田间管理

（1）温度　定植后5~7天为缓苗期，尽量密闭风口，以增温保温为主。当棚内温度超过32℃时，开小通风口通风降温。缓苗后至伸蔓期，温度控制在28~30℃，以后随着温度升高逐渐加大通风量。下午温度降至20~22℃时放草帘。果实进入成熟期要加大昼夜温差，一般温差在12℃左右，有利于糖分积累。

（2）肥水　浇水全部采取膜下暗灌，从定植至伸蔓开始，一般不浇水。如果土壤湿度低于50%，瓜苗出现旱象，要及时浇水，以小半沟为宜。伸蔓开始时，将剩余的1/3化肥溶解后随水冲施，灌水量半沟为宜。果实膨大时重施 1 次肥料，促进果实迅速膨大，每亩用复合肥 60 千克、尿素 10 千克、磷酸二铵 20 千克、硫酸钾 15 千克，全部随水冲施。果实进入成熟期可叶面喷洒 0.2%尿素加 0.3%磷酸二氢钾溶液，促进果实成熟，提高果实含糖量。

（3）整枝　地爬式栽培一般采取一主一侧（两蔓）整枝法，瓜蔓长到 20~30 厘米时侧蔓伸出，选留主蔓和 1 条健壮侧蔓，其余全部摘去。当侧蔓长到 1.5 米时摘心。瓜坐稳后，在生长不过旺时，就可停止打杈，有利于幼瓜膨大。打杈工作主要是在坐果前进行，每株瓜蔓上保留 40~50 片健壮功能叶。

（4）授粉　大棚西瓜一般采用人工授粉或熊蜂授粉，在第 2 朵雌花开放时授粉，每朵雄花授 1~2 朵雌花，最终选留第 3 或第 4 朵雌花所结的瓜。

（5）翻瓜、垫瓜　翻瓜在膨大中后期进行，每隔 7~8 天翻动 1 次，可翻动 2~3 次，翻瓜在午后瓜柄比较柔软时进行，翻瓜的角度不可太大，一定要顺着瓜柄上维管束的方向轻轻翻动。垫瓜是在果实下面垫上麦草等物，防止果实着地染病或发育不良。

6. 病虫害防治

当地春茬西瓜主要病害有枯萎病、疫病、蔓枯病、白粉病和细菌性褐斑病等，虫害主要有潜叶蝇、蚜虫和白粉虱等，应及时加以防治。

实例四　西瓜生产和品牌建设

近年来，随着我国农村种植业结构调整，蔬菜种植面积和产量持续增加，目前全国蔬菜年均产量接近世界总产量的一半，部分地区出现了区域性、结构性、阶段性产能过剩，产能过剩引发的最直接后果就是卖菜难，蔬菜生产效益下降。如何解决这个问题？必须转变生产观念，从过去盲目追求高产转向追求优质高效，实现蔬菜优质优价，而实现蔬菜优质优价的关键是培育蔬菜品牌，并从管理理念、选用品种、产地环境和综合管理技术等方面着手积极推进绿色安全生产。

2016 年全国名优果品西瓜类区域公共品牌发布，推介北京大兴西瓜、黑龙江兰岗西瓜和双城西瓜、上海南汇西瓜、浙江温岭西瓜、江西抚州西瓜、山东昌乐西瓜、陕西蒲城西瓜、宁夏中宁硒砂瓜的产地特征、产品特性、品牌建设情况。这些地区共同的特点是结合产地优势，选用优质特色品种和较为先进的生产技术，积极打造区域公共品牌，产品品牌深入人心，获得了产业持续健康发展。本实例摘录了西瓜生产和品牌建设情况，以期为其他西瓜产区提供借鉴（表 13-1、图 13-1～图 13-6）。

表 13-1　我国西瓜区域公共品牌基本情况

西瓜品牌	产地特征	产品特性	品牌建设
北京大兴西瓜	大兴区属温带半干旱大陆性季风气候，昼夜温差大，光照充足。雨量较少的时期正是西瓜的成熟季，植株避开了多雨季节，病虫害少	大兴西瓜单瓜重 4～5 千克，瓤色鲜艳，晶莹剔透，皮薄，瓜瓤脆沙、甘甜多汁，纤维含量少，口感好，风味佳，果实含糖量高。栽培广泛，坐果率高，适合北京的传统方式栽培，有很高的商品价值	大兴西瓜种植历史悠久，在距今千年以前的辽代太平年间，大兴就有栽培西瓜的历史。自 1986 年以来，多次在北京市的西瓜评比鉴定会上获得第一。素有“中国西瓜之乡”的美誉，早已成为首都百姓信赖的品牌。大兴西瓜为国家地理标志保护产品
黑龙江兰岗西瓜（图 13-1）	黑龙江省宁安市兰岗镇土壤以黑土、黑钙土、草甸土等为主，肥力高，有机质平均含量为 3.34% 左右，pH 在 5～7。产地环境优良，区域优势明显	兰岗西瓜多为椭圆形或圆形，表面光滑，质地味甜，细腻可口。果实中心折光糖含量在 13% 以上，维生素 C 含量大于 8 毫克/100 克，固形物含量大于 10%，含水量为 87% 左右，蛋白质、微量元素及氨基酸等含量丰富	宁安市高度重视兰岗西瓜品牌建设，大力推广绿色食品栽培技术，建立农产品质量安全可追溯体系，全面提升产品品质，提高品牌影响力，开拓市场。2009 年兰岗西瓜获得国家农产品地理标志登记保护。目前，兰岗西瓜已销往全国 20 多个大中型城市

（续）

西瓜品牌	产地特征	产品特性	品牌建设
黑龙江双城西瓜（图 13-2）	双城西瓜产区位于双城市西北部，地处松嫩平原南部、松花江上游，属温带大陆性季风气候，气候温和，光照充足，昼夜温差大，土质肥沃，富含微量元素，自然肥力高，适宜西瓜种植	双城西瓜糖分含量高，香味浓郁，甜脆可口，口感佳，不易裂果，耐贮存、耐运输	双城市高度重视西瓜产业发展和品牌建设，借国家西瓜产业技术体系建设示范县东风，在黑龙江省农业科学院及东北农业大学西甜瓜种植专家指导下，引进新品种和栽培技术，从露地覆膜栽培法发展到多层覆盖栽培法和大棚吊蔓栽培法，实现了双城西瓜规模化种植、品牌化销售。双城西瓜为国家农产品地理标志产品
上海南汇西瓜（图 13-3）	南汇 8424 西瓜的产地环境优美，海洋季风性气候明显，四季分明，雨量充沛，光照充足；同时，产地的土质疏松，通气性好，排水良好，土层肥沃，pH 偏碱性。光照时数长、强度大，比较有利于果实养分的积累、糖分的提高，容易实现优质优品	南汇西瓜皮薄、汁多、甘甜、爽口，个头适中，供应期长（4~10 月），深受市场欢迎	“十二五”期间，上海市浦东新区实施“最优品种、最好品质、最响品牌”的农业“三品”战略，打造规模化种植、品牌化运作的发展模式，南汇 8424 西瓜种植面积达 5 万亩，年产量达 12.5 万吨，占上海市西瓜总产量的 1/3

（续）

西瓜品牌	产地特征	产品特性	品牌建设
浙江温岭西瓜（图 13-4）	温岭市地处浙江东南沿海，属于亚热带季风气候，受海洋性气候影响明显，气候温和，雨量充沛，光照适宜，无霜期长。地势平坦，土壤为轻咸粘土和钙质淡涂泥，质地较黏重，有机质含量高，非常适宜西瓜生产	温岭西瓜早熟高产，生长期长，瓜型适中，单瓜重 4 千克左右。外观漂亮，圆形，花皮，浅绿色覆墨绿色条纹。皮薄，红瓤，多汁，肉质细腻，松脆可口，含糖量高	目前，全市西瓜种植面积达 2.2 万亩，产量达 7 万吨。温岭西瓜通过了绿色食品认证，是浙江省名牌产品、浙江省著名商标
江西抚州西瓜（图 13-5）	抚州市临川区地处江西省东部、抚河中游，属亚热带季风性气候，四季分明，雨量充沛，光照充足，气候温和，土壤昼夜温差较大，涝能排、旱能灌	抚州西瓜的瓜瓤沙脆，非常爽口，而且纤维少、耐贮存；营养丰富，主要有葡萄糖、果糖、蔗糖、维生素、果胶物质、可吸收灰分元素、烟酸等	抚州西瓜久享盛誉。为夯实品牌建设基础，临川区建立了抚州西瓜质量安全管理长效机制，完善了农产品质量安全生产技术规程标准体系，实行严格的投入品管理、生产档案、产品检测、基地准出、质量追溯等 5 项全程质量管理制度，确保了抚州西瓜的品质
山东昌乐西瓜	昌乐西瓜生产地鄌郚镇位于昌乐县南部，属于暖温带大陆性季风气候，四季分明，日照充足，昼夜温差大，产区内常年有汶河等多条河流经过，淡水资源非常丰沛；土壤为半沙质，适合瓜果生长	昌乐西瓜主要有红玉、台湾新 1 号、先甜童、帅童等优质品种。瓜形均匀，色泽好，皮薄味甜，沙瓤，口感好；肉质细脆，纤维少，富含钙、钠、镁、钾等人体所需微量元素和维生素	昌乐西瓜距今已有 200 多年的历史，1809 年（清嘉庆十四年）版《昌乐县志》里即有昌乐西瓜的种植记载。目前，昌乐西瓜种植面积达 2 万亩，产量达 6 万吨，通过绿色食品认证，是山东省名牌农产品

（续）

西瓜品牌	产地特征	产品特性	品牌建设
陕西蒲城西瓜（图 13-6）	蒲城县地处关中平原东北部，地形以平原和黄土塬为主，属温带大陆性季风气候，昼夜温差大；地势平坦，土层深厚，土壤肥沃，土壤类型以黄绵土、沙质土为主，有机质含量丰富，透气性、排水性能好，生态环境优越	蒲城西瓜呈圆形或椭圆形，早熟及特早熟品种单瓜重 2～3 千克，中晚熟品种重 7～10 千克；果面为绿色覆墨绿色条纹；果肉艳红，细嫩多汁，口感酥脆，沙甜可口；营养丰富，富含维生素 C	蒲城西瓜距今有 350 年的种植历史，清代学者邓永芳于康熙五年（1666 年）主修编著的木板刻《蒲城志：土产》瓜类中已有记载。目前，蒲城西瓜种植面积达 12 万亩，产量达 40 万吨，是陕西省名牌产品
宁夏中宁硒砂瓜	中宁县位于宁夏中部，地处黄河两岸，属大陆性气候，冬长夏短，温差较大，干旱少雨，蒸发强烈，光照充足，热量丰富，年均相对湿度为 52%，土壤营养充足，富含氨基酸和锌、钙、钾、硒等微量元素，适宜西瓜生长	中宁硒砂瓜主要栽培品种为“金城五号”，果实长椭圆形，个大，平均单瓜重 7 千克以上；贴近砂石的一面自然形成 3～5 个瓜痕，俗称“印记”；果肉鲜红、酥脆，鲜嫩多汁，甘甜如蜜	中宁硒砂瓜已有 200 年的栽培史，在当地被称为“戈壁西瓜”“石头缝里长出的西瓜”。目前，中宁硒砂瓜种植面积达 34 万亩，产量达 45 万吨。已获得国家农产品地理标志登记，通过绿色食品认证

图 13-1　黑龙江兰岗西瓜

图 13-2　黑龙江双城西瓜

图 13-3　上海南汇西瓜

图 13-4　浙江温岭西瓜

图 13-5　江西抚州西瓜

图 13-6　陕西蒲城西瓜

上述不同西瓜生产或产业发展实例经验，希望对西瓜种植者有所启发。

参考文献

[1] 山东农业大学. 蔬菜栽培学各论［M］. 3版. 北京：中国农业出版社，1999.

[2] 张福墁. 设施园艺学［M］. 2版. 北京：中国农业大学出版社，2010.

[3] 王倩，孙令强，孙会军. 西瓜甜瓜栽培技术问答［M］. 北京：中国农业大学出版社，2007.

[4] 张玉聚，武予清，崔金杰，等. 中国农业病虫草害原色图解：第二卷 蔬菜病虫害［M］. 北京：中国农业科学技术出版社，2008.

[5] 郑建秋. 现代蔬菜病虫鉴别与防治手册［M］. 北京：中国农业出版社，2004.

[6] 王坚，蒋有条. 西瓜栽培技术［M］. 2版. 北京：金盾出版社，2005.

[7] 农业部农民科技教育培训中心，中央农业广播电视学校. 西瓜甜瓜栽培技术百问百答［M］. 北京：中国农业大学出版社，2009.

[8] 王久兴，齐福高，陈凤茹，等. 图说甜瓜栽培关键技术［M］. 北京：中国农业出版社，2010.

[9] 王久兴，张慎好，等. 瓜类蔬菜病虫害诊断与防治原色图谱［M］. 北京：金盾出版社，2003.

[10] 邓德江. 西瓜甜瓜优质高效栽培技术［M］. 北京：中国农业出版社，2007.

[11] 夏声广. 西瓜病虫害防治原色生态图谱［M］. 北京：中国农业出版社，2009.

[12] 吕佩珂，苏慧兰，高振江. 西瓜甜瓜病虫害诊治原色图谱［M］. 北京：化学工业出版社，2013.

[13] 苗锦山，沈火林. 棚室西瓜高效栽培［M］. 北京：机械工业出版社，2015.

[14] 李天来，许勇，张金霞. 我国设施蔬菜、西甜瓜和食用菌产业发展的现状及趋势［J］. 中国蔬菜，2019（11）：6-9.

[15] 赵子征. 中国西北地区节能型日光温室蔬菜生产气候区划［D］. 北京：中国农业大学，2005.

[16] 李天来. 我国设施蔬菜科技与产业发展现状及趋势［J］. 中国农村科技，2016（5）：75-77.

[17] 李新旭. 从番茄现代化生产解析荷兰温室优质高产的原因［J］. 农业工程技术，2016，36（7）：60-65.

[18] 杨其长. 荷兰温室环境调控技术进展［J］. 农业工程技术（温室园艺），

2006（12）：8-9.

[19] 余一韩. 顶窗全开型温室夏季降温效果及其评价［D］. 上海：上海交通大学，2008.

[20] 戴友鹏，张学兵. 大棚蔬菜药害的症状及补救措施［J］. 上海蔬菜，2007（8）：42-43.

[21] 张立军. 农药药害的诊断与补救措施［J］. 现代农业，2017（8）：42-43.

[22] 陈哲，梁瀚元. 我国西瓜产业发展与贸易趋势研究［J］. 经营与管理，2019（9）：114-122.

[23] 李干琼，王志丹. 我国西瓜产业发展现状及趋势分析［J］. 中国瓜菜，2019，32（12）：79-83.

[24] 董立先. 西瓜的需肥规律及施肥技术［J］. 中国西瓜甜瓜，2003（3）：51-52.

[25] 张斌. 地膜覆盖西瓜高产栽培技术［J］. 农技服务，2012，29（4）：399-400.